土木工程结构研究新进展丛书

高强钢绞线网-聚合物砂浆加固混凝土结构破坏机理与设计方法

黄 华 刘伯权 著

中国建筑工业出版社

图书在版编目（CIP）数据

高强钢绞线网-聚合物砂浆加固混凝土结构破坏机理与设计方法/黄华，刘伯权著. —北京：中国建筑工业出版社，2013.2
（土木工程结构研究新进展丛书）
ISBN 978-7-112-15157-8

Ⅰ.①高⋯　Ⅱ.①黄⋯②刘⋯　Ⅲ.①混凝土结构-破坏机理-研究②混凝土结构-设计-方法-研究　Ⅳ.①TU746

中国版本图书馆 CIP 数据核字（2013）第 034343 号

本书详细介绍了高强钢绞线网-聚合物砂浆加固混凝土结构新技术的应用。主要包括高强钢绞线网-聚合物砂浆加固材料性能特点、高强钢绞线网-聚合物砂浆与混凝土的粘结破坏机理、高强钢绞线网-聚合物砂浆加固混凝土抗弯构件正截面承载力、高强钢绞线网-聚合物砂浆加固混凝土抗剪构件斜截面承载力、高强钢绞线网-聚合物砂浆加固梁剥离机理、高强钢绞线网-聚合物砂浆加固案例及施工要点，并附有相关工程计算实例。

*　　*　　*

责任编辑：王　梅　武晓涛
责任设计：张　虹
责任校对：张　颖　陈晶晶

土木工程结构研究新进展丛书
高强钢绞线网-聚合物砂浆加固混凝土结构
破坏机理与设计方法
黄　华　刘伯权　著

*

中国建筑工业出版社出版、发行（北京西郊百万庄）
各地新华书店、建筑书店经销
北京科地亚盟排版公司制版
北京同文印刷有限责任公司印刷

*

开本：787×1092 毫米　1/16　印张：13¾　字数：337 千字
2013 年 2 月第一版　　2013 年 2 月第一次印刷
定价：**35.00** 元
ISBN 978-7-112-15157-8
（23109）

前　言

钢筋混凝土结构是当前最为广泛的结构形式，我国 400 多亿平方米的既有建筑中，混凝土结构占据绝对多数。由于城市化进程的显著加快，工程结构在设计、施工和使用管理上存在先天不足，同时由于地震、洪涝、飓风等自然灾害的影响，既有建筑中约有 30%～50% 出现安全性降低或进入功能衰退期。当前，我国工程结构加固改造的任务量大面广，工程建设者任重道远，工程结构加固已成为我国土建行业中一个重要分支。

近年来，混凝土结构加固研究取得了巨大进展，目前常用的加固方法有：加大截面法、增补钢筋法、预应力加固法、改变传力途径法、改变受力体系法、粘贴钢板法、外包钢法、粘贴碳纤维法、喷射混凝土加固法等。不同加固方法有其自身的优势和缺点，分别适应不同的维修改造工程。

高强钢绞线网-聚合物砂浆加固技术是进入 21 世纪后开发的一种新型加固技术。该技术在混凝土构件表面铺上高强不锈钢绞线网，采用膨胀螺栓锚固后，喷射渗透性聚合物砂浆，使其与原构件形成整体而共同工作，以提高结构承载力和耐久性。与现有加固技术相比，该技术优势明显，它能够有效提高被加固构件的承载力、刚度和变形能力；加固面层薄，对结构净空和使用几乎没影响；加固材料无毒、少污染，防腐、耐高温、防火性能良好，且与原结构粘结力好；施工周期短，不需大型机具设备。该方法适用面广，可广泛用于各种结构类型（如桥梁、建筑物、构筑物、隧道、涵洞等）、各种结构形状（如矩形、圆形、曲面结构等）、各种结构部位（如梁、板、柱、拱、壳等）的加固修补。当前对该加固技术的研究尚处于初级阶段，为进一步推动该加固技术的工程应用，长安大学建筑工程学院成立了研究小组，借助相关课题的资助，对加固构件的粘结性能、剥离破坏、抗弯性能、抗剪性能等进行了系统研究，取得了一批有使用价值的成果，同时积累了一定的工程经验和宝贵的科研资料。

感谢河北沧州交通勘测设计院为本研究提供相关资料和资助，感谢长安大学土木工程研究所研究生邢国华、刘卫铎、付国、杨琪、郑益斌、何志兵等在本书所涉研究中做的工作。本文引用了大量参考文献，在此对本书所引用参考文献的作者表示感谢。

感谢高等学校博士学科专项科研基金"加筋高性能砂浆加固钢筋混凝土结构粘结机理研究"（20090205120008）、陕西省自然科学基金"HPFL-粘钢联合加固震损柱二次地震灾变机理研究"（2012JQ7024）、中国博士后科研专项基金"HPFL-粘钢联合加固震损柱抗震性能及破坏准则研究"（2012M511956）、中央高校基本科研业务费专项基金"加筋高性能砂浆与混凝土界面行为研究"（CHD2009JC160）、"强震作用下 HPFL 加固柱力学行为及破坏准则研究"（CHD 2012JC026）对作者所做研究工作的资助。

本书共 7 章，其中第 1、3、4、5、6 章以及附录由黄华执笔，第 2、7 章由刘伯权执笔，黄华负责统稿。希望本书的出版能给广大工程技术人员在加固设计与施工应用中提供参考和帮助。同时，限于作者水平，书中难免存在不妥之处，恳请读者批评指正，也欢迎广大读者就书中相关内容和资料进行交流。

目　　录

1 绪 论

1.1 工程结构加固改造的原因

新中国成立以来，特别是改革开放以来，我国国民经济飞速发展、人民生活水平稳步提高。全国人民对建筑物的安全性、适用性和耐久性的要求不断增强，越来越多的新型结构体系随之发展起来，建筑业进入空前繁荣的时代，截至 2009 年，我国既有建筑面积已达到 436.5 亿 m^2。国外工程结构的发展过程表明：工程建设发展到一定阶段，已有结构的维修改造将成为主要的建设方式，我国也不例外。工程结构加固改造的原因是多方面的，归结起来主要有以下几个方面。

1. 达到或超过设计基准期

与所有使用工具一样，建筑物也是有使用寿命的，我们一般将其理解为设计基准期。虽然建筑物达到设计基准期不一定就不能用，但或多或少存在病害。早在 1986 年，国家统计局和原建设部的调查报告显示，我国 46.76 亿 m^2 的民用建筑中，约占 64% 的建筑使用期限超过 20 年；13.5 亿 m^2 的工业建筑中，约占 65% 的建筑使用期限超过 30 年。而 1995 年的统计数据表明，当时 60 亿 m^2 的民用建筑中，约有 50% 需要加固，其中六分之一急需修理加固。到 2009 年，城乡既有建筑面积约为 436.5 亿 m^2，专家估计约有 30%～50% 的建筑物出现安全性降低或进入功能衰退期[1]。

2. 先天性缺陷

一栋建筑物的诞生必须经过勘察、设计、施工等建设过程，由于人为或自然原因，不可避免地会造成先天缺陷。

首先，在地质勘察过程中，由于勘察设备、勘察人员的技术等不确定性因素，勘察结果不能准确反映地下岩层、土体、地下水位、地基承载力等的真实情况，而造成建筑物施工中、竣工后出现地基沉降、建筑倾斜、开裂等问题。

其次，在建筑设计过程中，虽然设计人员会尽可能考虑影响建筑结构安全和使用的各种因素，但是建筑物在运营过程中都有自己的特性，它不可能完全被设计时采用的力学模型所描述。并且，由于设计人员的工程经验、设计能力等参差不齐，造成结构方案选择不当、力学模型选择不合适，荷载组合错误等，使得设计的结构与实际使用中发生的情况有一定距离。尽管当前的设计思想、计算手段、绘图技术等有了很大的进步和发展，但结构仍有可能由于设计不足而出现各种缺陷。

最后，不规范的施工将给建筑带来致命缺陷。当前人们最为关心的是施工队伍素质低下所造成的建筑物质量低劣的现状。建筑业作为劳动密集型行业，吸收了大量农村剩余劳动力，这些农村建筑队伍的迅猛扩大，导致建筑施工人员的技术和管理素质普遍下降。有关部门的统计显示：建筑队伍中受过专业训练的专业人员在全民企业中只占职工总数的8%，在集体企业中只占职工总数的1%，二级工以下的工人占工人总数的60%以上。此外，企业过度追求效益，不按图施工、偷工减料、使用劣质材料等时有发生，使得房屋质量存在很大隐患，正在施工或刚竣工就出现严重质量事故的现象在全国屡见不鲜（这些事故中约60%出现在施工阶段或建成尚未使用阶段）。更有甚者是违反基本建设程序，诸如不做可行性研究、无证设计或越级设计、无图施工、挂靠施工、层层分包等，均给所建工程留下隐患，造成严重后果。我国出现第四次工程事故高发期的原因与以上这些因素息息相关。

3. 遭遇自然灾害

我国是一个自然灾害多发的国家。地震、洪涝、风火等灾害每年给我国造成数以亿计的损失。

首先，我国地处环太平洋地震带和欧亚地震带，全国2/3的大城市处于地震区，200多个大城市抗震设防烈度在7度以上，20个百万以上人口的特大城市抗震设防烈度大于8度。进入21世纪，我国已发生7级以上地震7次，8级以上地震2次，历次地震都在不同程度上对建筑物造成了损坏。最近一次特大地震——汶川地震共造成四川、重庆、甘肃、陕西等省的650多万间房屋倒塌，2300多万间房屋损坏[2]。根据土木工程结构专家组在四川地震主要灾区所调查的建筑震害资料[3]，砌体结构经加固后可使用的占同类建筑的37%，砌体-框架混合结构经加固后可使用的占同类建筑的21%，框架结构经加固后可使用的占同类建筑的32%，框架-剪力墙（核心筒）结构经加固后可使用的占同类建筑的29%，轻钢结构（屋面）/钢桁架拱经加固后可使用的占同类建筑的43%。

其次，我国东临西北太平洋，年均生成台风约28个，是世界上发生台风最多的地区，每年平均有8次台风登陆，有的可深入内地1500公里。此外，风灾可在高空及地面形成特殊涡流区，引发一系列衍生灾害及事故。据统计，我国风灾平均每年损坏房屋30万间，经济损失达十多亿元。

再次，水灾是我国各类自然灾害中发生频次最多的一类，并且水灾发生的范围越来越广，水灾造成的损失越来越大。统计资料显示：我国20世纪80年代因水灾造成的损失（1980~1988年）达到5985.4亿元；20世纪90年代（1991~2000年）进一步上升到12614.6亿元，比80年代增加了1.1倍，并一直呈增长趋势。近年来，暴雨成灾又逐年增加，尤其城市内涝频繁发生，给我国社会经济及人民生命财产造成巨大损失。我国每年水灾倒房发生数十万到数百万起，比地震倒房严重得多。2012年7月北京特大暴雨造成79人死亡，房屋倒塌10660间，160.2万人受灾，经济损失116.4亿元[4]。

最后，火灾也是我国发生频率较高的一类灾害，每年平均发生火灾6万余起，其中建筑物火灾占火灾总数的60%左右。并且，随着国民经济的发展和城市化进程的加速，人口和建筑群的进一步密集，建筑物发生火灾的概率会进一步增加。高温烧烤使不少建筑物提前夭折，使更多的建筑物受到严重损伤。美国9·11事件中倒塌的双子大厦，火灾亦是其倒塌的主要原因之一。

4. 环境劣化和损伤累积

建筑物在使用过程中，一方面由于环境因素，如温湿度变化、环境水冲刷、高温、冻融、重载、钢筋腐蚀、粉尘、疲劳应力、潮湿等等，导致建筑材料性能劣化、结构破损，这些损伤随时间而不断累积；另一方面，由于人为使用不当，如在结构任意开孔、挖洞、乱割、超载等，造成结构损伤。此外，缺乏对建筑物正确的管理、检查、鉴定、维修、保护和加固的常识所造成的对建筑物管理和使用不当，致使不少建筑物出现不应有的早衰。如在建筑物使用过程中，未经鉴定而增加荷载，装修时增加荷载，增设设备等；未经相关单位鉴定或加固即拆除承重构件，造成周围或上部构件承载力不足等。

5. 改变使用功能

随着经济、社会和科技的发展，越来越多的建筑物会出现变更用途。如企业在技术升级改造过程中，对原有工业建筑进行更新改造，增加房屋高度、增加荷载、增加跨度、增加层数等。根据资料统计，企业对已有设施的改建比新建可节约投资约40%，缩短工期约50%，收回投资的速度比新建厂房快3～4倍。同样，在我国对民用建筑进行改造的要求也日益迫切。随着我国农村城镇化以及城市人口的不断增长，尽管兴建了大量的住宅和相应的配套措施，但无房、缺房和使用不便的房屋仍达20%以上。而且随着城市房价的上涨，越来越多的人买不起新房。为缓解这一矛盾，一条重要出路是抓好旧房的户型改造、增层，向现有房屋要面积，以有效降低工程造价，缩短工程时间。我国城市现有的房屋中，有20%～30%具备增层改造的条件。对现有房屋进行改造，不仅可节省投资，同时可减少土地征用，缓解日趋紧张的城市用地矛盾，具有重要的现实意义。

综上所述，不论是对建筑物先天不足，还是对后天管理不善、使用不当而进行的维修；不论是为抗御灾害所需进行的加固，还是为灾后所需进行的修复；不论是为适应新的使用要求而对建筑物实施的改造，还是为建筑物超期服役而进行的正常诊断、处理，都需要对建筑物实施正确的管理维护和改造加固，以保证建筑物的安全和正常运营。由此可见，我国建筑物加固改造的任务量大面广，工程建设者任重道远。当前，建筑结构加固已成为我国建筑行业中一个重要分支，同时，该行业从加固技术、加固材料和加固效果等方面对当前的科研和教学也提出了要求。在这方面，国内外专家与学者做了大量的卓有成效的工作，取得了许多工程实效，结构加固作为结构工程的一个分支学科，正方兴未艾。

1.2 混凝土结构加固常用方法

加固技术是加固理论在加固工程中的具体应用，加固技术可大致分为以下几类：按加固方法分为直接加固、间接加固和综合加固；按功能因素分为结构功能性加固和使用功能性加固；按作用因素分为一般性加固和灾后加固；按时间因素可分为临时加固、中期加固和长期加固；按结构受力因素分为静力加固、动力加固和抗震加固。现阶段我国已颁布的混凝土加固规范及规程有《混凝土结构加固设计规范》GB 50367—2006、《建筑抗震加固技术规程》JGJ 116—2009 和《碳纤维片材加固混凝土结构技术规程》CECS 146：2003，另外还包括《砖混结构房屋加层技术规范》CECS 78：96、《钢结构加固技术规范》CECS 77：96、《钢结构检测评定及加固技术规程》YB 9257—96 等其他结构的加固规程和相应的地方加固规程。

近年来，混凝土结构加固研究取得了非常大的进展，常用的加固方法主要有：加大截面法、增补钢筋法、预应力加固法、改变传力途径法、改变受力体系法、粘贴钢板法、外包钢法、粘贴碳纤维法、喷射混凝土加固法等[1,5]。每种加固方法均有其自身的优势和缺点，分别适用于不同的加固结构和不同的加固目的。加固设计与新设计的区别在于其受到原构件的制约，除了要考虑安全和经济因素外，还应考虑实际受力情况、周围环境、施工的可行性，进而选择合适的加固方法。

1.2.1　加大截面加固法

加大截面加固法是在处理原构件表面的基础上，再增加钢筋，并浇筑新的混凝土来增加构件承载力的一种加固方法。

根据工程结构的受力特点和加固要求，该方法在加固时可选用单侧加厚、双侧加厚、三面和四面外包等。其技术特点在于：设计构造方面必须注意解决好新旧截面的整体工作、共同受力问题。加固结构在受力过程中，结合面会出现拉压弯剪等各种复杂应力，其中主要是拉力和剪力。在弹性阶段，结合面的剪切应力和法向拉应力主要是靠新旧混凝土的粘结承担；出现裂缝之后直至承载力极限状态时，主要通过贯穿结合面的新增锚固钢筋或者螺栓来传递。因此，需适当配置受力钢筋和构造钢筋。同时需保证混凝土的浇筑质量，当外包层较薄、钢筋较密时，可用细石混凝土、自密实混凝土等。

加大截面法作为一种传统的加固方法，工艺简单，适用面广，能增大构件的刚度、承载力和变形能力，可广泛用于梁、板、柱、墙等混凝土结构的加固，也可用来修补开裂截面。其缺点是现场湿作业工作量大、养护期长，如果结合面处理不当就会大大降低其承载力，另外对结构外观及房屋净空也有不同程度的影响。

1.2.2　外包钢加固法

外包钢加固法是以型钢（一般为角钢）外包于钢筋混凝土构件（梁、柱）四角（或两角、四周）以提高其受力性能的一种加固方法。

外包钢加固法分湿式和干式两种情况。湿式外包钢加固就是在型钢与原构件间填塞乳胶水泥或以环氧树脂化学灌浆等方法粘结，以使型钢与原构件能整体工作共同受力。干式外包钢加固就是指把型钢直接外包于原构件，与原构件间没有粘结；或虽填塞有水泥砂浆，但不能保证结合面剪力有效传递，不能整体工作，只能彼此单独受力，承载力提高不如湿式外包钢加固有效。

该方法施工简便，现场工作量较小，受力较为可靠，对原结构构件的截面尺寸更改不大，仅仅是提高构件承载力，增加刚度与延性，一般在屋架、砖窗间墙、梁、混凝土柱等结构构件、构筑物加固中应用广泛。但该方法在节点部位处理复杂，用钢量较多，加固成本高。况且型钢防腐要求高，不适宜直接在高温、腐蚀环境中使用。

1.2.3　预应力加固法

预应力加固法是采用外加预应力钢拉杆或撑杆对结构进行加固的方法，即通过施加预应力，使撑杆或者拉杆受力，对原有结构的内力分布产生变化，降低结构的应力水平，提升结构承载力。预应力加固技术的特点是通过预应力手段，强迫提升撑杆受力或者后加拉杆，减少原结构的应力水平。这样，就可避免一般加固结构中的应力应变滞后现象，发挥改变、卸载、加固结构内力的作用，提升结构承载能力。

采取预应力加固技术，根据加固对象的具体差别，可分为预应力撑杆加固和预应力拉杆加固两大类。一方面，预应力撑杆加固技术，主要加固轴心受压力或者小偏心受压柱，根据不同的柱受力状况，又可分为单侧撑杆加固和双侧撑杆加固两种方式。另一方面，预应力拉杆加固主要应用于一般的框架结构、网架结构、梁板结构、桁架结构等，鉴于加固的要求以及被加固结构的受力情况不同，又可将预应力拉杆加固分为水平式（正截面的受弯承载力不足）、下撑式（斜截面的受剪承载力及正截面的受弯承载力不足）和混合式（正截面的受弯承载力不足及斜截面的受剪承载力稍有不足）三种方式，分别适用于不同的截面中。一般情况下，主要采用普通钢筋施加体外预应力，近些年无粘结钢绞线、预应力碳纤维棒等在体外预应力加固中也得到了较为广泛的应用。

该方法一般适用于跨度较大的结构中，或者采取一般方法难以满足加固效果的情况。此方法不适合在高湿度环境下作业，这种环境下的混凝土结构或者混凝土收缩力有所变大，直接影响加固效果。另外，加固后需要注意预应力筋的防腐、防火等问题。

1.2.4 增设支点加固法

增设支点加固技术主要通过增加支撑点的方式，降低结构的计算跨度，改变结构内力分布，以提高承载力。梁、板在跨中增设支点后，减小了跨度，从而能较大幅度地提高承载能力，并能减小和限制梁、板的挠曲变形。

支点根据支承结构、构件受力变形性能的不同，可分为弹性支点加固法和刚性支点加固法。弹性支点主要通过支撑结构中的桁架等，间接传递荷载力。由于支撑结构变形与被加固结构变形属于同一个数量等级，支撑结构应按照弹性支点来考虑，涉及复杂的内力分析技术。刚性支点通过轴心受拉或者轴心受压，将荷载直接传递到柱子或者基础构件部分，这种方法的内力计算较为简单。相对来说，采取刚性支点技术加固，可较大提高结构的承载能力，而弹性支点则对空间使用的影响程度较低。

该方法简单可靠，适用于房屋净空不受限制的大跨度结构中梁、板、桁架、网架等水平结构的加固，但是会对使用空间造成一定影响。

1.2.5 粘贴钢板加固法

粘钢加固法是在混凝土构件表面用特制的建筑结构胶粘贴钢板，使其共同工作、整体受力，以提高结构承载力的一种加固方法。它实质是一种体外配筋，提高原构件的配筋量，从而相应提高结构构件的刚度、抗拉、抗压、抗弯和抗剪等方面的能力。

该方法依靠结构胶，与原构件形成整体，共同受力。因此对结构胶的要求较高，必须具有强度高、粘结力强、耐老化、弹性模量高、线膨胀系数小的特点，并且具有一定弹性。该加固技术对施工工艺的要求较高，需要确保施工队伍的专业性，提高施工质量，且不适用于高温和腐蚀环境。相对于传统加固方法，粘钢加固法更为简单、快速，对结构的外形、净空等影响较小，其施工过程对生产和生活影响较小，因而在建筑领域和公路桥梁领域中都得到了普遍应用。

1.2.6 粘贴纤维复合材料加固法

纤维复合材料（FRP）具有耐腐蚀、高强度（2500MPa～3550MPa）、质量轻（密度1.8g/cm³）、厚度薄（每层厚0.1mm～0.2mm）和非磁性的特点，被广泛应用于航空航天、汽车制造等高新领域。近年来，随着科技的发展和产量的提高，纤维及其复合材料在土木工程中得到了越来越多的应用。加固过程中，将碳纤维片材用专用胶粘剂（环氧树脂等）粘贴于构件收拉区表面，使其与被加固构件截面共同工作以达到对结构进行加固增强的目的。

粘贴纤维复合材料加固的显著特点是具有耐腐蚀、耐潮湿、几乎不增加结构的自重、轻质高强、能适应混凝土截面弯曲的粘贴要求，在几乎不增加构件刚度和截面积的情况下大幅度提高构件的抗震性能和变形能力。此外，纤维种类上除了早期的碳纤维（Carbon Fiber）外，又增加了玻璃纤维（Glass Fiber）、芳纶纤维（Aramid Fiber）及混杂纤维（Hybrid Fiber）；形式上除了传统的布材外，又开发出了板材（板和板条）、棒材（筋和格栅）、型材及短纤维等。随着生产碳纤维的技术水平越来越高，碳纤维的价格也在逐渐下降，该方法有着很广阔的应用前景。

当然，粘贴纤维复合材料加固也有以下几个弱点：（1）纤维复合材料的强度非常高，而弹性模量却相对较低，当充分利用其强度时，纤维复合材料需要相当的变形，对于刚度也要求加固的结构来说是相当不适用的；（2）环氧树脂的耐火性与耐高温性能差；（3）延性不足，构件变形过大时会引起碳纤维的脆性断裂，从而导致结构的脆性破坏，对于需要较大变形或对抗震要求比较高的结构来说，这一点是十分不利的；（4）环氧树脂层传递的剪力有限，剪切变形不断增加，超过极限剪应变后界面将发生剥离破坏，使得纤维复合材料的强度无法得到充分利用。此外，该加固技术对施工工艺的要求较高，需要确保施工队伍的专业性，提高施工质量。

1.3　高强钢绞线网-聚合物砂浆加固混凝土结构

1.3.1　高强钢绞线网-聚合物砂浆加固技术的优点

高强钢绞线网-聚合物砂浆加固技术是进入 21 世纪后开发的一种新型加固技术，其采用高强不锈钢绞线网和渗透性聚合物砂浆作为加固材料（见图 1-1）。聚合物砂浆具有以下几个特点[6-8]：（1）与一般混凝土相比，该材料强度更高，并且浇筑以后强度发展快，7 天以后可以达到最终强度的 85% 以上，在早期可以支撑加固用高强钢绞线网；（2）由于该材料具有渗透性，即使不使用界面乳剂，与原混凝土结构的粘结性能也很好；（3）收缩性小，因此基本不发生裂缝；（4）由于二氧化碳的透过性差，因此可以预防混凝土的碳化；（5）氯化物的渗透阻抗性好，因此可以防止内部钢筋的腐蚀；（6）力学性质与现有混凝土相近，因此长期粘结性能很好；（7）冻结溶解及耐候性即长期耐久性很好；（8）具有粗钢性能，因此在工作中不发生弹回现象；（9）耐其他化学药品的阻抗性很好，材料无毒，对人体无害。

该加固技术是在混凝土构件表面铺上高强不锈钢绞线网，然后用膨胀螺栓锚固在构件上，使其形成整体而共同工作，最后抹上渗透性聚合物砂浆作为保护层，以提高结构承载力和耐久性的一种加固方法。渗透性聚合物砂浆与高强不锈钢绞线网这两种不同性质的材料在加固中起着不同的作用，钢绞线网提高结构的承载能力，砂浆层起保护和粘结作用。与传统加固修补方法（如粘钢、喷射混凝土加固技术等）相比，高强钢绞线网-聚合物砂

图 1-1 加固材料图片

浆加固修补混凝土结构具有明显的技术优势，主要表现在如下几个方面[8]：（1）高强钢绞线为镀锌钢丝编织而成，抗拉强度高、不易生锈，且与砂浆的粘结力好；（2）聚合砂浆渗透性好，能够很好地与被加固构件粘结为一整体而共同工作；（3）能有效提高被加固构件的受弯、受剪承载力与变形能力，提高构件刚度；（4）加固面层薄（加固层一般为 15mm～25mm 厚），对净空几乎没有影响；（5）该加固技术所采用的钢绞线和无机胶凝材料与钢筋混凝土同性能、同寿命，均为传统意义上的常用建筑材料，其自身的防腐、耐高温、防火性能良好；（6）施工周期短，不需要大型机具、设备，在保证施工质量和无意外干扰的前提下，同样条件下所需时间不到目前国内大量应用的粘钢加固方法所需时间的 1/2，若施工组织情况较好，10 个工作日即可完成 600m² 的工作量，是粘钢加固施工功效的 4～6倍；（7）施工干扰小，在较小的空间中即可实施加固结构的施工，除了混凝土表面处理时的灰尘需要控制以外，对一般建筑物的正常使用几乎无干扰；（8）技术施工操作方便，在正常施工条件下有效粘结面积基本可以达到 100%，施工质量可以得到有效保证；（9）加固后结构自重增加不大，结构外观尺寸和形状改变很小，与其他加固方法相比，节省了大量的机械台班费、人工费和检测费；（10）适用面广，可广泛适用于各种结构类型（如桥梁、建筑物、构筑物、隧道、涵洞等）、各种结构形状（如矩形、圆形、曲面结构等）、各种结构部位（如梁、板、柱、拱、壳等）的加固修补；（11）维修成本低，维修费用比其他加固方法至少减少 1/2 以上，维修周期大幅延长；（12）高强不锈钢绞线网、渗透性聚合砂浆为传统建筑材料，无毒，不污染环境，符合"绿色环保"的趋势。

目前该加固技术已用于一系列工程加固中。在韩国，爱力坚公司已经将该加固技术应用到一系列的桥梁加固工程中，21 号国道庄在桥（见图 1-2）就采用该加固材料进行加固，不仅有效地提高了该桥的承载力，也节省了工期，减少了对交通的干扰时间，取得了良好的社会效益。在国内，北京市方兴宾馆楼板加固工程（见图 1-3）、郑成功纪念馆加固改造工程[9]（见图 1-4）、南京东井亭通讯枢纽大楼（见图 1-5）、中国美术馆加固改造工程[10]、北京三元桥主体加固工程[11]等都使用了该种加固材料及其加固术，并取得了良好的加固效果。

由此可见，该加固技术具有显著的优点，是一种具有广阔发展前景的加固方法。

图 1-2　韩国庄在桥加固

图 1-3　方兴宾馆楼板加固

图 1-4　郑成功纪念馆加固

图 1-5　南京东井亭通讯枢纽大楼

1.3.2　高强钢绞线网-聚合物砂浆加固技术研究现状

高强钢绞线网-聚合物砂浆加固技术的实质是一种体外配筋，用高强不锈钢绞线代替普通钢筋，提高原构件的配筋量，从而相应提高结构构件的刚度、抗弯和抗剪等承载能力；以渗透性聚合物砂浆作为粘结剂和钢绞线网保护层，利用其自身良好的性能实现粘结良好、抗腐蚀、耐高温等优良特性。该加固技术类似于加大截面加固，但截面增加有限，对结构外观及净空影响不大。与普通混凝土相比，高强钢绞线网-聚合物砂浆加固的主要特点是配筋分散性好和骨料粒径小，因此具有更好的抗裂性、抗渗性和韧性。根据构件的受力特点和加固要求不同，可选用单侧加固、双侧加固、三面和四面外包加固等。

与该加固方法类似的加固技术有钢绞线（网）-（高性能）砂浆层加固技术、钢丝网-（高性能）砂浆层加固技术，钢筋（网）-（高性能）砂浆层加固技术三类，我们可统称为砂浆薄层加固技术。这些加固方法都是在结构物构件表面固定钢绞线（网）等，涂抹（喷射）砂浆层，以达到加固的目的。砂浆薄层加固技术以其众多的优点，被人们在工程实际中大量运用，许多学者为此进行了众多的试验与理论研究。

1.3.2.1　砂浆薄层加固技术研究现状

国内外用水泥砂浆内粘钢丝网修补结构已有较长时期的实践，早在20世纪60年代就有相当发展[12]，苏联在1966年的强烈地震后对出现较大裂缝的墙体，先采用压力灌浆对墙体进行修复，而后在墙体两侧设置钢筋网，并在砖墙上钻孔设拉结钢筋以固定两片钢筋网，在钢筋网表面喷射水泥砂浆，后来这种加固方法和加固理论在国内外得到了不断的发展。

在混凝土梁式构件加固方面，国外的Logan[13]、Johnston[14]、Prakash[15-17]、Walkus[18]、Andrews[19]、Basaunbul[20]、Tatsa[21]、Sharma[22]、Paramasivam[23、24]、Ganesan[25]等众多研究者对钢丝网-水泥砂浆加固钢筋混凝土技术进行了大量研究。他们认为这种加固方法是可行的，加固后构件的极限承载力、抗弯刚度、抵抗裂缝的能力都有很大程度的提高，并讨论了钢丝网水泥薄层与原构件间的剪力传递，分析认为加固后构件的开裂荷载、极限承载力、跨中挠度及钢丝网水泥薄层与原构件间的剪力大小都能在已有的混凝土构件假定基础上通过计算获得。熊光晶和Singh等人[26-37]则对循环荷载作用下的钢丝网水泥砂浆疲劳性能进行了大量试验和理论分析，得出了相关结论。国内的尚守平及其课题组[38-46]、高晓梅[47、48]等人则对钢丝网-高性能砂浆加固钢筋混凝土梁进行了试验研究，他们认为加固梁的极限荷载均有较大幅度的提高，加固对裂缝的发展起到了明显的抑制作用，提高了梁的整体刚度和变形能力。

在混凝土柱加固方面，Takiguchi[49]、Kazemi和Morshed[50、51]等人对钢丝网水泥砂浆层加固钢筋混凝土进行了试验研究，结果表明该加固方式是有效的，柱的延性得到了很大提高，极限承载力也得到了相应提高。国内的尚守平及其课题组[52-54]还对采用钢筋网复合砂浆加固柱的性能进行了试验研究；严洲、翁海望等[55]对钢丝（筋）网水泥砂浆加固的混凝土圆柱进行了轴压试验，并与碳纤维加固的柱进行了对比研究。

砂浆薄层加固的一个最大问题是砂浆与原混凝土构件粘结面之间的剥离破坏，这使得加固效果得不到充分发挥，对此问题的研究主要集中在抗剪连接件的设置方面。Ong等人[56]采用电锤锚钉、锚固螺钉和"L"形圆钢作为抗剪锚固件，Paramasivam 等人[57]也采用"L"形圆钢作为抗剪锚固件进行了界面抗剥离试验研究，国内的尚守平等[58]对采用钢筋网-高性能砂浆加固的混凝土构件进行了销钉抗剪试件的界面剪切试验研究，探讨了用钢筋制作的销钉与复合砂浆加固层协同抗剪的受力机理及销钉数量、直径、间距、锚固深度等对抗剪能力的影响。

1.3.2.2　高强钢绞线网-聚合物砂浆加固技术研究现状

对高强钢绞线网-聚合物砂浆加固技术的研究，国外主要是韩国汉城产业大学金成勋[6,59]等对渗透性聚合物砂浆的性能、高强不锈钢绞线的抗拉强度及弹性模量进行了大量试验，并对混凝土板进行了加固试验研究[60]；国内清华大学聂建国等[61-71]，东南大学曹忠民等[72-76]，中国建筑科学研究院王亚勇、姚秋来等[77-80]，福州大学林于东等[81,82]，华东交通大学卢长福等[83]对高强钢绞线网-聚合物砂浆加固钢筋混凝土梁、板、柱进行了初步试验研究。河北工业大学田稳苓等[84,85]采用国产钢绞线，配合防腐砂浆，进行了加固钢筋混凝土梁和板的试验研究，得出了相关结论。山东建筑工程学院徐明刚等[86]从理论上探讨了高强钢绞线网-聚合物砂浆加固混凝土梁的最优配筋率问题。上述研究主要可分为以下四大类。

第一类，加固构件的剥离破坏研究。高强钢绞线网-聚合物砂浆加固过程是将高强不锈钢绞线网通过膨胀螺栓预先固定到加固结构表面，再在混凝土结构加固表面涂抹界面剂，然后喷涂渗透性聚合物砂浆，与钢绞线网、原混凝土粘结为一个整体，形成共同受力的加固体系。现有研究表明加固构件发生剥离破坏情况较多，清华大学[61-63]在加固试验过程中，6 根加固梁中有 5 根早期加固层与本体梁产生裂缝，并在试验中发生剥离，6 块加固板中有 5 块发生剥离，5 根疲劳试验加固梁均有不同程度的剥离；福州大学[81]采用 U 形加固方式，剥离现象不是很明显；河北工业大学[84]由于采用的钢绞线强度较低，加固层刚度相比高强钢绞线网要低，只在破坏区域发生部分剥离。对该加固技术的界面行为研究[70,71]，主要是通过聚合物砂浆与混凝土之间的劈裂抗拉试验，讨论了混凝土强度对粘结强度的影响；通过推剪试验，分析了混凝土和聚合砂浆粘结面的剪切性能；通过拉拔试验，探讨了钢绞线与砂浆之间的粘结锚固性能；另外，通过 9 根梁弯拉试验研究了粘结锚固长度，建立了梁端部锚固剥离破坏荷载的计算公式。

渗透性聚合物砂浆作为一种水性材料，不含有机溶剂，力学性能与混凝土近似，是一种类混凝土材料，它与混凝土材料之间的粘结机理与新旧混凝土界面之间的粘结机理相同，粘结力都是由范德华力、机械咬合力、化学作用力、表面张力等组成。二者粘结面形成了一个薄弱面，剥离破坏将在这个薄弱面内发生。传统的加大截面加固方法在新旧混凝土之间设置剪力连接件[22-25,43-49]，以保证粘结面不发生剥离破坏。但随着加固层越来越薄（20mm 左右），设置剪力连接件变得不现实，保证粘结面不发生剥离破坏已成为砂浆薄层加固成败的关键。

第二类，加固构件的抗弯性能。现有对高强钢绞线网-聚合物砂浆加固钢筋混凝土梁的加固研究主要进行了 25 根梁的试验研究，其中清华大学[61-63]采用高强钢绞线网-聚合物砂浆加固 7 根钢筋混凝土梁（1 根对比梁），福州大学[81]采用高强钢绞线网-聚合物砂浆加固普通混凝土梁和预应力混凝土梁各 6 根（各有 1 根对比梁），河北工业大学[84]采用镀锌钢绞线-防腐砂浆薄层加固普通混凝土梁 8 根（2 根对比梁）。通过这些加固构件，研究者分析了加固对构件承载力、刚度、延性、裂缝开展等性能的影响，达成了如下共识：

（1）加固提高了梁的受弯承载力，提高幅度与钢绞线网的用量、原梁的配筋率、端部锚固等因素有关；

（2）加固改善了混凝土梁裂缝出现的形态，减小了裂缝间距、约束了裂缝宽度，加固效果与加固形式有关，U形加固效果要优于梁底直接加固；

（3）加固增加了梁的刚度，相同荷载作用下，梁的挠度均小于对比梁；

（4）在试验研究的基础上依据混凝土结构设计规范，提出了抗弯加固计算公式，为加固设计提供了依据。

以上研究为加固构件的抗弯性能提供了实验基础和理论依据，由于试验梁的尺寸效应以及二次受力等问题，进一步的研究应在足尺试件、二次受力、动力性能和长期受力性能方面展开。

第三类，加固构件的抗剪性能。对高强钢绞线网-聚合物砂浆抗剪加固的研究主要是清华大学[61、64]和华东交通大学[83]进行的13根梁试验研究。前者采用环包加固方式、后者采用U形加固方式分别开展矩形梁的抗剪性能分析。研究表明，该加固技术能够有效提高构件的受剪承载力，延迟剪切裂缝的开展，并在一定程度上提高了构件的刚度。对高强钢绞线网-聚合物砂浆抗剪加固需进一步关注的问题主要有：加固构件的剥离破坏、二次受力，动力性能、长期受力性能等问题。

第四类，加固柱的力学性能。东南大学[72-76]和中国建筑科学研究院等[77-80]单位的研究者进行了7个加固钢筋混凝土框架节点的低周反复荷载试验，认为采用高强钢绞线网-聚合物砂浆加固能够有效地改善梁柱节点的抗震性能，提高节点的受剪承载力和延性，改善节点的强度退化和刚度退化，提高节点的能量耗散能力；中国建筑科学研究院等[77-80]单位的研究者还进行了9根大偏心和9根小偏心受压混凝土柱的试验研究，认为混凝土柱用高强钢绞线网-聚合物砂浆加固后，柱整体工作性能良好，加固效果明显，可在工程中推广应用。对高强钢绞线网-聚合物砂浆加固钢筋混凝土柱的进一步研究，同样需考虑二次受力、长期性能等问题，尤其是"强梁弱柱"型构件加固后的效果研究。

为进一步推动该加固技术的工程应用，长安大学建筑工程学院成立了研究小组，借助相关课题的资助，从加固层粘结面的剥离破坏入手，通过正拉粘结强度试验、剪切粘结强度试验和剥离破坏试验，对界面粘结性能及其影响因素进行研究；通过6.6m跨大尺寸试件的抗弯加固试验分析了混凝土强度、原梁配筋率、高强钢绞线用量、二次受力等因素对高强钢绞线网-聚合物砂浆加固钢筋混凝土梁抗弯性能的影响；通过200mm×400mm截面的矩形梁抗剪加固试验分析了混凝土强度、原梁配箍率、加固钢绞线用量、持载程度、剪跨比、加固方式等参数对加固钢筋混凝土梁抗剪性能的影响；在粘结强度、抗弯加固、抗剪加固等试验研究基础上，提出粘结强度计算公式、加固梁受弯、受剪承载力计算公式、考虑和不考虑剪切变形影响下的挠度计算公式、最大弯曲裂缝和斜裂缝宽度计算公式、高强钢绞线界限用量计算公式、加固梁剥离承载力计算公式，确立了基于现行规范的高强钢绞线网-聚合物砂浆加固钢筋混凝土梁计算体系，在一定程度上弥补国内外在这一研究领域中存在的不足，为该加固技术在混凝土结构加固领域的推广应用提供可靠的理论基础，同时积累一定的工程经验和宝贵的科研资料。

参考文献

[1] 张鑫，李安起，赵考重. 建筑结构鉴定与加固改造技术的进展 [J]. 工程力学，2011，28（1）：1-12.

[2] 宋战平，曾珂，韩晓雷，等. "5·12" 汶川地震四川绵竹震害调查及相关问题的讨论和思考 [J]. 西安建筑科技大学学报（自然科学版），2008，40（5）：625-630.

[3] 清华大学、西南交通大学、北京交通大学土木工程结构专家组. 汶川地震建筑震害分析 [J]. 建筑结构学报，2008，29（4）：1-9.

[4] 维基百科. 2012 年北京特大暴雨 [EB/OL]. http://zh.wikipedia.org/wiki/2012％E5％B9％B47％E6％9C％88％E5％8C％97％E4％BA％AC％E7％89％B9％E5％A4％A7％E6％9A％B4％E9％9B％A8.

[5] 黄华. 高强钢绞线网-聚合物砂浆加固钢筋混凝土梁式桥试验研究与机理分析 [D]. 西安：长安大学，2007.

[6] 金成勋，金成秀，刘成权，金明冠. 渗透性聚合砂浆（RC-A0401）的性能分析 [R]. 韩国汉城产业大学，2001.

[7] 清华大学建筑材料试验室. 渗透性聚合物砂浆的试验报告 [R]. 北京：清华大学，2002.

[8] 聂建国，张天申. 高强不锈钢绞线网-渗透性聚合物砂浆加固技术简介 [Z]. 清华大学结构工程所，2002.

[9] 姚卫国，刘风阁. 中国美术馆改建中的抗震加固设计 [A]. 全国抗震加固改造技术第一届学术交流会论文集 [C]. 昆明：云南大学出版社，2004：140-145.

[10] 王亚勇，姚秋来，巩正光，等. 高强钢绞线网-聚合物砂浆在郑成功纪念馆加固工程中的应用 [J]. 建筑结构，2005，35（8）：41-42.

[11] 李建民. 北京三元桥主体结构的加固方法 [J]. 市政技术，2005，23（4）：204-206.

[12] 蒋隆敏，张毛心. 钢丝网水泥砂浆片材用于结构加固的研究综述 [J]. 建筑结构，2004，34（3）：7-11.

[13] Logan D，Shah S P. Moment capacity and cracking behaviour of ferrocement in flexure [J]. Journal of the American Concrete Institute，1973，V70（12）：799-804.

[14] Johnston C D，Mowat D N. Ferrocement-material behaviour in flexural behavior of weldmesh ferrocement in normal and corrosive environments [J]. ACI Structural Journal of Structure，1974，V100（5）：2054-2069.

[15] Prakash Desayi，Balaji K Rao. Probalilistic Analysis of tensile strength of ferrocement [J]. The International Journal of Cement Composites and Lightweight Concrete，1988，V10（1）：15-25.

[16] Prakash Desayi. Lightweight Fibre-reinforced ferrocement in tension [J]. Cement and Concrete Composites，1991，V13（1）：37-48.

[17] Prakash Desayi，Veerappa Reddy. Strength of lightweight ferrocement in flexure [J]. Cement&Concrete Composites，1991，V13（1）：13-20.

[18] R Walkus. Short and Long Term Behaviour of ferrocement subjected to uniaxial tension [J]. The International Journal of Cement Composites and Lightweight Concrete，1988，V10（2）：125-129.

[19] Andrews G，Sharma A K. Repaired reinforced concrete beams [J]. Concrete International，1988，V10（4）：47-51.

[20] Basaunbul I A，Gubati A Al-Sulaimani，et al. Repaired reinforced concrete beams [J]. ACI Material Journal，1990，V87（4）：348-354.

[21] E Z Tatsa. Limit states design of ferrocement components in bending [J]. Cement&Concrete Composites, 1991, V13 (1): 49-59.

[22] Sharma A K. Tests of reinforced concrete continuous beams with and without ferrocement [J]. Concrete International, 1992, V14 (3): 36-40.

[23] P Paramsivam, K C G Ong & C T E Lim. Repair of damaged RC beams using ferrocement laminate [A]. Proc. Fourth international Conf. On Structural Failure, Durability and Retrofitting [C], Singapore, 1993: 613-620.

[24] Paramasivam P, Lim C T E, Ong K C G. Strengthening of RC beams with ferrocement laminates [J]. Cement & Concrete Composites, 1998, V20 (1): 53-65.

[25] Ganesan N, Thadathil Shyju P. Rehabilitation of reinforced concrete flexural elements using ferrocement jacketing [J]. Journal of Structural Engineering (Madras), 2005, V31 (4): 275-280.

[26] Singh G, Xiong G J. Ultimate moment capacity of ferrocement reinforced with weldmesh [J]. Cement&Concrete Composites, 1992, V14 (4): 257-267.

[27] Xiong G J, Singh G. Behavior of weldmesh ferrocement composite under flexural cyclic loads [J]. Journal of Ferrocement, 1992, V22 (3): 237-248.

[28] Xiong G J. Behaviour of ferrocement with special reference to fatigue in corrosive environments [R]. Ph. D Thesis, Univ. of Leeds, UK, 1993.

[29] Xiong G J, Singh G. Fatigue behaviour of freeocement in a sulphuric environment [J]. Journal of Ferrocement, 1994, V24 (2): 209-224.

[30] Xiong G J, Yen S C, Singh G. Fatigue behaviour of galvanised weldmesh ferrocement in a corrosive environment [A]. Proceeding of International Conference on Corrosion and Corrosion Protection of Steel in Concrete, UK, 1994: 1227-1286.

[31] Singh G, Xiong G J, Max Yen S C. Probabilistic description and evaluation of fatigue properties of ferrocement [A]. Structures Congress-Proceedings, Vol. 2, Restructuring: America and Beyond, 1995: 1435-1449.

[32] Xiong G J, Gurdev Singh. Rational evaluation of flexural behavior of weldmesh ferrocement in normal and corrosive enviroments [J]. ACI Structural Journal, 1998, V95 (6): 647-653.

[33] 熊光晶. 焊接钢丝网水泥的弯曲疲劳特性 [J]. 混凝土与水泥制品, 1997, 2: 46-50.

[34] 熊光晶. 焊接钢丝网水泥弯曲极限承载力的计算 [J]. 建筑结构学报, 1997, 18 (1): 33-40.

[35] 熊光晶. 焊接钢丝网水泥在弯曲疲劳荷载作用下的应力计算 [J]. 力学与实践, 1997, 19 (6): 28-30.

[36] Singh G, Xiong G J. How reliable and important is the prediction of crack width in ferrocement in direct tension [J]. Cement & Concrete Composites, 1991, V13 (1): 3-12.

[37] Xiong G J, Singh G. Crack Space and crack width of ferrocement under flexural cyclic loading [J]. Cement&Concrete Composites, 1994, V16 (2): 107-114.

[38] 尚守平, 曾令宏, 陈大川, 等. 钢丝网复合砂浆加固 RC 梁的受弯试验研究 [A]. 第六届全国建筑物鉴定与加固改造学术会议论文集. 长沙: 湖南大学出版社, 2002: 727-732.

[39] 尚守平, 曾令宏, 彭晖, 等. 复合砂浆钢丝网加固 RC 受弯构件的试验研究 [J]. 建筑结构学报, 2003, 24 (6): 87-91.

[40] 曾令宏, 尚守平, 彭晖. 钢丝网复合砂浆加固混凝土梁抗弯刚度计算 [J]. 湖南大学学报 (自然科学版), 2003, 30 (3): 127-129.

[41] 尚守平, 曾令宏, 彭晖. 钢丝网复合砂浆加固混凝土受弯构件非线性分析 [J]. 工程力学, 2005, 22 (3): 118-125.

[42] 尚守平，曾令宏，戴睿. 钢丝网复合砂浆加固 RC 梁二次受力受弯试验研究 [J]. 建筑结构学报，2005，26（5）：74-80.

[43] 罗利波，尚守平. 复合砂浆钢筋网加固混凝土梁抗剪计算模型探讨 [J]. 科学技术与工程，2006，6（6）：788-790.

[44] 曾令宏. 钢丝网复合砂浆加固混凝土受弯构件的试验研究 [D]. 长沙：湖南大学，2003.

[45] 戴睿. 钢丝（筋）网复合砂浆加固混凝土梁的受弯试验研究 [D]. 长沙：湖南大学，2004.

[46] 龙凌霄. 高性能复合砂浆钢筋网加固 RC 梁受弯承载力研究 [D]. 长沙：湖南大学，2005.

[47] 高晓梅，简政，陈修义. 钢丝网外喷高强砂浆加固钢筋砼梁的试验研究 [J]. 西安理工大学学报，2004，20（4）：429-432.

[48] 高晓梅. 钢丝网外喷高强砂浆加固钢筋砼梁正截面承载力试验研究 [D]. 西安：西安理工大学，2004.

[49] Takiguchi Katsuki, Abdullah. An investigation into the behavior and strength of reinforced concrete columns strengthened with ferrocement jackets [J]. Cement and Concrete Composites，2003，V25（2）：233-242.

[50] Morshedt Reza, Kazemi Mohammad Taghi. Seismic shear strengthening of R/C beams and columns with expanded steel meshes [J]. Structural Engineering and Mechanics，2005，V21（3）：333-350.

[51] Kazemi Mohammad Taghi, Morshed Reza. Seismic shear strengthening of R/C columns with ferrocement jacket [J]. Cement and Concrete Composites，2005，V27（7-8）：834-842.

[52] 尚守平，蒋隆敏，张毛心. 钢筋网水泥复合砂浆加固 RC 偏心受压柱的试验研究 [J]. 建筑结构学报，2005，26（2）：18-25.

[53] 尚守平，蒋隆敏，张毛心. 钢筋网高性能复合砂浆加固钢筋混凝土方柱抗震性能的研究 [J]. 建筑结构学报，2006，27（4）：16-22.

[54] 孙文泽，蒋隆敏，刘华山. 用钢筋网水泥复合砂浆片材加固小偏心受压柱的试验研究 [J]. 邵阳学院学报，2005，2（2）：67-69.

[55] 严洲，翁海望，罗捷，等. 钢丝网水泥砂浆加固混凝土圆柱的抗轴压试验研究 [J]. 建筑技术开发，2006，33（4）：54-56.

[56] K C G Ong, P Paramsivam, C T E Lim. Flexural strengthening of reinforced concrete beams using ferrocement laminates [J]. Journal of Ferrocement，1992，V22（4）：331-342.

[57] P Paramsivam, K C G Ong & C T E Lim. Ferrocement laminates for strengthening RC T-beams [J]. Cement & Concrete Composites，1994，V16（2）：143-152.

[58] 尚守平，龙凌霄，曾令宏. 销钉在钢筋网复合砂浆加固混凝土构件中的性能研究 [J]. 建筑结构，2006，36（3）：10-12.

[59] 金成勋. 不锈钢丝网抗拉强度试验结果 [R]. 韩国汉城产业大学建设技术研究所，2000.

[60] 金成勋，金明观，刘成权，等. 高强不锈钢绞线网-渗透性聚合砂浆加固钢筋混凝土板的延性评估 [R]. 韩国汉城产业大学，2000.

[61] 王寒冰. 高强不锈钢绞线网-聚合砂浆加固 RC 梁的试验研究 [D]. 北京：清华大学，2003.

[62] 蔡奇. 高强不锈钢绞线网加固钢筋混凝土梁刚度裂缝的研究 [D]. 北京：清华大学，2003.

[63] 聂建国，王寒冰，张天申，等. 高强不锈钢绞线网－渗透性聚合砂浆抗弯加固的试验研究 [J]. 建筑结构学报，2005，26（2）：1-9.

[64] 聂建国，蔡奇，张天申，等. 高强不锈钢绞线网－渗透性聚合砂浆抗剪加固的试验研究 [J]. 建筑结构学报，2005，26（2）：10-17.

[65] 胡舒新. 高强不锈钢绞线网用于混凝土抗弯疲劳性能的试验研究 [D]. 北京：清华大学，2004.

[66] 陈亮，聂建国，张天申，等. 高强不锈钢绞线用于柱抗震加固的试验研究 [A]. 全国抗震加固改造技术第一届学术交流会论文集. 昆明：云南大学出版社，2004：294-299.

[67] 陈亮. 高强不锈钢绞线网用于混凝土柱抗震加固的试验研究 [D]. 北京：清华大学，2004.

[68] 周孙基，聂建国，张天申. 高强不锈钢绞线网—高性能砂浆加固板的刚度分析 [A]. 全国抗震加固改造技术第一届学术交流会论文集. 昆明：云南大学出版社，2004：50-56.

[69] 周孙基. 高强不锈钢绞线加固钢筋混凝土板的研究 [D]. 北京：清华大学，2004.

[70] 曹俊. 高强不锈钢绞线网-聚合砂浆粘结锚固性能试验研究 [D]. 北京：清华大学，2004.

[71] 曹俊，王治浩. 聚合砂浆与混凝土粘结劈拉强度的试验研究 [J]. 建筑结构，2006，36 (3)：42-44.

[72] 曹忠民，李爱群，王亚勇，等. 高强钢绞线网-聚合物砂浆复合面层加固震损梁柱节点的试验研究 [J]. 工程抗震与加固改造，2005，27 (6)：45-50.

[73] 曹忠民，李爱群，王亚勇，等. 高强钢绞线网-聚合物砂浆复合面层抗震加固梁柱节点的试验研究 [J]. 工业建筑，2006，36 (8)：92-95.

[74] 曹忠民，李爱群，王亚勇，等. 高强钢绞线网-聚合物砂浆抗震加固框架梁柱节点的试验研究 [J]. 建筑结构学报，2006，27 (4)：10-15.

[75] 曹忠民，李爱群，王亚勇，等. 高强钢绞线网-聚合物砂浆加固带有直交梁和楼板的框架节点的试验研究 [J]. 建筑结构学报，2007，28 (5)：130-136.

[76] 曹忠民，李爱群，王亚勇，等. 钢绞线网片-聚合物砂浆加固空间框架节点试验 [J]. 东南大学学报（自然科学版），2007，37 (2)：235-239.

[77] 张立峰，程绍革，姚秋来，等. 高强钢绞线网-聚合砂浆加固大偏心受压柱试验研究 [J]. 工程抗震与加固改造，2007，29 (3)：18-23.

[78] 潘晓峰，刘伟庆，姚秋来. 高强钢绞线网—聚合物砂浆加固小偏压混凝土柱正截面承载力计算方法研究 [J]. 防灾减灾工程学报，2007，27 (s)：424-426.

[79] 张立峰，姚秋来，程绍革，等. 高强钢绞线网—聚合物砂浆加固偏压柱的试验研究 [J]. 四川建筑科学研究，2007，33 (s)：146-152.

[80] 姚秋来，王忠海，王亚勇，等. 高强钢绞线网片-聚合物砂浆复合面层加固技术在山东省某接待中心主楼加固工程中的应用 [A]. 第二届全国抗震加固改造技术学术交流会论文集（上）. 上海：同济大学出版社，2005：115-118.

[81] 林秋峰. 高强钢丝网聚合物砂浆加固混凝土梁抗弯试验研究 [D]. 福州：福州大学，2005.

[82] 林于东，林秋峰，王绍平，等. 高强钢绞线网-聚合物砂浆加固钢筋混凝土板抗弯试验研究 [J]. 福州大学学报（自然科学版），2006，34 (2)：254-259.

[83] 卢长福. 高强钢绞线网—聚合物砂浆加固钢筋混凝土梁抗剪性能试验研究 [D]. 南昌：华东交通大学，2011.

[84] 董梁. 钢绞线防腐砂浆加固混凝土梁的研究 [D]. 天津：河北工业大学，2006.

[85] 张盼吉. 钢绞线加固钢筋混凝土板的试验研究 [D]. 天津：河北工业大学，2006.

[86] 徐明刚，刘立国. 高强不锈钢绞线网-渗透性聚合砂浆加固混凝土梁的配筋率分析 [J]. 建筑技术开发，2006，33 (3)：55-56.

2 高强钢绞线网-聚合物砂浆加固材料性能

2.1 渗透性聚合物砂浆与界面剂简介

渗透性聚合物砂浆由乳液和无机粉料双组分组成，是一种既具有高分子材料的粘结性，又具有无机材料耐久性的新型混凝土修补材料，其抗压强度高、固化迅速、粘结性能好，有很好的抗裂性、高耐碱性、保水性能和耐紫外线性能。《混凝土结构加固设计规范》GB 50367 对采用钢绞线网-聚合物砂浆加固钢筋混凝土结构时，聚合物砂浆的选用给出了如下规定[1]：

（1）对重要构件的加固，应选用改性环氧类聚合物砂浆；

（2）对一般构件的加固，可选用改性环氧类聚合物砂浆或改性丙烯酸醋共聚物乳液配制的聚合物砂浆；

（3）乙烯-醋酸乙烯共聚物配制的聚合物砂浆，仅允许用于非承重结构构件；

（4）苯丙乳液配制的聚合物砂浆不得用于结构加固；

（5）在结构加固工程中不得使用主要成分及主要添加剂成分不明的任何型号聚合物砂浆；不得使用未提供安全数据清单的任何品种聚合物；也不得使用在产品说明书规定的贮存期内已发生分相现象的乳液。

规范将承重结构采用的聚合物砂浆分为Ⅰ级和Ⅱ级，其基本性能见表 2-1。同时还对使用部位和等级给出了如下规定：

（1）板和墙的加固：

① 当原构件混凝土强度等级为 C30～C50 时，应采用Ⅰ级聚合物砂浆；

② 当原构件混凝土强度等级为 C25 及其以下时，可采用Ⅰ级或Ⅱ级聚合物砂浆。

（2）梁和柱的加固，均应采用Ⅰ级聚合物砂浆。

承重结构加固用聚合物砂浆基本性能指标　　　　　表 2-1

检验项目 砂浆等级	劈裂抗拉强度（MPa）	正拉粘结强度（MPa）	抗折强度（MPa）	抗压强度（MPa）	钢套筒粘结抗剪强度标准值（MPa）
Ⅰ级	≥7.0	≥2.5，且为混凝土内聚破坏	≥12	≥55	≥12
Ⅱ级	≥5.5		≥10	≥45	≥9

注：1. 检验应在浇筑的试件达到 28d 养护期时立即进行，若因故需推迟检验日期，除应征得有关各方同意外，尚不应超过 3d。

2. 表中的性能指标除标有强度标准值外，均为平均值。

寒冷地区加固混凝土结构使用的聚合物砂浆，应具有耐冻融性能检验合格的证书。冻融环境温度应为 -25℃～35℃；循环次数不应少于 50 次；每次循环应为 8h；试验结束后，钢套筒粘结剪切试件在常温条件下测得的平均强度降低百分率不应大于 10%。

加固用的界面剂是一种水泥砂浆粘结增强剂，它是以水乳型环氧树脂为基料的双组分乳液，与多种基材如混凝土、饰面砖板、金属、木材、塑料等有优良的粘结力，并且耐水、耐湿热、耐冻融老化。加固施工时，采用涂敷处理工艺，涂抹于加固构件表面，起到增强聚合物砂浆加固层与原结构表面粘结力的作用。

2.2 渗透性聚合物砂浆材料性能

2.2.1 渗透性聚合物砂浆综合性能指标

韩国汉城产业大学金成勋等[2]以及清华大学[3]从物理性能、耐久性、抗压强度、抗折强度等方面对渗透性聚合物砂浆的性能进行了系统的研究，具体数据见表2-2～表2-6。依据表中试验结果，可以得出如下结论：渗透性聚合物砂浆早期强度高，抗渗性好，耐久性好，耐酸、耐氯离子侵蚀，是一种良好的建筑用材料。

聚合物砂浆物理性能试验结果[2]　　　　　表2-2

物理特性	砂浆划分	Control	RC-A0401	分析结果
抗压强度（MPa）		31.7	41.8～42.5	优秀
粘贴强度（MPa）	材料混凝土	1.4	3.1	优秀
	钢绞线网加固后	1.1	2.7	优秀
热膨胀系数（℃）		$9.8×10^{-6}$	$10.2×10^{-6}$	良好

聚合物砂浆耐久性试验结果[2]　　　　　表2-3

物理特性	砂浆划分	Control	RC-A0401	分析结果
透水阻抗性（cm/s）	7日	$2.64×10^{-6}$	$1.01×10^{-6}$	良好
	28日	$4.23×10^{-6}$	$1.54×10^{-6}$	良好
氯离子渗透试验（coulombs）		4100	340	优秀
碳化深度试验（mm）	28日	9	3	优秀
	60日	18	7	优秀
化学药品阻抗性	$5\%H_2SO_4$	63	86	优秀
	$10\% Na_2SO_4$	97	102	良好
	$10\%CaCl_2$	96	99	良好

聚合物砂浆抗压强度试验结果[3]　　　　　表2-4

龄期（d）	抗压强度实测值（kN）						强度（MPa）
3d空气	65.0	77.0	73.5	91.0	92.7	86.0	32.8
7d空气	100.8	104.4	114.0	112.2	107.8	110.5	43.5
7d标养	128.0	111.8	136.1	132.7	125.5	123.5	50.9
28d标养	168.9	166.1	179.0	155.2	132.0	142.5	63.3

聚合物砂浆抗折强度试验结果[3]　　　　　表 2-5

龄期（d）	抗折强度实测值（MPa）			强度（MPa）
3d 空气	5.71	4.45	5.12	5.09
7d 空气	7.55	8.46	7.70	7.90
7d 标养	7.12	7.51	6.93	7.19
28d 标养	10.80	10.45	10.71	10.65

聚合物砂浆弹性模量试验结果[3]　　　　　表 2-6

弹性模量 （GPa）	3d 空气	7d 空气	7d 标养	28d 标养
	19.5	25.8	22.3	23.1

2.2.2　渗透性聚合物砂浆抗压强度

为考察实际工程情况下聚合物砂浆的强度发展，观察其破坏状况，本课题组采用人工插捣，按规范制作了 70.7mm×70.7mm×70.7mm 立方体，在空气中进行养护，在标准状况下进行试验，对各龄期的抗压强度进行了测试，测试结果见表 2-7。由表中数值拟合渗透性聚合物砂浆强度-龄期曲线见图 2-1。由此可见，聚合物砂浆早期强度高，随着龄期增加，强度增长逐渐缓慢。图中拟合曲线方程如下：

$$f_{cu,m} = 16.073\ln(t) + 10.244 \tag{2-1}$$

式中：$f_{cu,m}$ 为砂浆立方体抗压强度（MPa）；t 为龄期（d）；回归方程相关系数 $r=0.9880$。由此可见曲线非常显著，可通过该方程计算 3d 以上龄期的聚合物砂浆抗压强度。

聚合砂浆立方体强度测试　　　　　表 2-7

试块尺寸 （mm×mm×mm）	养护条件	龄期（d）	第一组强度（MPa）		第二组强度（MPa）	
			测试值	均值	测试值	均值
70.7×70.7×70.7	空气养护	3	28.220	29.109	28.717	27.375
			30.271		25.460	
			28.837		27.948	
		7	42.915	45.053	43.186	39.192
			47.024		39.192	
			45.220		31.478	
		14	53.713	50.796	54.456	49.377
			43.254			
			48.705		47.994	
			53.170			
			50.512		45.674	
			43.634			
		28	70.203	66.524	68.821	68.287
			64.999		66.420	
			64.369		69.621	
		56	79.127	73.863	—	
			71.158		—	
			71.303		—	
		84	—	—	79.424	80.558
			—		79.224	
					83.025	

渗透性聚合物砂浆试块不同龄期破坏形态见图2-2～图2-4，图（a）、图（b）均为加载板上试块压碎后的原状图，图（c）、图（d）均为试块压碎后剥除表面脱落层后的形状图。试验过程中，试块表面裂纹首先出现在试块四个竖向楞边的中部，伴随着轻微的噼啪声响，向上下底面及中部发展，试块表层部分崩落，随着荷载增大，变形快速增大，最后发出嘭的一声响，试块压碎，为典型的正倒相接的四角锥破坏形态。剥除表层脱落的砂浆块，可见试块中部沿与水平方向成45°的截面切断，断面有明显滑移的痕迹。

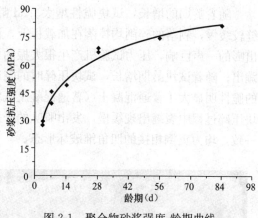

图 2-1 聚合物砂浆强度-龄期曲线

图 2-2 聚合物砂浆 3d 龄期破坏形态

图 2-3 聚合物砂浆 14d 龄期破坏形态

图 2-4 聚合物砂浆 28d 龄期破坏形态

随着龄期的增长，试块脆性增大。3d 龄期的试块破坏时几乎没有声音，试块出现裂缝较缓慢，剥落的碎削均掉落在加载板上，没有发生飞溅；而 28d 龄期的试块压碎时，发出嘭的一声巨响，压力试验机产生很大振动，裂缝从出现到压碎时间很短，表面碎削向外蹦出；随着试块龄期增长，试块压碎时的响声增大，其他表象均增大。渗透性聚合物砂浆的脆性明显大于普通混凝土（普通混凝土试块 28d 龄期破坏形态见图 2-5），普通混凝土试块压碎过程中裂缝出现缓慢，发出噼叭的开裂声，压碎时响声不大，但二者最后破坏形态一致，均为正倒相接的四角锥破坏形态。

| (a) | (b) | (c) | (d) |

图 2-5   普通混凝土试块 28d 龄期破坏形态

渗透性聚合物砂浆压力-变形曲线与普通混凝土应力-应变曲线的对比见图 2-6。由图 2-6 (a) 可见，加载初期，荷载迅速增加而应变增加很慢，到达顶点后荷载先有一持荷过程，然后荷载快速直线下降而变形迅速增大，在下降段的点 M 处试块压溃，发出崩裂声，能量瞬间释放。

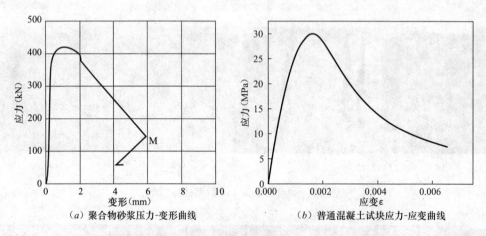

（a）聚合物砂浆压力-变形曲线   （b）普通混凝土试块应力-应变曲线

图 2-6   聚合物砂浆压力变形曲线与普通混凝土应力-应变曲线对比图

2.3 高强钢绞线网材料性能

高强钢绞线网-聚合物砂浆加固钢筋混凝土结构采用的钢绞线可由不锈钢丝绳和镀锌钢丝绳编制。钢丝绳的选用应符合下列规定[1]：

（1）重要结构、构件，或结构处于腐蚀介质环境、潮湿环境和露天环境时，应选用高强度不锈钢丝绳制作的网片；

（2）处于正常温、湿度环境中的一般结构、构件，可采用高强度镀锌钢丝绳制作的网片，但应采取有效的阻锈措施。

制绳用的钢丝应符合下列规定[1]：

（1）当采用高强度不锈钢丝时，应采用碳含量不大于 0.15％及硫、磷含量不大于 0.025％的优质不锈钢制丝；

（2）当采用高强度镀锌钢丝时，应采用硫、磷含量均不大于 0.03％的优质碳素结构钢制丝；其锌层重量及镀锌质量应符合现行国家标准《钢丝镀锌层》GB/T 15393 对 AB 级的规定。

钢丝绳的强度标准值（f_{rtk}）应按其极限抗拉强度确定，并应具有不小于 95％的保证率以及不低于 90％的置信度，其强度标准值应符合表 2-8 的规定，其截面面积及其参考重量可按表 2-9 的规定值采用。

高强度钢丝绳抗拉强度标准值（MPa） 表 2-8

种 类	符 号	不锈钢丝绳		镀锌钢丝绳	
		钢丝绳公称直径（mm）	钢丝绳抗拉强度标准值 f_{stk}	钢丝绳公称直径（mm）	钢丝绳抗拉强度标准值 f_{stk}
6×7+IWS	ϕ^r	2.4～4.5	1800、1700	2.5～4.5	1650、1560
1×19	ϕ^s	2.5	1560	2.5	1560

钢丝绳计算用截面面积及参考重量 表 2-9

种 类	钢丝绳公称直径（mm）	钢丝直径（mm²）	计算用截面面积（mm²）	参考重量（kg/100m）
6×7+IWS	2.4	(0.27)	2.81	2.40
	2.5	0.28	3.02	2.73
	3.0	0.32	3.94	3.36
	3.05	(0.34)	4.45	3.83
	3.2	0.35	4.71	4.21
	3.6	0.40	6.16	6.20
	4.0	(0.44)	7.45	6.70
	4.2	0.45	7.79	7.05
	4.5	0.50	9.62	8.70
1×19	2.5	0.50	3.73	3.10

注：括号内的钢丝直径为建筑结构加固非常用的直径。

高强度不锈钢丝绳和高强度镀锌钢丝绳的强度设计值可按表 2-10 采用，弹性模量设计值及拉应变设计值应按表 2-11 采用。

高强钢丝绳抗拉强度设计值（MPa） 表 2-10

种 类	符 号	高强不锈钢丝绳			高强镀锌钢丝绳		
		钢丝绳公称直径（mm）	抗拉强度标准值 f_{tk}	抗拉强度设计值 f_{rw}	钢丝绳公称直径（mm）	抗拉强度标准值 f_{tk}	抗拉强度设计值 f_{rw}
6×7+IWS	ϕ^r	2.4～4.0	1800	1100	2.5～4.5	1650	1000
			1700	1050		1560	1000
1×19	ϕ^s	2.5	1560	1050	2.5	1560	1100

高强钢丝绳弹性模量及拉应变设计值   表 2-11

类　别	弹性模量设计值 E_{rw}	拉应变设计值 ε_{rw}
不锈钢丝绳	1.05×10^5 MPa	0.01
镀锌钢丝绳	1.30×10^5 MPa	0.008

以上韩国汉城产业大学金成勋等[4]以及清华大学[5]对高强不锈钢绞线的抗拉强度及弹性模量进行了试验研究，结果见表 2-12。

高强不锈钢绞线抗拉强度试验结果[4,5]   表 2-12

钢绞线型号	截面积（mm²）	最大抗拉强度（MPa）	弹性模量（MPa）
ϕ2.4mm	2.82	1633	1.05×10^5
ϕ3.2mm	5.10	1606	1.16×10^5
ϕ4.8mm	11.61	1679	1.26×10^5

钢绞线应力-应变曲线如图 2-7 所示。由图可见，高强不锈钢绞线初始阶段应力发挥比钢筋要慢，这是由于钢绞线由 6 根螺旋形小股钢绞线和一根直线形芯线小股钢绞线捻制成，拉伸过程中，外面 6 根螺旋形钢绞线有一个伸直变形的过程，因而有一个应变快速增加而应力缓慢增加的过程，然后进入快速发展阶段，应力和应变增长速度相仿，没有明显的屈服阶段和强化阶段。

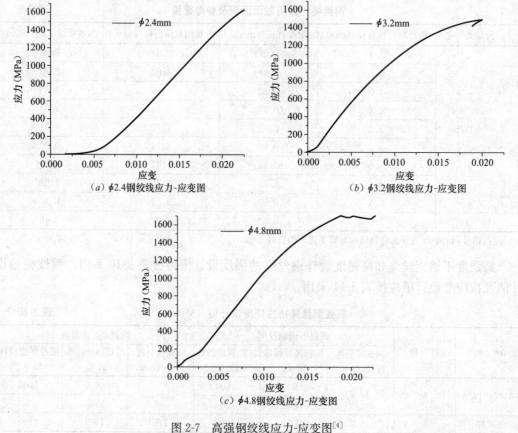

(a) ϕ2.4钢绞线应力-应变图   (b) ϕ3.2钢绞线应力-应变图

(c) ϕ4.8钢绞线应力-应变图

图 2-7 高强钢绞线应力-应变图[4]

参考文献

[1]　GB 50367—2006，混凝土结构加固设计规范 [S]. 北京：中国建筑工业出版社，2006.

[2]　金成勋，金成秀，刘成权，等. 渗透性聚合砂浆（RC-A0401）的性能分析 [R]. 汉城：韩国汉城产业大学，2000.

[3]　清华大学建筑材料试验室. 渗透性聚合物砂浆的试验报告 [R]. 北京：清华大学，2001.

[4]　金成勋. 不锈钢丝网抗拉强度试验结果 [R]. 汉城：韩国汉城产业大学建设技术研究所，2000.

[5]　曹俊. 高强不锈钢绞线网-聚合砂浆粘结锚固性能的试验研究 [D]. 北京：清华大学，2004.

3 高强钢绞线网-聚合物砂浆与混凝土粘结破坏机理

　　基于加固层剥离破坏的事实，本章通过 243 个正拉粘结强度试验、24 个剪切粘结强度试验、9 个界面剥离破坏试验分析高强钢绞线网-聚合物砂浆加固层与混凝土界面之间的粘结破坏机理。经分析认为抹灰龄期、界面粗糙度、混凝土和砂浆强度、修补方位等是影响粘结性能的主要因素，其显著性水平按此顺序由高到低排列；此外，加固层长度对剥离破坏荷载的影响非常显著，存在有效锚固长度的限制。同时提出了粘结面正拉强度计算公式、剪切强度计算公式、剥离破坏强度计算公式，建立了加固层粘结-滑移本构关系，分析了加固层各材料之间的粘结锚固性能，为加固设计提供了参考。

3.1　粘结机理研究现状

　　砂浆薄层加固技术的研究表明，砂浆薄层与原有构件混凝土之间的粘结面是一个薄弱面，在荷载作用下将发生剥离破坏，如图 3-1～图 3-3 所示。砂浆薄层与混凝土表面的粘结失效问题可归结为新旧混凝土材料的粘结性能这一基础理论问题。新老混凝土的结合面广泛存在于混凝土结构的加固维修及新建结构中，如叠合结构的结合面，梁、板、柱等截面的加大处理，水利工程中大坝的分缝与加固，剪力墙施工缝，混凝土结构工程的后浇带以及装配整体式结构等。粘结性能不仅涉及结合面的安全性，而且涉及结合面的耐久性。当结合面承受拉力、剪力以及拉剪组合时，其粘结面为薄弱环节，一般粘结面的强度低于新、老混凝土本体的相应强度；当结合面为非受力粘结时，除要求粘结面具有良好的粘结性能外，根据所处环境的不同，粘结面还应具有良好的抗冻性、抗渗性、耐高温以及耐腐蚀等耐久性能。在砂浆类薄层加固工程中，粘结面作为本体结构与加固层之间的传力层，主要承受拉力、剪力以及拉剪组合作用，其粘结性能的好坏直接关系到加固的成败，因此，对此问题的研究尤为重要。

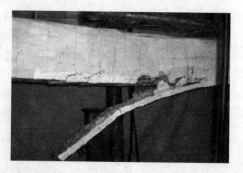

图 3-1　高强钢绞线网-聚合物砂浆加固梁剥离破坏[1]

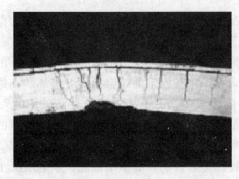

图 3-2 钢筋网-复合砂浆加固梁剥离破坏[2]

新老混凝土粘结性能的研究涉及很多方面的问题，目前国内外对常温和高温下新老混凝土粘结的性能和工程应用技术已进行了一系列研究[4-56]，在新老混凝土粘结面宏观力学性能和微观分子结构等方面取得了一定的研究成果。我国1995 年在基础性研究重大项目"重大土木与水利工程安全性与耐久性的基础研究"（攀登计划 B）中，正式设立了 5.2 子课题"新老混凝土的粘结

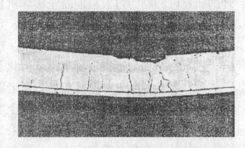

图 3-3 钢丝网-水泥砂浆加固梁剥离破坏[3]

机理和测试方法研究"子课题；国家自然科学基金"新老混凝土粘结机理和测试方法"（批准号：59778045）也资助了这方面的研究；另外烟台大学青年基金"新老混凝土粘结抗拉特性的试验研究和数值分析"（批准号：TM10Z4），以及其他省市和各高校结合具体工程也开展了这方面的研究和实践工作。现有研究结果表明：新老混凝土的粘结性能与新、老混凝土本身的强度、粘结界面的处理方法、粘结面的粗糙度、界面剂的类型、粘结界面的方位及环境条件等因素有关。在常温条件下，新老混凝土粘结面的轴心抗拉强度可达到整体新混凝土轴心抗拉强度的 67％～84％，粘结劈裂抗拉强度可达新混凝土相应强度的 62％～75％；粘结抗折（弯）强度可达整体新混凝土抗折强度的 47％～53％[4]。而新老混凝土粘结面抗剪强度可达整体抗剪强度的 17.1％～38.5％[5]。新老混凝土粘结的断裂韧度可达新混凝土整体断裂韧度的 47.3％～55.5％[6]。200℃高温后的新老混凝土粘结劈裂抗拉强度较常温下降低 26％左右[7]，700℃时下降约 92％[5]。新老混凝土粘结面在复合应力作用下的粘结性能随应力作用的类型不同而有所变化。总的来说[4,7,8]：在压剪作用下的粘结面剪切强度随压应力的增大而提高；拉剪作用下的剪切粘结强度随拉应力的增加而降低，在压剪作用下的剪切粘结强度随垂直于粘结面压应力的提高而增大，随平行于粘结面的侧向压应力的提高而降低；在拉压剪作用下粘结面的剪切强度随垂直于粘结面拉应力的增大而降低，随平行于粘结面侧向拉应力的提高而降低。

3.1.1 粘结机理

对新老混凝土粘结性能的研究[9,10]认为，新老混凝土是由范德华力、机械咬合力、化学作用力等来形成粘结。对其中以哪种力为主，研究者各有见解：文献［9］认为新老混凝土界面粘结力同集料-水泥界面一样主要来源于范德华力，而机械咬合力以及化学作用力存在的几率非常少；文献［10］认为一般情况下机械咬合力起主导作用，同时认为范德华力和化学作用力在某些情况下，还将起到显著的作用。

在进行新老混凝土粘结试验及实际混凝土修补时，新老混凝土结合曲面只有唯一的一个，但新老混凝土粘结破坏曲面并不是唯一的，不一定在原来的结合曲面处破坏。在原结合曲面附近有无数个可能的破坏曲面，这些曲面构成一个"新老混凝土粘结破坏区"[11]。实际上新老混凝土粘结破坏区是由老混凝土、粘结界面和新混凝土所组成的一个特殊的新老混凝土过渡层。文献［12］通过扫描电镜观察研究，认为该过渡层可以分为渗透层、强效应层和弱效应层三个薄层，其中强效应层的特性显著影响界面粘结性能。新老混凝土粘结的成败取决于这一过渡层混凝土的微观结构和力学特性。因而，新老混凝土粘结破坏机理的研究可归结为过渡层混凝土破坏机理的研究。

新老混凝土粘结破坏曲面的存在，是由于粘结区内部潜在的缺陷比整浇混凝土严重得多，且内部初应力（应变）更加复杂。造成这种严重缺陷的原因主要有以下几点：

（1）粘结面附近老混凝土强度劣化及粘结界面凿毛处理时，对老混凝土石子的扰动；

（2）新老混凝土粘结界面处，新老混凝土结合不良；

（3）新混凝土浇筑不实及新混凝土本身固有的结构组织特性（例如轻骨料混凝土）。

粘结区混凝土内部严重的潜在缺陷是造成粘结区混凝土破坏的主要原因之一，另外一个原因是其内部复杂的初应力（应变）。由于粘结区存在已受力的老混凝土和新浇筑的新混凝土，老混凝土中的应力与新浇筑时产生的温度应力、收缩应力等交织在一起，可能在粘结区混凝土中构成复杂的初应力。这些复杂的初应力和严重的混凝土内部缺陷，影响了粘结区混凝土的力学性能。

新老混凝土破坏模式主要有三种：沿粘结面破坏、沿粘结面在老混凝土一侧发生破坏、沿粘结面在新混凝土一侧发生破坏，其中绝大部分发生沿粘结面的破坏。另外，由于老混凝土的强度低、耐久性能劣化及粘结面的处理效果不好等因素，一部分粘结区按第二种模式发生破坏。第三种破坏模式发生较少，主要是施工质量低下等因素造成。

3.1.2 界面粘结性能的影响因素

目前的研究表明，影响新老混凝土表面粘结性能的因素有下列几个方面：

（1）结合面的粗糙度

老混凝土表面的粗糙度是影响混凝土粘结性能最为显著的因素[13,14]。老混凝土的表面处理对粘结质量的影响是巨大的[15,16]，经过表面粗糙度处理的一定比没有处理过的粘结性能好。表面处理主要是清除掉老混凝土结合面上损坏的、松动的和附着的骨料、砂浆及各种杂质杂物，使坚固的部分骨料露出表面，以增大结合面的表面积，同时构成粗糙面，提高骨料间的机械咬合。

通常情况下粗糙度越大，粘结性能就越好[13]，但粗糙度过高反而会降低粘结性能[17]。日本学者足立一郎[13]用喷砂法处理粘结面，通过试验发现，喷砂法处理的粘结试件，平均深度为4mm～5mm时的粘结效果最理想。赵志方的试验表明[19]：高压水射和人工凿毛法试件的最佳粗糙度分别约为2.8mm和4.7mm。试验研究和工程实例证明[19-21]，采用喷射法对于粘结面的处理一般比机械处理的粘结性能好，这是因为喷射法处理的表面均匀并且对粘结面的扰动损伤较小所致。

（2）界面剂

影响界面粘结强度的第二个主要因素是界面剂。常用的界面剂有水泥浆类粘结剂、环氧类粘结剂、聚合物类粘结剂等[21,22]，粘结效果的优劣目前并无统一的认识，提高的幅度随着界面剂的不同而不同。水泥砂浆和水泥净浆被认为是最经济实用的粘结剂[22]，比较而言与新混凝土配合比相同的水泥净浆粘结效果最好[17]。不同的界面剂，其界面作用力的主次不同：水泥浆类界面剂更有利于机械咬合力的提高，聚合物界面剂主要依靠范德华力，而粉煤灰的应用使界面化学作用显著增强。粘结剂的最大涂刷厚度不应超过 3mm，以 0.5mm～1.5mm 为宜[17]，过厚则使粘结性能下降。另外，国内外的研究者[23,24]对界面间通过增设机械连接件来提高粘结强度进行了研究，试验结果表明，设置机械连接件的试件劈拉强度增加 24.1％，机械连接件对于提高新老混凝土结合面的劈拉强度效果显著。

（3）粘结龄期

粘结龄期是影响界面粘结强度的第三个主要因素。由于存在自身的物理化学反应，随时间及环境条件的变化，新老混凝土的粘结性能也会发生变化。实际上随着新混凝土的龄期增长，粘结强度有所增长[25-27]。大连理工大学韩菊红、刘建等人通过试验以及方差分析[6,7]，表明粘结龄期对粘结强度的影响显著性水平排在结合面粗糙度和界面剂后面，是第三大影响因素。

（4）新老混凝土材料

为保证新老混凝土粘结面具有较好的粘结性能，用于修补的新混凝土材料应力求与老混凝土所用材料相同，新混凝土的强度应比老混凝土强度高一个等级。修补后结构的耐久性取决于新老混凝土粘结的耐久性和修补材料的耐久性。因此，根据不同情况选择合适的修补材料非常重要。修补材料的选择一般应考虑以下几个方面的性能：①适宜的凝结时间；②较好的工作性能；③较快的硬化速度和较高的早期强度；④与老混凝土有较好的粘结强度；⑤与老混凝土有较好的相容性；⑥后期强度不回降，耐久性好；⑦防水和抗渗性好；⑧低收缩。粘结材料与老混凝土的相容性主要表现在下列几个方面：收缩应变，热膨胀系数，弹性模量，抗拉强度，泊松比，粘结力，疲劳性能，化学特性，浸透性，颜色特性，抗压强度，蠕变特性。采用具有高强度、高徐变、低收缩、低孔隙率特性的新混凝土是获得良好协调性的关键[27]。另外，在新浇混凝土中加入碳纤维、钢纤维、尼龙纤维和聚合物，或采用预铺骨料混凝土等[28,29]，均可不同程度地减小新混凝土的收缩，提高新老混凝土的粘结性。

现有试验[19]表明：老混凝土强度一定的情况下，粘结强度随新混凝土强度的提高而提高；新混凝土强度一定的情况下，粘结强度随老混凝土强度的提高而提高。

（5）修补方位

加固修补过程中，修补混凝土的浇筑方位对新老混凝土的粘结具有一定影响，但结论尚不统一。根据实际工程中混凝土构件的顶面、底面、侧面进行修补的不同情况，可大致分为图 3-4 所示的几种接缝方式。文献［8］认为浇筑方位对粘结强度影响不大；文献［30］认为侧面粘结强度明显低于顶面粘结，而底面强度又比侧面粘结低。这是由于自重和振捣作用使新混凝土更紧密地与老混凝土表面结合，使得接缝宽度变小，硬化后形成良好的"机械咬合"；而对于斜下面和底面粘结，由于混凝土中的泌水、气泡被截留在老混凝土底部，加上混凝土自身的沉缩，形成"先天"微裂缝，造成薄弱环节，大大降低了新老混凝土的粘结强度，低于斜上面和顶面粘结强度。文献［30］的试验结果指出：侧补试件的劈拉强度为上补的 85％左右；在采用老混凝土表面凿毛和界面剂的条件下，斜下补试件的压剪强度为斜上补的 76.2％；在老混凝土表面凿毛，使用界面剂并改进振捣方法的条件下，下补试件的劈拉强度为上补的 81％。

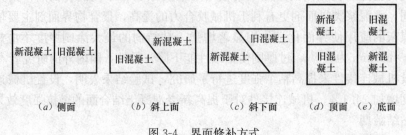

(a) 侧面　　　　(b) 斜上面　　　　(c) 斜下面　　　(d) 顶面　(e) 底面

图 3-4　界面修补方式

（6）界面湿润状况

界面干湿状态对界面粘结强度的影响规律和机理，在国内外都缺乏系统的研究。国外相关学者研究了界面处于湿饱和以及干燥状态对界面粘结强度的影响，但几位研究者的结论都不太相同，并且对试验结果没有给予很充分的解释。

Emmons[31]认为界面的湿度状态对粘结强度有很大的影响，界面干燥会从补强材料中吸收水分，而界面过湿会堵塞孔隙阻止修补材料的吸收，因此他认为湿饱和状态最有利于界面结合。Austin 研究表明：界面过干和过湿都会导致界面结合强度降低。Saucier 和 Pigeon 认为在低水灰比的情况下界面湿状态对粘结强度没有影响，而高水灰比时可以提高粘结强度。Cleand 和 Long 研究表明[32,33]：自然干燥状态和湿饱和干状态的界面粘结强度较高，炉干状态和湿饱和状态界面粘结强度较低。而在实际施工中，大多在浇注混凝土之前先润湿基底，这种做法是否有利于粘结强度的发展值得讨论。

3.1.3　现有新老混凝土粘结性能的试验研究

对新老混凝土粘结性能的试验研究，各国研究者根据研究重点的不同采用了不同的试验方法，主要是对抗拉性能和抗剪性能的测试。现场直接抗拉试验法[34]可以在现场直接测定粘结质量和强度，具有很强的准确性和可靠性，已经被 ACI 推荐作为一种标准试验方法，Simon Austin[35]和 P. J. Robins[36]对该方法从试验和有限元分析的角度多方位进行研究。除了直接抗拉强度试验[7,34-36]外，劈裂抗拉试验[4,5,37-41]和弯曲抗折试验[4,37]则是常用的间接抗拉试验方法。在抗剪性能的试验研究中，直接剪切试验方法[36,42]虽有提及，但研究最多的还是斜剪试验[36,43-47]，对影响斜剪强度的因素，如倾斜角度、粗糙度以及相应界面处的应力分布都有充分的研究。赵国藩及其课题组[7,48-51]采用 Z 形试件进行了拉剪、压剪、拉压剪和压压剪试验研究。国外的 George[52]对修补后的混凝土进行二轴试验，分析研究在拉压二轴力的作用下应力应变的分布情况。F. Saucier[53]设计了一种压剪试验装置，还可以有效地用于研究新老混凝土粘结的耐久性问题。以上试验初步研究了粘结面粗糙度、界面剂、粘结龄期、粘结材料、修补方位等对粘结性能的影响问题，主要的试验方法如图 3-5 所示。

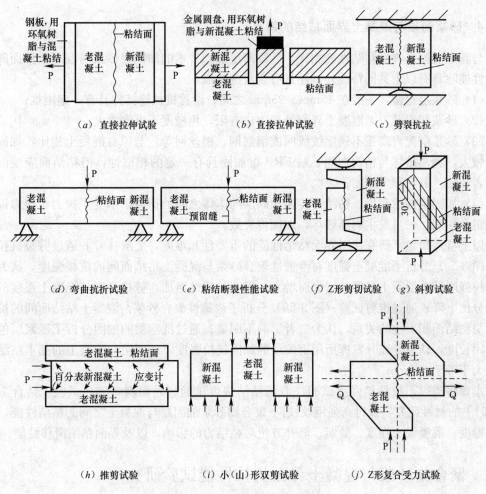

图 3-5 新老混凝土粘结性能试验

图 3-5 中，(a)、(b) 图为直接拉伸试验，(b) 图通过专门的拉伸试验仪器可在现场或试验室直接测定新老混凝土粘结抗拉强度；(c)、(d) 图为间接测试抗拉强度的方法，(c) 图由于试验设备简单、试块制作方面，为最常用的方法；(e) 图用以测定新老混凝土粘结断裂性能；(f)、(g) 图用于测试粘结面抗剪性能，(f) 图是常用的方法；(h) 图通过千斤顶或压力机进行推剪试验，一方面测试双面剪切强度，一方面通过粘结面附近的应变计算大致获得应变沿试件长度的分布；(i) 图直接测试双面剪切强度，采用较多；(j) 图通过相互垂直的两个方向施加不同大小和方向的力 P 和 Q，实现拉剪、压剪等复合受力性能，还可通过施加平行于粘结面的荷载达到三向受力的目的；另外还可采用超声波无损检测方法检测评估粘结质量[54]，以及数值计算方法的研究等[55,56]。国外对混凝土劈拉试验采用圆柱体试件居多[37,41]，而六面体试件尺寸则采用 76mm×76mm×102mm 试块居多，且垫块采用胶木板；而我国常采用 150mm×150mm×150mm 和 100mm×100mm×100mm 两种立方体试块，垫块多采用钢制垫块。因此，国内外试验数据存在一定差异。

3.1.4 砂浆薄层与混凝土界面粘结的特点

与新老混凝土界面粘结性能相比，砂浆薄层加固技术的加固层砂浆与混凝土界面间的粘结性能除具有以上共同特性外，还具有自身的特点：

（1）砂浆层很薄，一般在 15mm～25mm 之间，设置机械连接件具有一定困难；

（2）砂浆层很薄，老混凝土界面处理方法有限，粗糙度不可能太大；

（3）砂浆层配有高强不锈钢绞线网或钢筋网、钢丝网等，与原有混凝土相比，加固层刚度较大，剥离破坏与粘钢加固、贴 FRP 布加固具有一定的相似性，但粘结面应变测试与二者相比，具有很大难度；

（4）加固构件承载后，粘结面传递加固层与本体之间的荷载，承受了拉力、剪力以及拉剪组合作用，一旦发生剥离破坏，加固将失效。

以上特点决定了研究加固界面粘结性能的重要性和难度，文献［57］通过劈裂抗拉试验（图 3-5c）分析了混凝土强度对渗透性聚合砂浆与混凝土粘结面间的抗拉强度，认为粘结劈拉强度随着混凝土强度的增大而增大，但不是线性增加，劈拉强度与混凝土强度的比值百分比下降；通过推剪试验（图 3-5h）分析了渗透性聚合砂浆与混凝土粘结面间的抗剪强度与粘结面积大小的关系，认为二者影响不明显；通过抗弯梁的加固分析了砂浆层的粘结锚固长度，认为要充分发挥所用钢绞线的加固抗拉强度，加固层与混凝土的基本粘结长度应大于等于 300mm。

本章将通过正拉粘结强度试验、剪切粘结强度试验、界面剥离破坏试验，结合文献［58-61］的材性研究，探讨高强钢绞线网-聚合物砂浆加固层与混凝土之间的粘结性能，分析粗糙度、混凝泥土强度、龄期、修补方位对粘结力的影响，以及界面粘结滑移性能。

3.2 聚合物砂浆与混凝土界面抗拉性能试验研究

高强钢绞线网-聚合物砂浆加固构件界面传力完全是依靠砂浆薄层与混凝土之间的粘结力。粘结力的强弱跟上述新老混凝土之间粘结力的影响因素相同，砂浆与混凝土之间是由范德华力、机械咬合力、化学作用力等来形成粘结。"粘结破坏区"是由混凝土、粘结界面和渗透性聚合物砂浆所组成的一个特殊的过渡层。文献［12］通过扫描电镜观察研究，认为该过渡层可以分为渗透层、强效应层、弱效应层三个薄层，其中强效应层的特性显著影响界面粘结性能。砂浆加固层粘结的成败取决于这一过渡层砂浆、混凝土的微观结构和力学特性。因而，加固层界面粘结破坏机理的研究可归结为过渡层砂浆和混凝土破坏机理的研究。

试验采用韩国进口的渗透性聚合物砂浆 RC-A0401 和界面剂 RC-A0404。通过正拉粘结强度试验和剪切粘结强度试验分析粘结面粗糙度、混凝土强度、砂浆强度、龄期、修补方位对界面粘结性能的影响。混凝土采用 C30、C35、C40 三种强度等级；修补方位采用侧面抹灰、底面抹灰和顶面抹灰三种；龄期分 7d、14d、28d 三个阶段；分三种粗糙度对表面进行人工凿毛处理，试件设计见图 3-6。分三种强度等级浇筑截面积为 300mm×300mm，长为 600mm 的试块各三个，共计 9 个，见图 3-7，共 243 个测点。界面粗糙度采用灌沙法[62]量测，正拉粘结强度试验采用煤科总院北京中煤矿山工程有限公司生产的

TJ-10碳纤维粘结强度检测仪进行测试，仪器见图3-8，试验结果见附录。

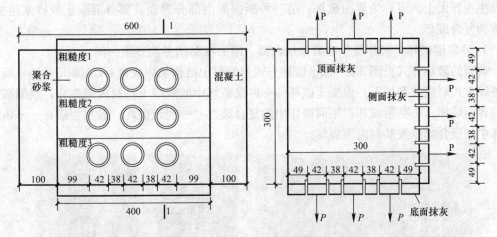

图 3-6 正拉粘结强度试件设计

图 3-7 正拉粘结强度试件

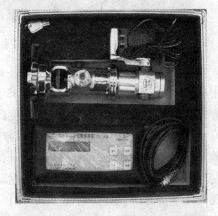

图 3-8 TJ-10碳纤维粘结强度检测仪

由测试数据可见，7d 正拉粘结强度较低，在 0.3MPa～0.7MPa 之间；14d 强度有较大提高，在 1.0MPa～1.7MPa 之间；28d 强度与 14d 相比，提高不大，在 1.3MPa～1.9MPa 之间，是混凝土抗拉强度的 40%～55%。文献［57］测得聚合物砂浆与混凝土粘结面间的劈拉强度在 1.4MPa～1.7MPa 之间，与本文 14d 正拉粘结强度基本符合。考虑到正拉粘结强度与劈拉强度的转换关系[7,62]：对相同的粘结试件，正拉粘结强度为劈拉强度的 0.87～0.93。因此，本文测试的抗拉强度实际上要大于文献［57］的测试强度，这可能跟试件浇筑、养护、混凝土强度、龄期、测试方法等多种因素的差异有关。同时，本文测试强度与文献［7，19］所测试的新老混凝土 28d 正拉粘结强度（在 1.6MPa～2.0MPa之间）基本符合。

3.2.1 正拉粘结破坏特征

正拉粘结强度试验共测试 243 个点，其中有 3 个点在开孔过程中掉落，实测 240 个点。根据试验观测，正拉粘结强度试验破坏形式有三种：

1. 混凝土破坏：破坏完全发生在混凝土内部，断裂面在粘结界面混凝土一侧。

2. 层间破坏：破坏发生在粘结界面上，这一破坏方式又可分为两种，一种断裂面完全发生在界面上，可称为界面破坏；另一种断裂面由部分界面、部分混凝土或砂浆组成，可称为复合破坏。

3. 砂浆层破坏：破坏发生在砂浆层内部，断面在粘结界面砂浆一侧。

典型的破坏方式见图3-9。以上破坏方式与混凝土结构加固规范 GB 50367—2006 所述的破坏方式对应关系如下：混凝土破坏——内聚破坏中的混凝土基材内聚破坏；层间破坏中的界面破坏——粘附破坏；层间破坏中的复合破坏——混合破坏；砂浆层破坏——内聚破坏中的聚合物砂浆基材内聚破坏。

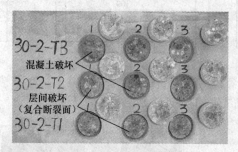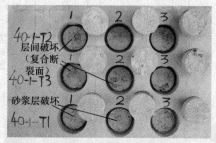

图 3-9　正拉粘结强度试验破坏模式

发生混凝土破坏的测点分布见图3-10，共有34个测点。由图3-10（a）所示，C30试件中有14个测点发生混凝土破坏，C35中有10个测点，C40中也有10个测点，可见该破坏方式与混凝土强度有关，混凝土强度高的试件发生这种破坏方式的几率要小一些。由图3-10（b）所示，砂浆的龄期对该破坏方式也有很大影响，7d龄期中有7个测点发生混凝土破坏，14d龄期中有15个测点，28d龄期中有12个测点。当砂浆龄期较低时，混凝土强度高于砂浆，正拉粘结面首先发生混凝土破坏的几率要小，而随龄期增大，该破坏方式出现的几率会有所提高。由图3-10（c）所示，在界面粗糙度为0.157mm～0.231mm之间发生混凝土破坏的测点有4个，界面粗糙度为0.391mm～0.606mm之间的点有10个，而界面粗糙度为0.840mm～1.200mm之间的点有20个，说明界面粗糙度对该破坏模式有很大影响，粗糙度越大，发生该破坏方式的几率越高。由图3-10（d）所示，修补方位对该破坏方式有一定影响，底面抹灰发生混凝土破坏的几率要低于其他两种修补方位。

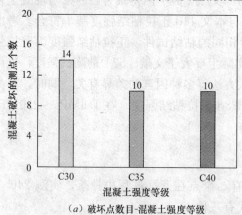

（a）破坏点数目-混凝土强度等级

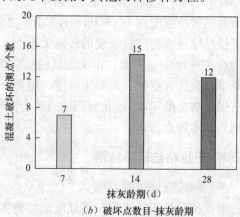

（b）破坏点数目-抹灰龄期

图 3-10　混凝土破坏测点数量与混凝土强度、界面粗糙度、抹灰龄期、方位关系（一）

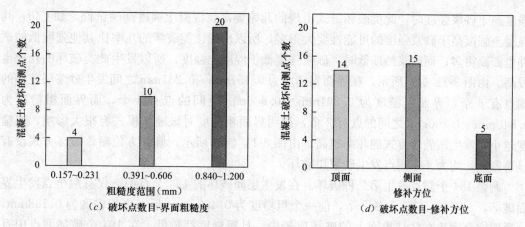

图 3-10　混凝土破坏测点数量与混凝土强度、界面粗糙度、抹灰龄期、方位关系（二）

发生砂浆层破坏的测点分布见图 3-11，共有 12 个测点。由图 3-11（a）所示，C30 试件中有 1 个测点发生砂浆层破坏，C35 中有 3 个测点，而 C40 中则有 8 个测点，可见该破坏方式与混凝土强度有关。由图 3-11（b）可见，该破坏方式在龄期低时易出现，7d 龄期中有 7 个测点，14d 龄期中有 5 个测点，而 28d 龄期中没有测点发生砂浆层破坏。结合图 3-11（a）、（b）可知，混凝土和砂浆的强度对该破坏方式的出现有决定性影响，当混凝土

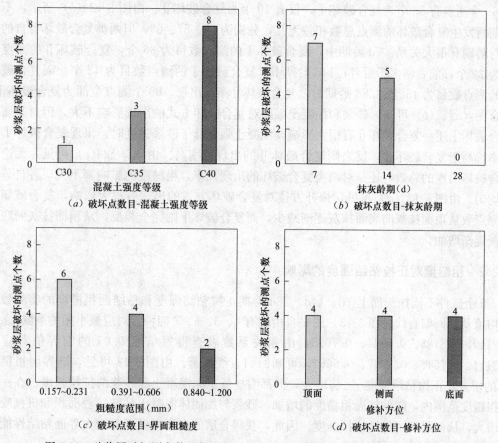

图 3-11　砂浆层破坏测点数量与混凝土强度、界面粗糙度、抹灰龄期、方位关系

强度高于砂浆强度时，此类破坏方式出现的几率要高。混凝土强度高的试件，如C40，其混凝土强度高于砂浆强度的可能性要大得多，所以出现该类破坏的几率比其他强度低的试件也要高得多；而砂浆龄期低时，砂浆强度低于混凝土强度，所以发生此类破坏的几率也较高。由图3-11（c）所示，在界面粗糙度为0.157mm～0.231mm之间发生砂浆层破坏的测点有6个，界面粗糙度为0.391mm～0.606mm之间的点有4个，而界面粗糙度为0.840mm～1.200mm之间的点有2个，说明界面粗糙度对该破坏模式有很大影响，粗糙度越小，发生该破坏方式的几率越高。由图3-11（d）所示，修补方位对该破坏方式没有显著影响，均为4个测点发生砂浆层破坏。

剩余194个测点发生第二种破坏。在发生层间破坏的194个点中，仅有两个点发生界面破坏，在C30、C35中各一个，前一个粗糙度为0.453mm，后一个粗糙度为0.188mm。这说明完全发生在粘结界面上的破坏比较少，且粗糙度都较低。在194个破坏测点中有192个测点发生了复合破坏，现将部分界面和混凝土组成的复合破坏称为复合破坏Ⅰ，将部分界面和砂浆组成的复合破坏称为复合破坏Ⅱ（视混凝土和砂浆二者多少把砂浆和混凝土组成的少数复合破坏归为上述破坏之一），其特征分布如图3-12所示。由图3-12（a）所示，不同强度等级的试件发生复合破坏的测点总数相差无几，分别为62、67、63，但两类复合破坏在不同强度等级试件中发生的数量却相差很大：C30中62个测点全部为复合破坏Ⅰ；C35中67个测点几乎对半分为复合破坏Ⅰ和复合破坏Ⅱ，分别为33和34；C40中63个测点有53个为复合破坏Ⅰ，仅有10个为复合破坏Ⅱ。由图3-12（b）所示，不同龄期所发生复合破坏的测点总数相差无几，分别为65、57、69，但两类复合破坏各自的出现与龄期有很大关系：7d龄期中，复合破坏Ⅰ的测点数目为36个，复合破坏Ⅱ的测点数目为29个，前者略多于后者；14d龄期中，复合破坏Ⅰ的测点数目为42个，而复合破坏Ⅱ的测点数目为15个；28d龄期时，复合破坏Ⅱ不再出现，69个测点全部为复合破坏Ⅰ。结合图（a）、（b）可知，砂浆和混凝土强度对复合破坏方式的出现影响不大，但对其属于复合破坏Ⅰ还是复合破坏Ⅱ有很大影响，混凝土强度低于砂浆强度时，出现复合破坏Ⅰ的几率远高于复合破坏Ⅱ，反之则复合破坏Ⅱ的出现机率高。由图3-12（c）可见，无论是复合破坏出现的总数，还是对两类复合破坏的出现几率，粗糙度的影响都不大，各自分布较均匀。由图3-12（d）可见，修补方位对复合破坏方式的出现有很大影响，复合破坏Ⅱ的测点数从顶面抹灰向底面抹灰逐渐减少，而复合破坏Ⅰ则完全相反，从顶面抹灰向底面抹灰逐渐增加。

3.2.2　粗糙度对正拉粘结强度的影响

9个试件不同抹灰面上7d、14d、28d龄期正拉粘结强度和粘结面粗糙度的实测数据点均值及其回归直线见图3-13。图中自由度有4、5、6、7四种，对应最小相关系数r_{min}为0.8140、0.8188、0.7144、0.7093，由相关系数表查得置信度0.05的临界值对应为0.8114、0.7545、0.7067、0.6664，可知回归直线显著。由图3-13可见，随界面粗糙度H的增大，正拉粘结强度$f_{t,a}$将增大，但都明显低于原混凝土和砂浆的抗拉强度。在一定的粗糙度范围内，随粘结面粗糙度的增加，砂浆与加固体混凝土粘结接触面积和机械咬合力增大，从而提高了粘结抗拉强度。因此，获得合适的表面粗糙度对增大界面粘结性能至关重要。

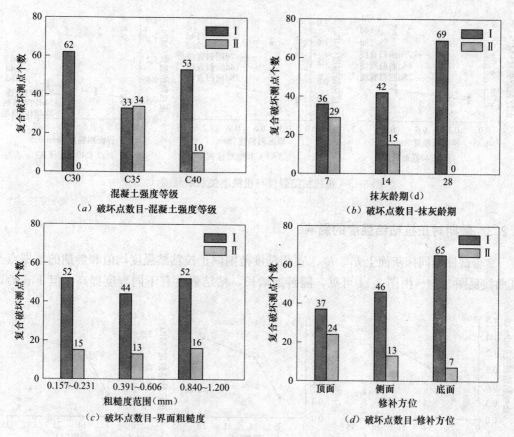

图 3-12 复合断裂破坏测点数量与混凝土强度、界面粗糙度、抹灰龄期、方位关系

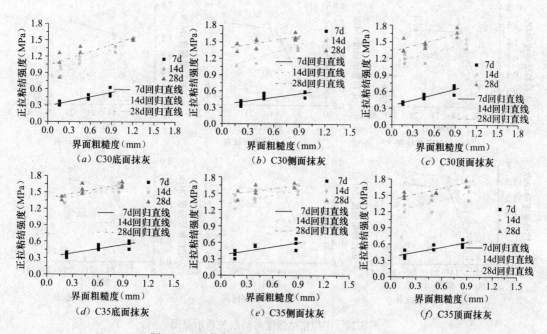

图 3-13 正拉粘结强度与粗糙度关系示意图（一）

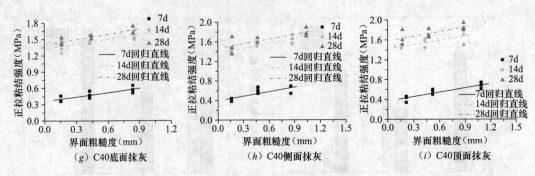

图 3-13　正拉粘结强度与粗糙度关系示意图（二）

3.2.3　龄期对正拉粘结强度的影响

9 个试件不同抹灰面上 h_1、h_2、h_3 粗糙度范围内正拉粘结强度均值和龄期的数据点及其曲线见图 3-14。由图 3-14 可见，随龄期增长，粘结强度有不同程度提高。但 14d 龄期

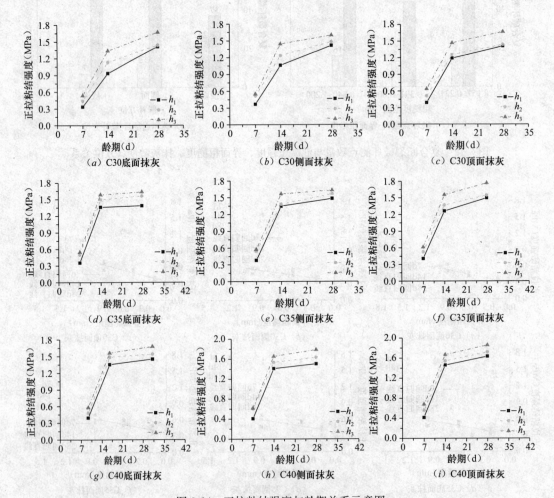

图 3-14　正拉粘结强度与龄期关系示意图

注：h 指粗糙度范围，其中 $h_1 = 0.157\text{mm} \sim 0.231\text{mm}$，$h_2 = 0.391\text{mm} \sim 0.606\text{mm}$，$h_3 = 0.840\text{mm} \sim 1.200\text{mm}$。

的强度提高幅度明显高于28d，这主要是由于砂浆和混凝土二者强度的影响：早龄期砂浆强度低于混凝土，破坏受砂浆强度影响大，所以正拉粘结强度提高快；当砂浆强度大于混凝土后，破坏受混凝土强度影响大，而此时混凝土强度在经过8周左右时间的发展，强度增长已不明显，所以正拉粘结强度提高减缓。

3.2.4　混凝土和砂浆强度对正拉粘结强度的影响

9个试件不同抹灰面上 h_1、h_2、h_3 粗糙度范围内正拉粘结强度均值和混凝土与砂浆立方体抗压强度均值曲线见图3-15。由图3-15可见，界面正拉粘结强度随混凝土与砂浆强度提高而增大，但提高幅度有所区别。7d龄期几乎没什么提高，最大增幅在11.3%。14d、28d龄期强度提高幅度较7d大，主要是砂浆强度发展所致：早龄期砂浆强度低于混凝土，破坏主要受砂浆强度影响；当砂浆强度大于混凝土后，破坏则主要受混凝土强度影响。

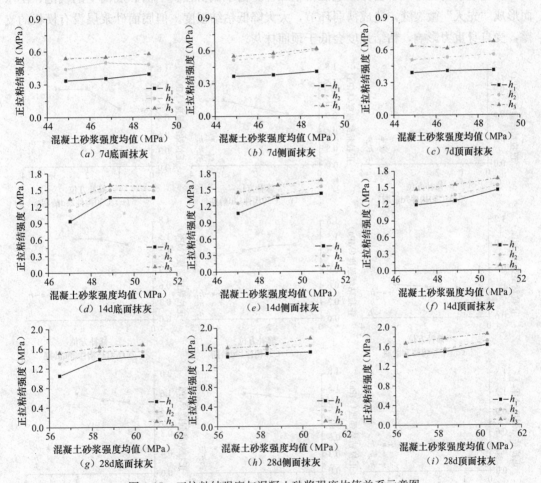

图3-15　正拉粘结强度与混凝土砂浆强度均值关系示意图

注：h 指粗糙度范围，$h_1 = 0.157\text{mm} \sim 0.231\text{mm}$；$h_2 = 0.391\text{mm} \sim 0.606\text{mm}$；$h_3 = 0.840\text{mm} \sim 1.200\text{mm}$。

"粘结破坏区"的微细观破坏机理分析表明，粘结面附近微小区域内混凝土和聚合物砂浆在界面剂的促使下发生了一定的化学反应，生成了新的水泥浆晶体及其他成分，在很大程度上决定着粘结强度。因此，无论用砂浆、混凝土强度或它们的线性组合都不能恰当地表示出其与粘结强度的关系。结合粘结面微观域区的多相复杂性，可近似用聚合物砂浆和混凝土立方体抗压强度平均值作为特征值来拟合砂浆和混凝土材料性能与粘结强度的关系。

3.2.5　修补方位对正拉粘结强度的影响

　　假定砂浆底面抹灰为1，侧面抹灰为2，顶面抹灰为3，则可得9个试件不同抹灰面上h_1、h_2、h_3粗糙度范围内正拉粘结强度实测数据点均值与修补方位关系曲线见图3-16。由图3-16可见，修补方位对正拉粘结强度有一定影响，基本上遵循顶面＞侧面＞底面的规律，同时也存在少量底面抹灰的正拉粘结强度大于顶面的情况。侧面平均正拉粘结强度为顶面抹灰的97.3%，底面抹灰为顶面的90.1%，均明显高于文献［30］的强度比率，这主要与砂浆抹灰施工的特点有关。砂浆层为人工抹灰，且厚度较薄（20mm左右），在保证抹灰质量的前提下，不会像新老混凝土那样，由于截留在斜下面和底面上的气泡、泌水而形成"先天"微裂缝，造成薄弱环节，大大降低粘结强度。但底面砂浆层没有模板的支撑，受自身重力影响，粘结强度会低于顶面抹灰。

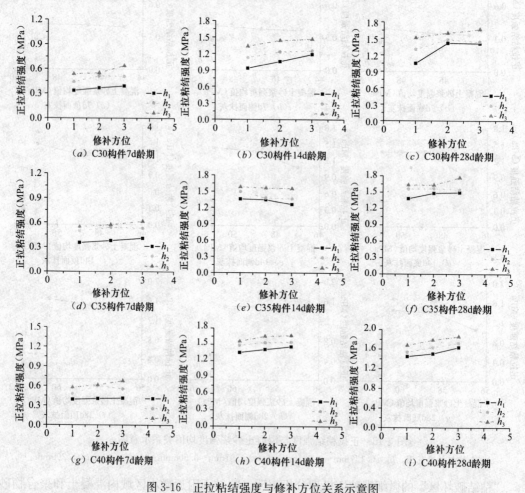

图3-16　正拉粘结强度与修补方位关系示意图

　　注：1. h指粗糙度范围，h_1＝0.157mm～0.231mm；h_2＝0.391mm～0.606mm；h_3＝0.840mm～1.200mm；
　　　　2. 横坐标1、2、3分别指：1-底面抹灰；2-侧面抹灰；3-底面抹灰。

3.2.6 正拉粘结强度影响因素显著性分析

经以上试验结果分析可知，影响渗透性聚合物砂浆与混凝土正拉粘结强度的因素有：界面粗糙度、粘结龄期、混凝土和砂浆强度、修补方位等。由于界面剂为特定的材料，此处不讨论它对粘结强度的影响。下面就以上因素对粘结强度的影响程度，采用一元方差分析法进行显著性分析[63,64]。

本文对影响正拉粘结强度的每种因素均进行了 3 次重复试验，故属于重复试验一元方差分析。

令影响正拉粘结强度的某因素为 A，A 有 r 种水平，且各种水平下有 n_i 次重复试验，则可得一组试验值 X_{ij}，$i=1,2,\cdots,r$；$j=1,2,\cdots,n_i$。

假定 X_{ij} 服从正态分布 $N(u_i,\sigma^2)$，且所有 X_{ij} 相互独立。将每个水平看成一个组。则：

组内平均：$\overline{X}_i = \dfrac{1}{n_i}\sum\limits_{j=1}^{n_i} X_{ij},\ i=1,2,\cdots,r$

总平均：$\overline{X} = \dfrac{1}{n}\sum\limits_{i=1}^{r}\sum\limits_{j=1}^{n_i} X_{ij} = \dfrac{1}{n}\sum\limits_{i=1}^{r} n_i\overline{X}_i,\ n=\sum\limits_{i=1}^{r} n_i$

总离差平方和：$Q_T = \sum\limits_{i=1}^{r}\sum\limits_{j=1}^{n_i}(X_{ij}-\overline{X})^2 = \sum\limits_{i=1}^{r}\sum\limits_{j=1}^{n_i}(X_{ij}-\overline{X}_i)^2 + \sum\limits_{i=1}^{r} n_i(\overline{X}_i-\overline{X})^2 = Q_E + Q_A$

组内离差平方和：$Q_E = \sum\limits_{i=1}^{r}\sum\limits_{j=1}^{n_i}(X_{ij}-\overline{X}_i)^2$

组间离差平方和：$Q_A = \sum\limits_{i=1}^{r} n_i(\overline{X}_i-\overline{X})^2$

由分解定理可得：$\dfrac{Q_E}{\sigma^2}$ 服从自由度为 $n-r$ 的 x^2 分布，$\dfrac{Q_A}{\sigma^2}$ 服从自由度为 $r-1$ 的 x^2 分布，且 $\dfrac{Q_E}{\sigma^2}$ 与 $\dfrac{Q_A}{\sigma^2}$ 相互独立。

由 F 分布的定义可得：$F = \dfrac{Q_A/r-1}{Q_E/n-r} = \dfrac{S_A^2}{S_E^2}$，服从自由度为 $(r-1,\ n-r)$ 的 F 分布。

式中：S_E^2 为组内均方离差，$S_E^2 = \dfrac{Q_E}{n-r}$；S_A^2 为组间均方离差，$S_A^2 = \dfrac{Q_A}{r-1}$。

由此可对因素 A 进行 F 检验：

假设 H_0：$u_1 = u_2 = \cdots = u_r$

如果 $F \geqslant F_{0.025}(r-1,\ n-r)$，则拒绝假设 H_0，即认为该因素 A 对砂浆与混凝土正拉粘结强度的影响非常显著；

如果 $F_{0.025}(r-1,n-r) > F \geqslant F_{0.05}(r-1,\ n-r)$，则同样拒绝假设 H_0，即认为该因素 A 对砂浆与混凝土正拉粘结强度的影响显著；

如果 $F_{0.10}(r-1,n-r) \leqslant F < F_{0.05}(r-1,\ n-r)$，则接受假设 H_0，即认为该因素 A 对砂浆与混凝土正拉粘结强度的影响不显著；

如果 $F<F_{0.10}(r-1,\ n-r)$，则接受假设 H_0，即认为该因素 A 对砂浆与混凝土正拉粘结强度的影响极不显著。

现根据试验结果及相关显著性检验原则，对影响聚合物砂浆与混凝土粘结强度的各因素进行一元方差分析检验。从附录中任意选择具有代表性的数据组成粗糙度类、抹灰龄期类、砂浆和混凝土强度类、修补方位类对其进行分析，组成各影响因素类的数据见表 3-1。

聚合物砂浆与混凝土正拉粘结强度各影响因素类　　　　　　表 3-1

试件编号		研究类别	混凝土强度（MPa）	砂浆强度（MPa）	修补方位	龄期（d）	粗糙度（mm）	正拉强度（MPa）	
								测试值	均值
30-2-B1	1	粗糙度	44.713	49.377	底面抹灰	14	0.178	1.01	0.933
	2							0.83	
	3							0.96	
30-2-B2	1						0.441	1.06	1.130
	2							1.14	
	3							1.19	
30-2-B3	1						0.950	0.02（舍）	1.335
	2							1.39	
	3							1.28	
35-2-F2	1	抹灰龄期	48.450	45.053	侧面抹灰	7	0.394	0.11（舍）	0.540
	2							0.53	
	3							0.55	
35-1-F2	1			49.377		14	0.386	1.34	1.380
	2							1.39	
	3							1.41	
35-3-F2	1			68.287		28	0.394	1.55	1.567
	2							1.50	
	3							1.65	
30-3-T3	1	混凝土和砂浆强度	44.713	49.377	顶面抹灰	14	1.044	1.55	1.467
	2							1.47	
	3							1.38	
35-3-T3	1		48.450			14	0.916	1.58	1.553
	2							1.67	
	3							1.41	
40-3-T3	1		52.472				0.884	1.71	1.667
	2							1.79	
	3							1.50	
40-2-B1	1	修补方位	52.472	49.377	底面抹灰	14	0.431	1.45	1.487
	2							1.43	
	3							1.58	
40-1-F2	1				侧面抹灰	14	0.463	1.56	1.535
	2							1.51	
	3							2.42（舍）	
40-3-T2	1				顶面抹灰	14	0.431	1.57	1.543
	2							1.62	
	3							1.44	

显著性分析结果见表 3-2。从表中计算分析可知对渗透性聚合物砂浆与混凝土正拉粘结强度的显著性大小依次为：抹灰龄期、粗糙度、混凝土和砂浆强度、修补方位。由

此可见，该类加固早期养护时间、表面处理效果是影响加固的最重要的因素。因此在加固抹灰之前，一定要选择合理的粘结面处理方式，对混凝土界面进行粗糙度处理，并涂刷合适的界面剂；抹灰完后立即进行合理的养护，保证合理的养护时间，防止过早受荷，从而保证加固层砂浆与混凝土的粘结性能。砂浆和混凝土强度对粘结界面抗拉强度的影响显著性较小，这除了粘结面影响因素较复杂外，还和本次试验混凝土试件强度等级的局限有关。因此应进一步在较大的混凝土强度等级范围内，研究砂浆和混凝土强度对粘结界面抗拉强度的影响规律。修补方位对正拉粘结强度的影响显著性很小，与修补方位对新老混凝土粘结性能的影响相比要小得多，这主要与砂浆抹灰施工的特点有关。砂浆层为人工抹灰，且厚度较薄（20mm 左右），在保证抹灰质量的前提下，修补方位造成的界面缺陷要小，但由于抹灰层自重的作用，修补方位对粘结强度还是具有一定的影响。

聚合物砂浆与混凝土正拉粘结强度影响因素显著性分析　　　　　表 3-2

因素 A	X_1	X_2	X_3	离差平方和 Q	自由度	F 值	F_α	显著性判别
粗糙度	0.178	0.441	0.950	$Q_A=0.1964$	2	15.392	$F_{0.1}=3.8$	$F>F_{0.025}$
	1.01	1.06	1.39				$F_{0.05}=5.8$	显著
	0.83	1.14	1.28	$Q_E=0.0319$	5		$F_{0.025}=8.4$	
	0.96	1.19						
龄期	7d	14d	28d				$F_{0.1}=3.8$	$F>F_{0.025}$
	0.53	1.34	1.55	$Q_A=1.3600$	2	234.483	$F_{0.05}=5.8$	高度显著
	0.55	1.39	1.50	$Q_E=0.0145$	5		$F_{0.025}=8.4$	
		1.41	1.65					
混凝土和砂浆强度	C30	C35	C40				$F_{0.1}=3.5$	$F_{0.1}<F<F_{0.05}$
	1.55	1.58	1.71	$Q_A=0.4628$	2	3.909	$F_{0.05}=5.1$	不显著
	1.47	1.67	1.79	$Q_E=0.3552$	6		$F_{0.025}=7.3$	
	1.38	1.41	1.50					
修补方位	底面	侧面	顶面	$Q_A=0.0692$	2	1.942	$F_{0.1}=3.8$	$F<F_{0.1}$
				$Q_E=0.0891$	5		$F_{0.05}=5.8$	极不显著
							$F_{0.025}=8.4$	

3.2.7　正拉粘结强度计算公式

根据以上分析，考虑各影响因素，建立渗透性聚合物砂浆与混凝土正拉粘结强度多因素计算公式。多因素计算公式如下：

$$f_{t,a} = k_t \alpha_{t1} \alpha_{t2} \alpha_{t3} \alpha_{t4} \tag{3-1}$$

式中：$f_{t,a}$ 为正拉粘结强度；k_t 为正拉粘结强度拟合系数；α_{t1} 为抹灰龄期影响；α_{t2} 为粗糙度影响；α_{t3} 为混凝土和砂浆强度影响；α_{t4} 为修补方位影响。

（1）抹灰龄期影响的确定

根据测试结果，抹灰龄期与正拉粘结强度有如下关系（见图 3-17a）：

$$\alpha_{t1} = 1.57 - 5.52\exp\left(-\frac{5t}{3t_0}\right) \tag{3-2}$$

式中：t_0 为聚合物砂浆抹灰基准龄期，取 7d；t 为抹灰龄期。

式（3-1）拟合相关系数 $r=0.9947$，回归方程是显著的。

（2）粗糙度影响的确定

根据测试结果，粗糙度与正拉粘结强度有如下关系（见图 3-17b）：

$$\alpha_{t2} = 0.51H + 0.87 \tag{3-3}$$

式中：H 为粗糙度（mm），用灌砂平均深度表示，0.15mm$<H<$1.3mm。

式（3-3）拟合相关系数 $r=0.9114$，回归方程是显著的。

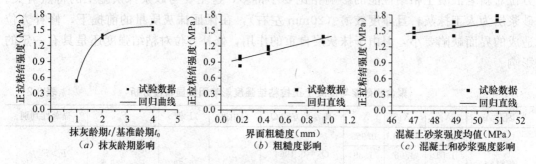

图 3-17　正拉粘结强度影响因素关系

（3）混凝土和砂浆强度影响的确定

试验结果分析表明（见图 3-17c），正拉粘结强度与砂浆和混凝土立方体抗压强度平均值呈线性关系。可用砂浆和混凝土强度平均值作为特征值来拟合砂浆和混凝土材料性能与正拉粘结强度的关系，令

$$\alpha_{t3} = f_{cu,e} \tag{3-4}$$

式中：$f_{cu,e}$ 为砂浆和混凝土立方体抗压强度平均值（MPa），取 $\frac{1}{2}(f_{cu}+f_{cu,m})$；$f_{cu}$ 为混凝土抗压强度（MPa）；$f_{cu,m}$ 为渗透性聚合物砂浆抗压强度（MPa）。

（4）修补方位影响的确定

由上述修补方位对正拉粘结强度的影响分析可知：侧面抹灰平均粘结正拉强度为顶面的 97.3%，底面抹灰平均粘结正拉强度为顶面的 90.1%。现假设修补方位影响系数为 a_t，令 $\alpha_{t4}=a_t$。取底面抹灰 $a_t=2$，侧面抹灰 $a_t=2.15$，顶面抹灰 $a_t=2.20$。

（5）正拉粘结强度多因素计算公式确定

由式（3-1），粗糙度、抹灰龄期、混凝土和砂浆强度、修补方位对正拉粘结强度的综合影响如图 3-18 所示。拟合系数 $k_t=0.0076$，图中直线相关系数 $r=0.928$，拟合非常显著。可得正拉粘结强度多因素计算公式为：

$$f_{t,a} = 0.0076a_t(0.51H + 0.87)\left[1.57 - 5.52\exp\left(-\frac{5t}{3t_0}\right)\right]f_{cu,e} \tag{3-5}$$

式中：$f_{t,a}$ 为正拉粘结强度（MPa）；H 为粗糙度（mm），用灌砂平均深度表示，0.2mm$<H<$1.3mm；$f_{cu,e}$ 为砂浆和混凝土立方体抗压强度平均值（MPa）；a_t 为修补方位影响系数，取底面抹灰 $a_t=2$，侧面抹灰 $a_t=2.15$，顶面抹灰 $a_t=2.20$；t_0 为抹灰基准龄期（d），取 7d；t 为抹灰龄期（d），此处主要考虑早龄期，7d$\leqslant t\leqslant$28d，超过 28d 后的强度增长不

予考虑，作为强度储备。

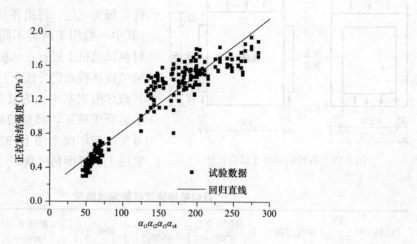

图 3-18 正拉粘结强度-各因素综合影响关系

式（3-5）考虑了抹灰龄期、粗糙度、混凝土和砂浆强度、修补方位等对正拉粘结强度的影响，各试验水平下的正拉粘结强度试验值与计算值的比值平均为 1.062，标准差为 0.129，离散系数为 0.122，公式与试验值符合较好。

正拉粘结强度试验值与式（3-5）计算值的比值平均为 1.062，且为试验值的平均拟合结束，在实际工程计算中偏于不安全，现在式（3-5）的基础上建立偏于安全的正拉粘结强度简化计算公式。

3.2.8 正拉粘结强度简化计算公式

忽略修补方位的有利影响，统一按底面抹灰计算，取修补方位影响系数 $a_t = 2$，则正拉粘结强度简化计算公式为：

$$f_{t,a} = 0.015(0.51H + 0.87)\left[1.57 - 5.52\exp\left(-\frac{5t}{3t_0}\right)\right]f_{cu,e} \tag{3-6}$$

各试验水平下的正拉粘结强度试验值与按简化公式（3-6）计算值的比值平均为 1.137，标准差为 0.149，离散系数为 0.131。公式（3-6）较公式（3-5）偏于安全。

由于 7d 龄期的正拉粘结强度较低，考虑加固结构的早期使用，缩短养护周期，提高加固结构经济效益的发挥，可以 14d 强度为基准，将后期粘结强度作为安全储备。以此建立进一步的简化计算公式：

$$f_{t,a} = 0.02(0.51H + 0.87)f_{cu,e} \tag{3-7}$$

3.3 聚合物砂浆与混凝土界面抗剪性能试验研究

加固层界面抗剪试验主要通过剪切粘结强度试验探讨界面粗糙度、混凝土和砂浆强度、修补方位对界面抗剪强度的影响。混凝土采用 C30、C35、C40 三种强度等级；修补方位采用顶面抹灰、侧面抹灰、底面抹灰三种；同时分三种粗糙度对表面进行凿毛处理，试件设计见图 3-19。

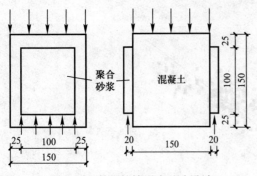

图 3-19　剪切粘结强度试验设计

剪切粘结强度试件按考虑因素分三类试件，每类三组，每组各三个，共计 24 个试块（其中一组用于两类不同因素）。试验在万能材料试验机上进行，试验结果见表 3-3。剪切粘结破坏模式仍可按正拉粘结破坏模式分类，其破坏模式基本上为复合破坏Ⅰ，有部分发生混凝土破坏，典型的破坏见图 3-20。由图可见，破坏面上切下许多混凝土，粘结在砂浆层上，界面粘结良好。

剪切粘结强度试验测试结果　　　　　　　　　　　表 3-3

试件编号	研究类别	混凝土强度（MPa）	砂浆强度（MPa）	修补方位	粗糙度（mm）	剪切强度（MPa）测试值	剪切强度（MPa）均值
35-1-F1	粗糙度	48.450	49.377	侧面抹灰	0.24	1.39（舍）	1.975
35-1-F2					0.20	1.89	
35-1-F3					0.21	2.06	
35-2-F1					0.46	2.04	2.233
35-2-F2					0.44	2.33	
35-2-F3					0.43	2.33	
35-3-F1					1.22	2.33	2.410
35-3-F2					1.26	2.50	
35-3-F3					1.24	2.40	
30-3-T1	混凝土和砂浆强度	44.713		顶面抹灰	1.21	0.74（舍）	2.210
30-3-T2					1.23	2.07	
30-3-T3					1.22	2.35	
35-3-T1		48.450	49.377		1.24	2.33	2.477
35-3-T2					1.24	2.74	
35-3-T3					1.21	2.36	
40-3-T1		52.472			1.22	3.15	2.820
40-3-T2					1.23	2.50	
40-3-T3					1.19	2.81	
35-1-B1	修补方位	48.450	49.377	底面抹灰	0.21	1.69	1.870
35-1-B2					0.22	1.85	
35-1-B3					0.24	2.07	
35-1-F1				侧面抹灰	0.24	1.39（舍）	1.975
35-1-F2					0.20	1.89	
35-1-F3					0.21	2.06	
35-1-T1				顶面抹灰	0.24	5.46（舍）	2.110
35-1-T2					0.22	2.14	
35-1-T3					0.20	2.08	

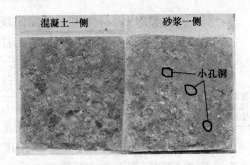

图 3-20 剪切试件破坏示意图

由表中数据可见，14d 龄期试验结果在 1.9MPa～2.9MPa 之间，与文献 [57] 试验所得结果 2.28MPa 相比，考虑到混凝土强度、表面粗糙度等因素的差异，二者强度基本上在一个范围之内。

3.3.1 粗糙度对剪切粘结强度的影响

剪切粘结强度与粘结面粗糙度的实测数据点及其回归直线见图 3-21。回归直线方程如下式：

$$\tau_{p.a} = 0.34688H + 1.99825 \tag{3-8}$$

式中：$\tau_{p.a}$ 为剪切粘结强度；H 为粗糙度。

式（3-8）拟合相关系数 $r = 0.7757$，由相关系数表查得置信度 0.05 的临界值为 0.7067，可知回归方程是显著的。由图 3-21 可见，随界面粗糙度 H 的增大，剪切粘结强度 $\tau_{p.a}$ 将增大，但都明显低于原混凝土和聚合物砂浆的剪切强度。在一定的粗糙度范围内，随粘结面粗糙度的增加，聚合物砂浆与混凝土粘结接触面积和机械咬合力增大，从而提高了剪切粘结强度。

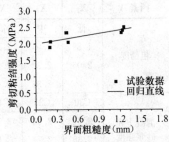

图 3-21 剪切强度-粗糙度关系

3.3.2 混凝土和砂浆强度对剪切粘结强度的影响

剪切粘结强度试验值与混凝土和砂浆立方体抗压强度均值及其回归直线见图 3-22。由图可见，剪切粘结强度随混凝土与砂浆强度提高而增大，且呈线性关系，因此可用混凝土和砂浆强度均值作为特征值来拟合砂浆和混凝土材料性能与剪切粘结强度的关系。

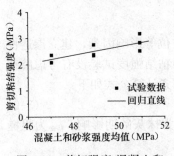

图 3-22 剪切强度-混凝土和砂浆强度均值关系

3.3.3 修补方位对剪切粘结强度的影响

假定砂浆底面抹灰为 1，侧面抹灰为 2，顶面抹灰为 3，剪切粘结强度实测数据点均值与修补方位关系曲线见图 3-23。由图可见，修补方位对剪切粘结强度有一定影响，

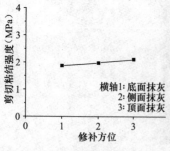

图 3-23 剪切强度-修补方位关系

基本上遵循顶面＞侧面＞底面的规律。侧面抹灰平均剪切粘结强度为顶面的 93.6%，底面抹灰平均剪切粘结强度为顶面的 88.6%，均明显高于文献［30］的强度比率，但低于正拉粘结强度由于在试验抹灰过程中剪切试件的抹灰面很小，这给施工带来了困难，施工影响要比正拉粘结试件大，因此修补方位的影响要大于正拉强度试验。这也说明施工因素在修补方位上对粘结强度的影响较大，施工中一定要控制好侧面和底面的施工质量。

3.3.4 剪切粘结强度影响因素显著性分析

对影响渗透性聚合物砂浆与混凝土剪切粘结强度的影响因素：界面粗糙度、混凝土和砂浆强度、修补方位等仍采用一元方差分析法进行显著性分析[63,64]，其结果见表 3-4。

从表 3-4 的计算分析可以看出，对砂浆与混凝土剪切粘结强度的显著性大小依次为：粗糙度、混凝土和砂浆强度、修补方位。此处没有讨论龄期对剪切粘结强度的影响，按龄期对正拉粘结强度影响的分析，其对剪切粘结强度的影响同样是非常显著的。

聚合物砂浆与混凝土剪切粘结强度影响因素显著性分析   表 3-4

因素 A	X_1	X_2	X_3	离差平方和 Q	自由度	F 值	F_α	显著性判别
粗糙度	低	中	高	$Q_A=0.2271$	2	6.672	$F_{0.1}=3.8$	$F_{0.05}<F<F_{0.025}$
	1.89	2.04	2.33	$Q_E=0.0851$	5		$F_{0.05}=5.8$	
	2.06	2.33	2.50				$F_{0.025}=8.4$	显著
		2.33	2.40					
混凝土和砂浆强度	C30	C35	C40	$Q_A=0.4628$	2	3.257	$F_{0.1}=3.8$	$F<F_{0.1}$
	2.07	2.33	3.15	$Q_E=0.3552$	5		$F_{0.05}=5.8$	
	2.35	2.74	2.50				$F_{0.025}=8.4$	不显著
	2.36	2.81						
修补方位	底面	侧面	顶面	$Q_A=0.0692$	2	1.552	$F_{0.1}=4.3$	$F<F_{0.1}$
	1.69	1.89	2.14	$Q_E=0.0891$	4		$F_{0.05}=6.9$	
	1.85	2.06	2.08				$F_{0.025}=10.6$	很不显著
	2.07							

3.3.5 剪切粘结强度计算公式

根据以上分析，考虑粗糙度、混凝土和砂浆强度、修补方位等影响因素，建立渗透性聚合物砂浆与混凝土剪切粘结强度多因素计算公式。由于剪切粘结强度试验没有考虑龄期的影响，此处借助正拉粘结强度与龄期的相互关系，得到多因素计算公式如下：

$$\tau_{p,a} = k_\tau \alpha_{\tau 1} \alpha_{\tau 2} \alpha_{\tau 3} \alpha_{\tau 4} \tag{3-9}$$

式中：$\tau_{p,a}$ 为剪切粘结强度；k_τ 为剪切粘结强度拟合系数；$\alpha_{\tau 1}$ 为抹灰龄期影响；$\alpha_{\tau 2}$ 为粗糙度影响；$\alpha_{\tau 3}$ 为混凝土和砂浆强度影响；$\alpha_{\tau 4}$ 为修补方位影响。

（1）抹灰龄期影响的确定

借助式（3-2），令 $\alpha_{\tau 1}=\alpha_{t 1}=1.57-5.52\exp\left(-\dfrac{5t}{3t_0}\right)$，通过 k_τ 最后调节剪切强度的差异。

（2）粗糙度影响的确定

由式（3-8），令 $\alpha_{\tau2}=0.35H+2.00$。

（3）混凝土和砂浆强度影响的确定

试验结果分析表明（见图 3-22），剪切粘结强度与砂浆和混凝土抗压强度平均值呈线性关系。可用砂浆和混凝土抗压强度平均值作为特征值来拟合砂浆和混凝土材料性能与剪切粘结强度的关系，令

$$\alpha_{\tau3}=f_{cu,e} \tag{3-10}$$

式中 $f_{cu,e}$ 同式（3-4）。

（4）修补方位影响的确定

由上述修补方位对剪切粘结强度的影响分析可知（见图 3-23）：侧面抹灰平均剪切粘结强度为顶面的 93.6%，底面抹灰平均剪切粘结强度为顶面的 88.6%。设修补方位影响系数为 a_{τ}，令 $\alpha_{\tau4}=a_{\tau}$。取底面抹灰 $a_{\tau}=2$，侧面抹灰 $a_{\tau}=2.1$，顶面抹灰 $a_{\tau}=2.25$。

（5）剪切粘结强度多因素计算公式确定

由式（3-9），粘结龄期、粗糙度、混凝土和砂浆强度、修补方位对剪切粘结强度的综合影响如图 3-24 所示。剪切粘结强度拟合系数：$k_{\tau}=0.0069$。

图 3-24 中拟合曲线相关系数 $r=0.8074$，查相关系数表可知，置信度 0.01 的临界值为 0.6652，可见回归方程是非常显著的。由此可得渗透性聚合物砂浆与混凝土剪切粘结强度多因素计算公式为：

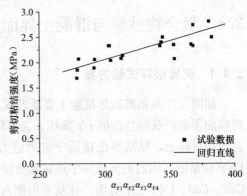

图 3-24 剪切粘结强度-各因素综合影响关系

$$\tau_{p,a}=0.0069a_{\tau} \cdot (0.35H+2.0)\left[1.57-5.52\exp\left(-\frac{5t}{3t_0}\right)\right]f_{cu,e} \tag{3-11}$$

式中：$\tau_{p,a}$ 为剪切正拉粘结强度（MPa）；H 为粗糙度（mm），用灌砂平均深度表示，$0.2\text{mm}<H<1.3\text{mm}$；$f_{cu,e}$ 为砂浆和混凝土立方体抗压强度平均值（MPa）；a_{τ} 为修补方位影响系数，取底面抹灰 $a_{\tau}=2$，侧面抹灰 $a_{\tau}=2.1$，顶面抹灰 $a_{\tau}=2.25$；t_0 为抹灰基准龄期（d），取 7d；t 为抹灰龄期（d），此处主要考虑早龄期，$7\text{d}\leqslant t\leqslant 28\text{d}$，超过 28d 后的强度增长不予考虑，作为强度储备。

式（3-11）考虑了抹灰龄期、粗糙度、混凝土和砂浆强度、修补方位等对剪切粘结强度的影响，各试验水平下的剪切粘结强度试验值与计算值的比值平均为 1.001，标准差为 0.0876，离散系数为 0.0875，公式与试验值符合较好。

3.3.6 剪切粘结强度简化计算公式

剪切粘结强度试验值与式（3-11）计算值的比值平均为 1.001，且为试验值的平均拟合结果，在实际工程计算中偏于不安全，现在式（3-11）的基础上建立偏于安全的剪切粘结强度简化计算公式。

忽略修补方位的有利影响，统一按底面抹灰计算，取修补方位影响系数 $a_{\tau}=2$，则

$a_\tau \cdot k_\tau = 0.0138$，取为 0.013。

以上取值代入式（3-11），则得剪切粘结强度简化计算公式：

$$\tau_{p,a} = 0.013(0.35H+2)\left[1.57-5.52\exp\left(-\frac{5t}{3t_0}\right)\right]f_{cu,e} \tag{3-12}$$

各试验水平下的剪切粘结强度试验值与按简化公式（3-12）计算值的比值平均为 1.146，标准差为 0.1101，离散系数为 0.0961。公式（3-12）较公式（3-11）偏于安全。

由于 7d 龄期的剪切粘结强度较低，考虑加固结构的早期使用，缩短养护周期，提高加固结构经济效益的发挥，同样以 14d 强度为基准，将后期粘结强度作为安全储备。以此建立进一步的简化计算公式：

$$\tau_{p,a} = 0.02(0.35H+2)f_{cu,e} \tag{3-13}$$

3.4　聚合物砂浆与混凝土界面剥离破坏试验研究

3.4.1　剥离破坏试验方案

加固层界面剥离破坏试验主要通过双面剪切试验探讨混凝土强度、粘结面大小对粘结滑移的影响，获得合理的 $\tau\text{-}s$ 曲线，为有限元分析提供参数。由于该类试验拉力直接作用在加固材料上，粘结界面接近于纯剪应力状态，且比较容易获得剥离承载力，故在研究 FRP 和粘钢加固的剥离破坏中该试验方法被广泛采用[65-72]。本次试验混凝土强度等级采用 C30、C35、C40 三个等级；抹灰采用侧面抹灰；表面进行凿毛处理，并测试粗糙度，试件设计见图 3-25。试件按其抹灰长度分 100mm、180mm、250mm 三组，每组不同混凝土强

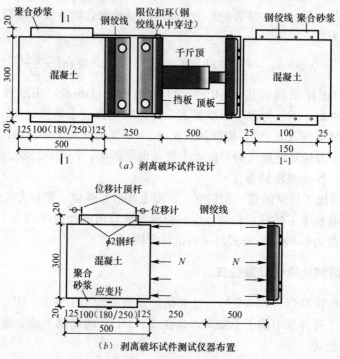

（a）剥离破坏试件设计

（b）剥离破坏试件测试仪器布置

图 3-25　剥离破坏试验设计

度等级各一个，共计 9 个。试验装置见图 3-26。

图 3-26　剥离破坏试验装置

3.4.2　剥离破坏试验结果

　　典型的破坏形式见图 3-27，钢绞线网和砂浆组成的加固层在拉力作用下发生剥离，在粘结界面砂浆层一侧表面上附着剥离下的部分混凝土。加载过程中，沿粘结界面出现一条和界面平行的裂缝，从加载端向自由端发展，并最终将整个加固层连同界面下部分混凝土一起剥离下来。当外荷载较小时，砂浆加固层与混凝土共同工作，变形协调，由于应力水平较低，初始缺陷保持稳定，混凝土与砂浆组成的"粘结破坏区"细观结构的变化不足以改变粗观结构；随着荷载的增加，当应力强度因子达到"粘结破坏区"材料的断裂韧性时，原生的微裂缝开始逐步发展、贯通，裂缝的尺度也逐渐由细观尺寸向粗观尺寸变化，其宏观表现是试验中实测的粘结应力分布和峰值位置逐渐发生变化（由于混凝土和砂浆粘结界面应力测试的复杂性，本文试验中没有对界面应力进行测试，该现象主要体现在 FRP-混凝土界面剥离破坏试验[65-72]中）；随着"粘结破坏区"中应力的不断增长，当荷载增加到接近粘结强度对应的荷载值时，在"粘结破坏区"的薄弱部位，应力将达到粘结面抗拉强度（或抗剪强度、或拉剪复合强度），试验中表现为局部应变梯度剧增，随后该区域由于粗观结构的不稳定导致宏观裂缝的出现和发展，此时其应力也将发生重分布，在断裂处的层面可能受到法向拉应力和切向剪应力的复合作用，在复合应力的作用下，"粘结破坏区"发生宏观上的剥离；这时"粘结破坏区"仍能承受荷载，如果发生一次性剥离破坏，界面应力将迅速下降，但如果粘结面积较大，则剥离是逐渐但快速发展的，直至粘结面积减小到有效粘结面积时发生一次性剥离破坏，这种剥离破坏是脆性性质的。由于加固层砂浆的脆性，随界面裂缝向自由端发展，砂浆层表面将产生裂缝（图 3-28）。试验中 9 个试件的剥离破坏均是逐渐但快速发展的，当粘结面积减小到一定程度后发生一次性剥离而破坏。

图 3-27　剥离破坏图　　　　　　图 3-28　加固层剥离破坏裂缝发展

试验结果如表 3-5 所示。表中名义剪应力计算如下式：

$$\tau = \frac{P}{A} \tag{3-14}$$

式中：P 为实测剥离强度；$A = b_\mathrm{m} L_\mathrm{m}$ 为名义粘结面积，b_m 为加固层宽度，L_m 为加固层长度。

名义剪应力要高于文献 [57] 所得弯拉极限抗剪强度 0.56MPa，这与试验方法和各自抹灰龄期不同有关。弯拉试验粘结面上的应力既有拉应力，又有剪应力，而拉应力对粘结抗剪能力是一个不利因素，它的存在降低了粘结面的抗剪能力[48]。与上文的剪切粘结强度相比，名义剪应力值要低得多，这与试验方法不同有关：前者荷载直接作用在砂浆层上，粘结面相互错动时，粗糙表面的机械咬合力和摩擦力发挥了很大作用；而此处荷载通过钢绞线传递，粘结面发生部分剥离后，已发生剥离的界面之间形成较大间隙，有效粘结面积减小，粘结面之间的机械咬合力和摩擦力丧失，承载力降低。

剥离破坏试验结果   表 3-5

试件编号	混凝土强度（MPa）	粘结龄期（d）	砂浆强度（MPa）	界面粗糙度（mm）	粘结面尺寸（mm×mm）	实测剥离强度（kN）	名义剪应力（MPa）
LJ30-1				0.623	102×106	8.35	0.772
LJ30-2	44.713			0.639	98×179	15.00	0.855
LJ30-3				0.714	105×257	13.00	0.482
LJ35-1				0.642	99×105	8.65	0.832
LJ35-2	48.450	14	45.053	0.625	101×171	14.50	0.840
LJ35-3				0.618	101×245	15.50	0.626
LJ40-1				0.668	100×103	9.00	0.874
LJ40-2	52.472			0.622	102×176	11.50	0.641
LJ40-3				0.654	103×244	15.50	0.617

根据以上试验结果并结合本章 3.2 节的正拉粘结强度试验和 3.3 节剪切粘结强度试验，可知影响界面粘结性能和剥离承载力的主要影响参数有以下 6 个：

（1）抹灰龄期

3.2 节和 3.3 节的显著性分析表明：抹灰龄期对粘结剥离强度有显著影响，随龄期增长，剥离强度提高，但超过一定龄期后，增长幅度逐渐降低。

（2）粗糙度

3.2 节和 3.3 节的显著性分析表明：粗糙度对粘结剥离强度有显著影响，在一定的粗糙度范围内，随粘结面粗糙度的增加，砂浆与混凝土粘结接触面积和机械咬合力增大，从而提高了加固层剥离强度。

（3）混凝土和砂浆强度

由表 3-5 及 3.2 节和 3.3 节试验结果可知：混凝土和砂浆强度对界面粘结性能和剥离强度具有一定影响，随混凝土和砂浆强度增大，剥离强度提高。

（4）修补方位

3.2 节和 3.3 节的显著性分析表明：修补方位对剥离破坏影响非常不显著，可忽略该因素的影响。

（5）加固层长度

砂浆加固层长度是影响极限剥离承载力的重要因素。由表 3-5 中粘结强度可见，随加固层长度增加，粘结强度开始增幅很大，而后增幅降低，甚至不再增加。此处引入 FRP 片材和粘钢加固中所采用的"有效锚固长度 L_e"，认为加固层长度 L_m 小于 L_e，则剥离承载力会随着加固层长度的增加而提高；加固层长度 L_m 大于 L_e，则继续增加加固层长度将不能继续提高剥离承载力[67,72-77]，但可以改善破坏过程的延性。

（6）宽度比

许多 FRP 剥离试验[73-74]观测发现：剥离下来的混凝土比 FRP 片材要宽一些，参与界面受剪的混凝土宽度要大于 FRP 片材的宽度，且剥离承载力随宽度比 b_c/b_f（b_c 为混凝土块体宽度，b_f 为 FRP 片材宽度）的增加而有所提高，但不会随宽度比 b_c/b_f 的增加而无限提高，存在一个宽度影响的上限。由于混凝土与砂浆粘结面的特殊性，在剥离面上并没有发现此现象（图 3-27、图 3-28），此处不考虑该因素的影响，仅考虑加固层宽度 b_m。

3.4.3 剥离破坏承载力计算

根据以上分析，考虑各影响因素，建立渗透性聚合物砂浆与混凝土剥离破坏强度多因素计算公式。多因素计算公式如下：

$$P_{b,u} = k_b \alpha_{b1} \alpha_{b2} \alpha_{b3} \alpha_{b4} \alpha_{b5} \tag{3-15}$$

式中：$P_{b,u}$ 为剥离破坏强度；k_b 为剥离破坏强度拟合系数；α_{b1} 为抹灰龄期影响；α_{b2} 为粗糙度影响；α_{b3} 为混凝土和砂浆强度影响；α_{b4} 为加固层长度影响；α_{b5} 为加固层宽度，$\alpha_{b5} = b_m$。

根据 3.2 节和 3.3 节的试验结果，引入抹灰龄期影响：$\alpha_{b1} = \alpha_{\tau1} = 1.57 - 5.52 \exp\left(-\dfrac{5t}{3t_0}\right)$；引入粘结面粗糙度影响：$\alpha_{b2} = \alpha_{\tau2} = 0.35H + 2.00$；引入混凝土和砂浆强度影响：$\alpha_{b3} = f_{cu,e}$。

剥离强度与加固层长度 L_m 关系如图 3-29（a）所示，当加固层长度 L_m 超过有效锚固长度 L_e 后，粘结强度将不再增大，图中有效锚固长度在 100mm～180mm 之间。图 3-29（b）中，将 LJ30-3，LJ40-2 两差异较大的试验值舍去后，按加固层长度分为两组：零点、LJ30-1、LJ35-1、LJ40-1 为一组；LJ30-2、LJ35-2、LJ35-3、LJ40-3 为另一组。拟合两组曲线如图 3-29（b）所示，相关系数分别为 0.9964 和 0.9361。由两条直线交点解得有效锚固长度 $L_e = 178.4$mm，取整得：$L_e = 180$mm。所以，LJ30-2、LJ35-2 加固层长度也在有

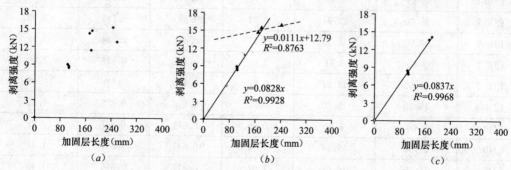

图 3-29 剥离强度-加固层长度关系

效长度范围之内。由零点、LJ30-1、LJ35-1、LJ40-1、LJ30-2、LJ35-2 线性拟合见图 3-29c,可得加固层长度影响:$\alpha_{b4}=0.0837L_m$($L_m \geqslant L_e$ 时,取 $L_m=L_e$)。

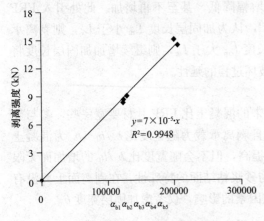

$y=7\times10^{-5}x$
$R^2=0.9948$

图 3-30 剥离强度-各因素综合影响关系

根据式(3-15),以上因素综合影响关系如图 3-30 所示。图中剥离破坏强度拟合系数 $k_b=7\times10^{-5}$,由此可得渗透性聚合物砂浆与混凝土剥离破坏强度多因素计算公式为:

$$P_{b,u}=5.8\times10^{-6}\times(0.35H+2.00)$$
$$\cdot\left[1.57-5.52\exp\left(-\frac{5t}{3t_0}\right)\right]L_m b_m f_{cu,e}$$

$$(3\text{-}16)$$

式中:$P_{b,u}$ 为渗透性聚合物砂浆与混凝土剥离强度(kN);H 为粗糙度(mm),用灌砂平均深度表示,$0.2mm<H<1.3mm$;$f_{cu,e}$ 同式(3-4);t_0 为抹灰基准龄期(d),取 7d;t 为抹灰龄期(d),此处主要考虑早龄期,$7d\leqslant t\leqslant 28d$,超过 28d 的强度增长不予考虑,作为强度储备;L_m 为加固层长度(mm),当 $L_m \geqslant L_e$ 时,取 $L_m=L_e=180mm$;b_m 为加固层宽度(mm)。

式(3-16)计算值与试验值对比见表 3-6 和图 3-31,计算值与试验值符合较好根据式(3-16)可得渗透性聚合物砂浆与混凝土剥离破坏剪应力计算公式:

$$\tau_{b,u}=5.8\times10^{-3}\times(0.35H+2.00)\left[1.57-5.52\exp\left(-\frac{5t}{3t_0}\right)\right]f_{cu,e} \qquad (3\text{-}17)$$

式中:$\tau_{b,u}$ 为剥离破坏剪应力(MPa),其他参数同式(3-16)。公式计算值与名义剪应力对比见表 3-6。由表中数据可见,在有效锚固长度范围内,剥离破坏剪应力计算值与名义剪应力符合很好,当加固层长度超过有效锚固长度后,计算值比名义剪应力值大许多,这也说明当加固层长度超过有效锚固长度后,超出的粘结面并不能提高其粘结强度,有效粘结面积小于实际粘结面积。

剥离试验实测值与计算值对比表 表 3-6

试件编号	实测剥离强度（MPa）	计算剥离强度（MPa）	计算强度/实测强度	名义剪应力（MPa）	计算剪应力（MPa）	计算剪应力/名义剪应力
LJ30-1	8.35	8.57	1.03	0.772	0.793	1.03
LJ30-2	15.00	13.94	0.93	0.855	0.795	0.93
LJ30-3	13.00	15.20	1.17	0.482	0.804	1.67
LJ35-1	8.65	8.61	1.00	0.832	0.828	1.00
LJ35-2	14.50	14.27	0.98	0.840	0.826	0.98
LJ35-3	15.50	15.00	0.97	0.626	0.825	1.32
LJ40-1	9.00	8.93	0.99	0.874	0.867	0.99
LJ40-2	11.50	15.46	1.34	0.641	0.861	1.34
LJ40-3	15.50	16.05	1.04	0.617	0.866	1.40

由于7d粘结强度较低，考虑加固结构的早期使用，缩短养护周期，提高加固结构经济效益的发挥，同样以14d强度为基准，将后期粘结强度作为安全储备。以此建立剥离荷载及剪应力简化计算公式如下：

$$P_{b,u} = 8.0 \times 10^{-6} \times (0.35H + 2.00) L_m b_m f_{cu,e} \tag{3-18}$$

$$\tau_{b,u} = 8.0 \times 10^{-3} \times (0.35H + 2.00) f_{cu,e} \tag{3-19}$$

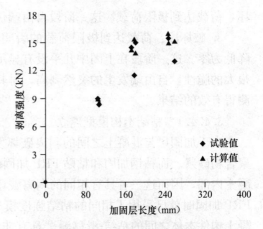

图 3-31　剥离强度试验值-计算值对比图

3.4.4 界面粘结本构模型

加固层与混凝土界面剥离破坏荷载-加载端滑移曲线测试如图 3-32（a）。所有试件自由端滑移值均没有测试到，主要是由于不论粘结面大小，当粘结面积减小到一定程度后，都会发生一次性剥离而瞬间破坏。令粘结面有效剪应力为：

$$\tilde{\tau} = \frac{P_{b,u}}{\tilde{A}} \tag{3-20}$$

式中：$P_{b,u}$ 为剥离强度；$\tilde{A} = b_m L_m$ 为有效粘结面积，b_m 和 L_m 同式（3-16）。有效粘结应力-端部位移曲线见图 3-32（b）。

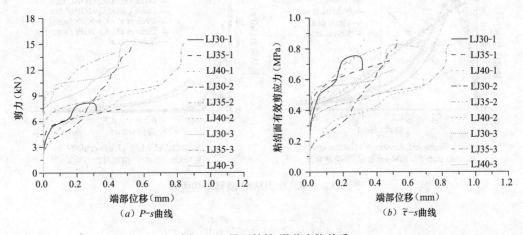

（a）P-s曲线　　　　　　　　　　（b）$\tilde{\tau}$-s曲线

图 3-32　界面粘结-滑移本构关系

由图 3-32 宏观曲线可见，加固层剥离破坏可分为三个阶段：

1. 无滑移阶段：加载初期，砂浆加固层与混凝土共同工作，变形协调，因为应力水平较低，初始缺陷保持稳定，混凝土与砂浆组成的"粘结破坏区"细观结构的变化不足以引起宏观结构发生改变，加载端和自由端均不发生明显滑移。

2. 滑移段：加载至一定的荷载时，"粘结破坏区"中应力不断增长，其薄弱部位应力将达到粘结强度，宏观裂缝出现，加载端发生滑移。随着荷载继续增加，界面裂缝获得很大发展，直至粘结面积小于有效粘结面积时，伴随"嘭"的一身巨响，发生一次性剥离破坏，荷载达到极限荷载。这一阶段自由端仍然没有发生滑移。

3. 破坏段：荷载达到极限荷载的瞬间，砂浆加固层发生完全剥离而掉落，荷载瞬间降低为零。这一阶段在上图中几乎没有显示出来，而只是一个瞬间点，这种剥离破坏具有很大的脆性。自由端发生的突然剥离，对其滑移值的测量提出了挑战，本次试验中均没有测得有效的结果。

3.4.4.1　粘结本构模型建立

由于加固层与混凝土之间的剥离破坏发生在"粘结破坏区"，破坏面材料为混凝土和聚合物砂浆。而粘钢加固和粘贴 FRP 加固的剥离破坏层位于胶层往下 2mm～5mm 厚的混凝土内部，因而这三者具有相同的剥离破坏机理。有关学者[74,78-79]在研究粘钢加固和粘贴 FRP 加固时就已采用了相同的粘结强度模型。由于高强钢绞线网-聚合物砂浆加固层与混凝土构件本体之间的粘结-滑移测试具有非常大的困难，目前尚不具备可行的办法来测试二者之间的相对滑移和界面应力。本文以粘钢加固和粘贴 FRP 布加固的粘结-滑移本构关系为基础，结合剥离破坏试验和有限元程序的计算，推导合适的高强钢绞线网-聚合物砂浆加固混凝土结构界面粘结-滑移本构模型。

众多粘钢加固和粘贴 FRP 加固的研究者依据试验或有限元分析，提出了各自的粘结-滑移本构关系，常用的 6 个 FRP 加固粘结-滑移本构关系见图 3-33。陆新征等通过分析研究，在图 3-33 所示本构关系的基础上，提出了更具合理性的本构关系[77]如下：

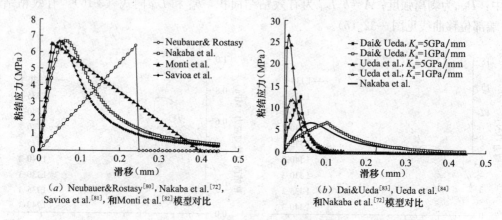

（a）Neubauer&Rostasy[80]，Nakaba et al.[72]，　　　　（b）Dai&Ueda[83]，Ueda et al.[84]
Savioa et al.[81]，和Monti et al.[82]模型对比　　　　　　和Nakaba et al.[72]模型对比

图 3-33　FRP 加固粘结-滑移本构关系

1. 精确模型：
$$\tau = \begin{cases} \tau_{\max}\left(\sqrt{\dfrac{s}{s_0 A} + B^2} - B\right) & s \leqslant s_0 \\ \tau_{\max} e^{-\xi(s/s_0 - 1)} & s > s_0 \end{cases} \tag{3-21}$$

式中：$A = (s_0 - s_e)/s_0$；$B = s_e/[2(s_0 - s_e)]$；ξ 为下降段参数；$\tau_{\max} = \xi_1 \beta_w f_t$；$s_0 = \xi_2 \beta_w f_t + s_e$；系数 $\xi_1 = 1.50$；$\xi_2 = 0.0195$；$s_e = \tau_{\max}/K_0$，为界面滑移量 s_0 中的弹性部分；β_w 为 FRP-混凝土宽度系数；K_0 为粘结滑移关系的初始刚度；f_t 为混凝土的抗拉强度。上式所表示的精确模型虽然精度较高，但是表达形式比较繁琐，实用性较低，各具体参数计算详见文献 [77]。

2. 简化模型：

$$\tau = \begin{cases} \tau_{max}\sqrt{\dfrac{s}{s_0}} & s \leqslant s_0 \\ \tau_{max}e^{-\xi(s/s_0-1)} & s > s_0 \end{cases} \qquad (3\text{-}22)$$

式中：$\tau_{max}=1.5\beta_w f_t$，界面初始滑移 $s_0=0.0195\beta_w f_t$；界面总破坏能 $G_f=0.308\beta_w^2\sqrt{f_t}$；系数 $\xi=\dfrac{1}{\dfrac{G_f}{\tau_{max}s_0}-\dfrac{2}{3}}$；FRP-混凝土宽度系数 $\beta_w=\sqrt{\dfrac{2.25-b_f/b_c}{1.25+b_f/b_c}}$，$b_f$ 为胶层宽度，b_c 为混凝土层宽度。

3. 双线性模型：

$$\tau = \begin{cases} \tau_{max}\dfrac{s}{s_0} & s \leqslant s_0 \\ \tau_{max}\dfrac{s_f-s}{s_f-s_0} & s_0 < s \leqslant s_f \\ 0 & s > s_f \end{cases} \qquad (3\text{-}23)$$

式中：$s_f=2G_f/\tau_{max}$，其他同式（3-22）。该模型为简化模型的进一步简化，符合程度要比精确模型和简化模型低。

现以较为实用的简化模型为基础，结合本文剥离破坏试验数据和有限元分析，建立较为合适的高强钢绞线网-聚合物砂浆加固层与混凝土粘结-滑移本构方程同式（3-22）。根据上文分析，影响高强钢绞线网-聚合物砂浆加固层与混凝土剥离破坏承载力的主要因素为：抹灰龄期、粘结面粗糙度、混凝土和砂浆强度、加固层长度等。而加固层宽度比的影响较小，此处忽略不计。将式（3-22）中各参数由下式表示：

最大剪应力：$\tau_{max}=\xi_1\tau_{b,u}$；

界面初始滑移：$s_0=\xi_2\tau_{b,u}$；

界面总破坏能：$G_f=\xi_3\sqrt{\tau_{b,u}}$；

系数：$\xi=\dfrac{1}{\dfrac{G_f}{\tau_{max}s_0}-\dfrac{2}{3}}$。

下文根据界面剥离破坏试验数据，通过有限元进行分析，以获取系数 ξ_1、ξ_2、ξ_3 的合理取值。

3.4.4.2　系数 ξ_1、ξ_2、ξ_3 的确定

以通用有限元程序 ANSYS 为基础，建立剥离破坏有限元模型，分析钢绞线网-聚合物砂浆加固层与混凝土界面之间的粘结-滑移现象。关于 ANSYS 程序有限元原理及程序验证见相关文献，此处不作详细分析。

聚合物砂浆加固层与混凝土的相互作用主要体现在粘结面间的相互作用。由于粘结区内部潜在的缺陷比整浇混凝土以及砂浆严重得多，且内部初应力（应变）更加复杂，从而形成"粘结破坏区"，粘结的成败取决于这一过渡层混凝土的微观结构和力学特性。此处通过有限元模拟界面剥离破坏试验，在受力方向上设置弹簧单元，而对另外两个方向的自由度予以耦合。每一个弹簧单元的长度为零，其性能由弹簧的力-变形曲线（F-D 曲线）确定，其 F-D 曲线则主要由该方向的 τ-s 本构关系所确定。

受力方向即为加固层长度方向，该方向粘结面上的相互作用即为加固层与混凝土之间

的粘结-滑移关系，是剥离破坏试验中主要研究的方向，通过式（3-22）描述的 τ-s 本构关系来确定对应的 F-D 曲线。

首先根据粘结-滑移本构关系，确定第 i 个弹簧对应位置处粘结应力-滑移对应关系：

$$\tau = \tau(s_i) \tag{3-24}$$

则该弹簧单元的 F-D 曲线的数学表达式为：

$$F = \tau(D_i)A_i \tag{3-25}$$

其中 A_i 为该弹簧所对应连接面上所占的面积，具体计算按图 3-34 所示。中间节点弹簧：$A_i = \dfrac{1}{4}(a+b)(c+d)$；边节点弹簧：$A_i = \dfrac{1}{4}(a+b)e$；角节点弹簧：$A_i = \dfrac{1}{4}ef$。

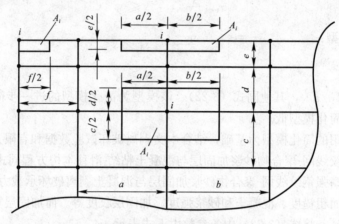

图 3-34　A_i 计算示意图

根据上述分析，结合聚合物砂浆加固层与混凝土粘结-滑移本构关系（τ-s 曲线），可以得到沿加固层长度方向不同位置各非线性弹簧的 F-D 曲线，形状如图 3-35 所示。

有限元模型单元选用如下：

混凝土：SOLID65 单元，Willian-Warnke 五参数破坏准则；

聚合物砂浆：SOLID65 单元，Willian-Warnke 五参数破坏准则；

钢绞线：LINK8 单元，多线性随动强化模型（KINH）；

垫板：SOLID45 单元，双线性随动强化模型（BKIN）；

界面单元：COMBIN39 单元。

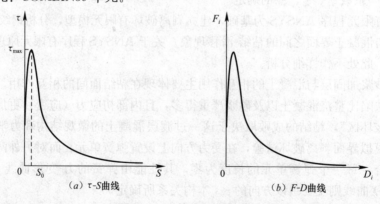

图 3-35　弹簧单元 F-D 曲线

混凝土及聚合物砂浆强度见表 3-5。泊松比：混凝土、砂浆，0.2；钢垫板、钢绞线，0.25。裂缝间剪力传递系数：闭合，0.75；张开，0.35。开裂后拉应力衰减系数 0.6。

混凝土单轴抗压应力应变曲线采用 Hongnestad 模型[85]，见图 3-36（a），数学表达式如下：

Hongnestad 模型：

$$\left.\begin{array}{l} \text{上升段 } \sigma = \sigma_0 \left[2\left(\dfrac{\varepsilon}{\varepsilon_0}\right) - \left(\dfrac{\varepsilon}{\varepsilon_0}\right)^2 \right] \qquad 0 < \varepsilon \leqslant \varepsilon_0 \\[3mm] \text{下降段 } \sigma = \sigma_0 \left[1 - 0.15\left(\dfrac{\varepsilon - \varepsilon_0}{\varepsilon_u - \varepsilon_0}\right) \right] \quad \varepsilon_0 < \varepsilon \leqslant \varepsilon_u \end{array}\right\} \qquad (3\text{-}26)$$

其中：$\varepsilon_u = 0.0038$，$\varepsilon_0 = 2(\sigma_0 / E_0)$，$\sigma_0 = 0.85 f_c'$，$E_0$ 为初始弹性模量，f_c' 为混凝土圆柱体抗压强度。

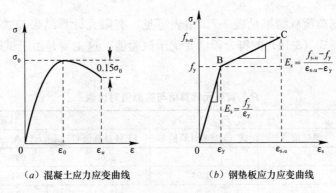

（a）混凝土应力应变曲线　　（b）钢垫板应力应变曲线

图 3-36　材料本构关系

钢垫板采用弹性强化模型，见图 3-36（b）。数学表达式如下：

弹性强化模型：

$$\left.\begin{array}{l} \sigma_s = E_s \varepsilon_s \qquad\qquad\qquad 0 < \varepsilon_s \leqslant \varepsilon_y \\[2mm] \sigma_s = f_y + (\varepsilon_s - \varepsilon_y) E_s' \quad \varepsilon_y < \varepsilon_s \leqslant \varepsilon_{s,u} \end{array}\right\} \qquad (3\text{-}27)$$

钢绞线直径 3.2mm，应力应变关系采用实测曲线，见图 2-7。为缩短计算时间，节省计算费用，有限元分析采用 1/2 模型，见图 3-37。

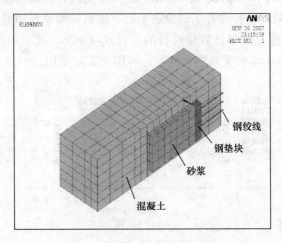

图 3-37　FEM 模型（1/2 模型）

根据众多试验数据[74,76-84]，确定 $\xi_2 = 0.0195$。取系数 ξ_1、ξ_2、ξ_3 的初值分别为：1.5、0.0195、0.308；固定 $\xi_3 = 0.308$，调整 ξ_1；然后再固定 ξ_1，调整 ξ_3。经多次试算确定 $\xi_1 = 1.26$、$\xi_3 = 0.259$。故可确立高强钢绞线网-聚合物砂浆加固层与混凝土界面粘结-滑移本构方程：

$$\tau = \begin{cases} \tau_{max}\sqrt{\dfrac{s}{s_0}} & s \leqslant s_0 \\ \tau_{max}e^{-\xi(s/s_0-1)} & s > s_0 \end{cases} \tag{3-28}$$

其中：最大剪应力 $\tau_{max} = 1.26\tau_{b,u}$；界面初始滑移 $s_0 = 0.0195\tau_{b,u}$；界面总破坏能：$G_f = 0.259\sqrt{\tau_{b,u}}$；系数：$\xi = \dfrac{1}{\dfrac{G_f}{\tau_{max}s_0} - \dfrac{2}{3}}$；$\tau_{b,u}$ 通过式（3-17）计算。

有限元计算剥离荷载结果见表 3-7。由表可见，有限元计算结果与式（3-18）及试验值符合较好，且与式（3-18）的符合程度要优于试验值，这主要是由于试验值离散性要大于公式计算值。

$P_{b,u}$ 有限元计算值与实测值对比表　　　　　　　　　　　　　　表 3-7

试件编号	$P_{b,u}$ （MPa）			计算值/测试值	
	测试值 A	式（3-18）计算值 B	FEM 计算值 C	C/A	C/B
LJ30-1	8.35	8.57	8.63	1.034	1.007
LJ30-2	15.00	13.94	13.21	0.881	0.948
LJ30-3	13.00	15.20	15.51	1.193	1.020
LJ35-1	8.65	8.61	8.78	1.015	1.020
LJ35-2	14.50	14.27	12.72	0.877	0.892
LJ35-3	15.50	15.00	15.91	1.026	1.061
LJ40-1	9.00	8.93	8.93	0.992	1.000
LJ40-2	11.50	15.46	12.93	1.124	0.836
LJ40-3	15.50	16.05	15.98	1.031	0.996

FEM 模型端部荷载-滑移曲线见图 3-38。由图可见，自由端滑移在剥离瞬间产生，试验实测难以实现，有限元计算弥补了试验的不足，加载端滑移与试验实测较为符合。端部荷载-滑移曲线表明有限元模型计算是可行的，且式（3-28）所示的高强钢绞线网-聚合物砂浆加固层与混凝土 τ-s 本构关系是合理的，可用于实际使用。

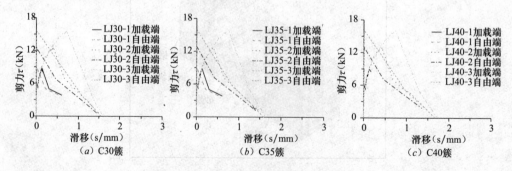

图 3-38　FEM 模型端部荷载-滑移曲线

FEM 模型典型裂缝分布见图 3-39。由图可见，加固层裂缝由加载端逐步向自由端发展，这与试验观察一致。并且模型中混凝土裂缝分布超出了加固层范围，图中黑线以外即为混凝土超出加固层范围的裂缝，但不明显，仅为一次裂缝。这说明加固层宽度对粘结性能有一定影响，但不是很大，可以忽略这一影响。

FEM 模型典型应力分布见图 3-40，均为第 1 主应力云图。由图可见，加固层加载端和自由端均为应力集中部位，加载端应力最高，剥离首先出现在这一部位，逐步向自由端发展，最终发生一次性剥离破坏。

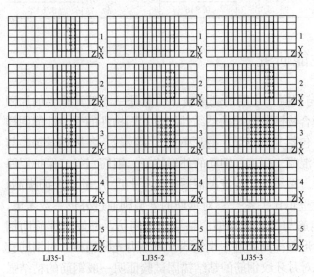

图 3-39　FEM 模型裂缝发展及分布图

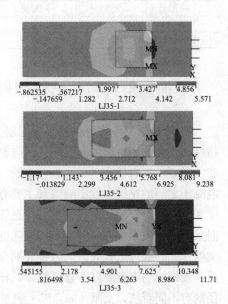

图 3-40　FEM 模型第 1 主应力分布图

3.4.5　高强钢绞线应力发展模型

高强钢绞线网-聚合物砂浆加固层剥离破坏时，随加固层长度增加，内部钢绞线网的受力是不同的，根据试验结果可得钢绞线最大拉应力计算公式如下：

$$\sigma_{sw,u} = 5.8 \times 10^{-6} \times (0.35H + 2.00)\left[1.57 - 5.52\exp\left(-\frac{5t}{3t_0}\right)\right]\frac{L_m b_m}{A_{sw}} f_{cu,e} \qquad (3-29)$$

式中：$\sigma_{sw,u}$ 为加固层剥离时钢绞线拉应力；A_{sw} 为加固钢绞线截面积；其他各参数及其计算同式（3-16）。各钢绞线应力计算值见表 3-8。

以 14d 强度为基准，建立剥离破坏时钢绞线最大拉应力简化计算公式如下：

$$\sigma_{sw,u} = 8.0 \times 10^{-6} \times (0.35H + 2.00)\frac{L_m b_m}{A_{sw}} f_{cu,e} \qquad (3-30)$$

由表 3-8 可见，高强钢绞线在剥离破坏发生时，应力最高为极限强度的 0.642，远低于其极限应力，高强性能得不到充分发挥。加固设计中，必须有效限制高强钢绞线的应力发展程度，否则易发生早期剥离破坏而达不到预期加固效果。

剥离破坏时高强钢绞线拉应力计算表   表 3-8

试件编号	实测剥离强度（MPa）	钢绞线剥离应力（MPa）	钢绞线设计强度（MPa）	与设计强度比值	钢绞线极限强度（MPa）	与极限强度比值
LJ30-1	8.35	555.6		0.510		0.346
LJ30-2	15.00	998.0		0.916		0.621
LJ30-3	13.00	864.9		0.793		0.539
LJ35-1	8.65	575.5		0.528		0.358
LJ35-2	14.50	964.7	1090	0.885	1606	0.601
LJ35-3	15.50	1031.3		0.946		0.642
LJ40-1	9.00	598.8		0.549		0.373
LJ40-2	11.50	765.1		0.702		0.476
LJ40-3	15.50	1031.3		0.946		0.642

3.5 加固层材料粘结锚固性能研究

高强钢绞线网-聚合物砂浆加固层与混凝土之间的剥离破坏性能是一个极其重要的加固指标，作为加固材料的高强钢绞线与聚合物砂浆之间的粘结性能对加固构件的受力性能同样非常重要。现有研究[86-95]认为：钢筋（包括光圆钢筋、变形钢筋、钢绞线、各种钢丝等）与混凝土之间的粘结强度影响因素主要有混凝土强度、钢筋的外形特征、钢筋直径、保护层厚度和钢筋间距、箍筋配置、受力状态等。粘结锚固强度随混凝土抗压强度 f_{cu} 的增大而提高，但呈非线性关系，而与混凝土抗拉强度呈正比关系[94]；对钢筋的外型则通过外形系数考虑，文献 [96] 通过试验分析认为月牙肋钢筋与等高肋钢筋的粘结性能相仿，都好于螺旋肋钢丝，而螺旋肋钢丝要好于异形钢棒，异形钢棒则要好于钢绞线，最差为光圆钢棒；对钢筋直径则有不同看法，文献 [94，95] 通过对月牙纹钢筋的粘结锚固试验证明一般钢筋的粘结强度不随直径而改变，只有直径很大（如 $d \geqslant 32mm$）的钢筋，相对粘结面积减小，粘结强度稍有降低，而文献 [96] 的试验数据表明钢筋直径过大或过小对粘结强度均为不利；增加混凝土保护层厚度，可以提高外围混凝土的劈裂抗力，因而使开裂粘结强度及极限粘结强度均有相应的提高，但当保护层厚度 c 超过一定范围（月牙纹钢筋：$c/d > 4.5$[94]）时，保护层对粘结强度的影响不再显著，可忽略其作用；配置箍筋可对握裹层混凝土提供侧向约束，并使钢筋的挤压力在环向均匀化，从而改善钢筋锚固性能；施加垂直于钢筋的压应力，可使钢筋与混凝土之间抵抗滑移的摩擦阻力增大，从而提高粘结锚固能力，但压力过大时，与压应力垂直方向的横向拉应力显著增大，使得粘结强度不仅不增加，反而降低。

3.5.1 聚合物砂浆与钢绞线粘结锚固性能研究

渗透性聚合物砂浆与高强不锈钢绞线网形成加固层，依靠两者之间的粘结作用共同工作，承担原构件的部分荷载，起到加固的目的。该钢绞线是由 7 股细钢绞线捻绞而成的绳状钢筋，而每股细钢绞线又由 7 根细钢丝捻绞而成，其外形如图 3-41 所示。钢绞线在聚合砂浆中的锚固作用由胶结力、摩阻力和机械咬合力构成。胶结力很小且在发生滑移后丧失，不产生太大作用。砂浆胶体在钢绞线表面凝结后，钢绞线螺旋斜面与砂浆的摩阻力有一定的作用。但是，始终起主要作用的是机械咬合力，即钢绞线螺旋肋对其间砂浆的挤压力。随着相对滑移的发展，咬合齿的受力面历经了挤压、局部破碎堆积、锥楔挤压劈裂，后期则发生沿条状螺旋咬合齿的旋转。宏观反映为锚固力由小到大，达到极限后衰减，直到稳定。

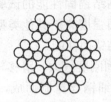  

（*a*）截面图　　　（*b*）砂浆层中钢绞线粘结面　　　（*c*）钢绞线外观

图 3-41　钢绞线外形特征

清华大学曹俊[57]对钢绞线在渗透性聚合砂浆中的粘结性能进行了研究，分析了聚合砂浆强度、锚固长度、钢绞线直径等因素对粘结强度的影响，测试了钢绞线与砂浆之间的粘结强度（数据见表 3-9），并测试了钢绞线端部相对于砂浆的滑移量（见图 3-42）。由试验现象可见，不锈钢绞线在砂浆中具有如下粘结锚固特点：

钢绞线粘结性能试验[57]**及计算结果**　　　　　表 3-9

组号	钢绞线直径 d（mm）	砂浆强度 $f_{cu,m}$（MPa）	粘结长度 l_d（mm）	极限拉拔力 $P_{g,u}$（kN）	平均拉拔力（kN）	极限粘结强度 $\tau_{g,u}$（MPa）	式（3-32）计算 $\tau_{g,u}$ 值（MPa）
I	2.4	66.81	5d＝12	1.16	1.16/1.48	12.821/16.358	14.781
			10d＝24	4.13	4.13/4.20	22.823/23.210	38.825
			15d＝36	4.84	4.84	—	—
	3.2	66.81	5d＝16	5.06	5.06/3.83	31.458/23.811	14.781
			10d＝32	7.64	7.64/7.49	23.749/23.283	38.825
			20d＝64	8.32	8.32		
II	2.4	39.26	5d＝12	0.28	0.28/−0.28	3.095/0	3.248
				—			
			10d＝24	1.30	1.25/1.73	6.908/9.560	8.533
				1.20			
				0.92			
			15d＝36	3.14	3.28/3.34	12.084/12.305	12.587
				3.19			
				3.50			
	3.2	39.26	5d＝16	1.40	1.40/1.45	8.704/9.015	3.248
			10d＝32	4.10	3.20/4.20	9.947/13.056	8.533
				3.20			
				3.20			
			15d＝48	6.40	6.20/6.30	12.848/13.056	12.587
				4.90			
				6.00			

注：1. "—"表示试验失败或拉断；
　　2. "/"前为试验值，"/"后为计算值；
　　3. 表中 $\tau_{g,u}=P_{g,u}/(\pi d l_d)$ （3-31）。

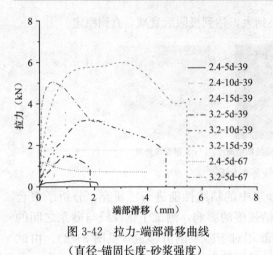

图 3-42　拉力-端部滑移曲线
（直径-锚固长度-砂浆强度）

1. 锚固强度相对较高。对比以往其他类型的钢筋粘结锚固性能的试验研究，不锈钢绞线的锚固强度高于其他类型的钢筋，具有良好的粘结锚固性能。

2. 锚固刚度较大，滑移较小。由于钢绞线由 49 根细钢丝捻制而成，在发生滑移之前，钢绞线表面与砂浆之间的摩擦较强。发生滑移之后，肋前破碎堆积造成的倾斜滑移面角度较陡（45°左右），比一般的带肋钢筋相应角度（20°左右）大，滑移相对较小。使滑移减小的其他原因还有相对肋面积大，咬合齿宽厚连续等。在图 3-42 的关系曲线上表现为曲线较陡，即锚固刚度加大。

3. 钢绞线拉拔力-滑移曲线下降平缓，产生很大的滑移时仍有相当的锚固力，锚固延性好。

4. 直径越大，粘结锚固强度越高；锚固长度越大，粘结锚固强度越高。从图 3-42 可以看出，直径 3.2mm 的比直径为 2.4mm 的钢绞线粘结强度-滑移曲线更为饱满，且加载后期下降更为缓慢，延性更大。

5. 聚合砂浆强度越高，粘结锚固强度越高。钢绞线直径相同，锚固长度相同时，砂浆强度相差大，粘结锚固强度相差也很大。

通过对试验数据的回归分析，曹俊等[57]得出了不锈钢绞线的锚固强度计算公式：

$$\tau_{g,u} = \left[-0.15 + 0.09 \left(\frac{l_d}{d} \right)^{1/2} \right] f_{ts,m}^{3.8} \qquad (3-32)$$

上两式中：$f_{ts,m}$ 为聚合砂浆的劈拉强度（MPa），近似按式 $f_{ts,m} = 0.19 f_{cu,m}^{3/4}$ 计算；$f_{cu,m}$ 为砂浆抗压强度（MPa）；l_d 为钢绞线的粘结长度（mm）；d 为钢绞线直径（mm）。

式（3-32）计算值及试验值见表 3-9，其中式（3-32）忽略了钢绞线直径的影响。表中试验数据可见，钢绞线直径对粘结强度的影响是非常显著的，公式（3-32）忽略钢绞线直径的影响与实际不符。文献 [94]、[96] 的试验数据显示，$\tau_{g,u}$ 随相对锚固长度的增大而减小，但表 3-9 的试验数据中 $\tau_{g,u}$ 除个别数据外，大多数随相对锚固长度的增大却发生了增大现象。分析式（3-31）可见，$\tau_{g,u}$ 增大与否取决于极限拉拔力 $P_{g,u}$ 和粘结长度 l_d 的相对比值。为避免这一现象，现根据文献 [57] 试验结果，以极限拉拔力 $P_{g,u}$ 建立更为合适的计算式。

根据第 II 组 $\phi3.2$ 钢绞线的试验数据，相对锚固长度与极限拉拔力关系如图 3-43（a）所示，满足如下关系式：

$$P_{g,u} = 0.44 \frac{l_d}{d} - 0.86 \qquad (3-33)$$

$\phi3.2$ 和 $\phi2.4$ 钢绞线之间直径相对影响关系如图 3-43（b），曲线如下：

$$\frac{P_{g,ud1}}{P_{g,ud2}} = 1.73 + 11.99 \exp \left(-\frac{l_d}{3.86d} \right) \qquad (3-34)$$

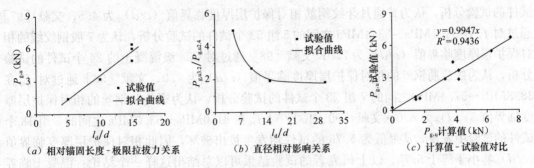

（*a*）相对锚固长度-极限拉拔力关系　　（*b*）直径相对影响关系　　（*c*）计算值-试验值对比

图 3-43　钢绞线与砂浆粘结强度关系曲线

另外，由于砂浆抗拉强度与钢绞线粘结锚固强度呈正比关系[86]，根据以上相关关系，得出极限拉拔力 $P_{g,u}$ 的拟合回归方程如下：

$$P_{g,u} = \begin{cases} \left(0.44\dfrac{l_d}{d} - 0.86\right)\left[0.19 + 1.31\exp\left(-\dfrac{l_d}{3.86d}\right)\right]df_{t,m} - 5.555 & d \leqslant l_d \leqslant l_a \\ \dfrac{\pi d^2}{4}f_{sw} & l_a \leqslant l_d \end{cases}$$

(3-35)

式中：$f_{t,m}$ 为聚合砂浆的抗拉强度（MPa），近似按式 $f_{t,m} = 0.395 f_{cu,m}^{0.55}$ 计算，粘结长度满足 $5d \leqslant l_d \leqslant l_a$，$l_d$ 为钢绞线的粘结长度（mm）。式（3-35）计算值见表 3-9，对比见图 3-43（*c*）。由 $P_{g,u}$ 计算所得 $\tau_{g,u}$ 见表 3-9。

钢绞线临界锚固长度计算式如下：

$$l_a = \alpha \frac{f_{sw}}{f_{t,m}} d$$

(3-36)

式中：f_{sw} 为钢绞线的抗拉强度值（MPa）；α 为钢绞线的外形系数，根据试验数据[57]统计出不锈钢绞线的外形系数 $\alpha \approx 0.04$，比文献 [57] 的 0.03 略大，计算值见表 3-10。

高强钢绞线锚固长度试验[57]及计算结果　　表 3-10

钢绞线直径 d（mm）	实测钢绞线强度 f_{sw}（MPa）	砂浆强度 $f_{cu,m}$（MPa）	试验锚固长度 l_a（mm）	计算锚固长度 l_a（mm）
2.4	1626.82	66.81	30	39
		39.26	53	53
3.2	1605.98	66.81	54	52
		39.26	77	69

3.5.2　加固层厚度、界面粘结力、钢绞线握裹力三者协调关系

现有研究表明：保护层厚度和钢筋净间距对光圆钢筋的影响并不大。但对于变形钢筋来说，增加混凝土保护层厚度，可以提高外围混凝土的劈裂抗力，因而使开裂粘结强度及极限粘结强度均有相应的提高。当保护层厚度超过一定范围时，变形钢筋的粘结破坏不再是劈裂破坏，而是肋间混凝土被刮出的剪切破坏。钢筋混凝土构件中钢筋的净间距同样对混凝土的劈裂抗力有影响，钢筋根数越多，净间距越小，极限粘结强度降低的就越多，钢筋应力发挥的也越小。文献 [94] 通过对 f_{cu} 在 14.84MPa～40.65MPa 之间的 17 组 43 个

试件的试验分析，认为普通月牙纹钢筋相对保护层厚度临界值 $(c/d)_{cr}$ 为 4.5；文献［97］通过对 f_{cu} 在 31.1MPa～53.4MPa 之间的 5 组 52 个试件的试验分析，认为 7 股钢绞线的相对保护层厚度临界值 $(c/d)_{cr}$ 为 2.0；文献［98］通过对 C25 级混凝土的 24 个试件的试验分析，认为螺旋肋钢丝的相对保护层厚度临界值 $(c/d)_{cr}$ 为 7.0；文献［96］通过对 f_{cu} 在 38.8MPa～57.4MPa 之间的 7 组 28 个试件的试验分析，认为螺旋肋钢丝的相对保护层厚度临界值 $(c/d)_{cr}$ 为 6.0；文献［99、100］对 f_{cu} 在 81.0MPa～83.0MPa 之间的 3 组 18 个试件的试验中发现 c/d 最低为 5.75 的试件均发生拔出破坏，因此相对保护层厚度临界值 $(c/d)_{cr}$ 将小于等于 5.75。以上研究者的试验结果可以总结出这样一个结论：混凝土临界保护层厚度随混凝土强度增大而降低，随钢筋外形由月牙肋钢筋、等高肋钢筋、螺旋肋钢丝、异形钢棒、钢绞线、向光圆钢棒依次减薄；高强钢筋高强混凝土的临界保护层厚度低于普通钢筋普通混凝土构件。通过以上分析，并结合聚合物砂浆的早强高强特性以及高强钢绞线的外形特征，可以认为高强钢绞线-聚合物砂浆保护层厚度临界值满足 $(c/d)_{cr}=2.0$ 即可。加固施工中，钢绞线间距 30mm、砂浆层厚度 15mm～25mm 时，相对保护层厚度 c/d 在 2.69～5.81 之间，完全满足要求。考虑到加固砂浆收缩、耐久性及施工等因素，建议砂浆层厚度不低于 20mm 为宜，钢绞线间距不小于 15mm 为宜。

在外力 F 作用下，加固构件钢绞线、砂浆、加固层界面三者受力见图 3-44，当界面之间遵循如下平衡方程时，加固构件达到受力平衡状态。

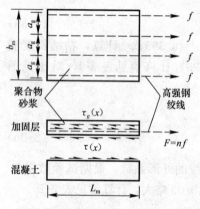

$$\begin{cases} \tau(x)b_m L_m = n\pi d L_m \tau_g(x) \\ \pi d L_m \tau_g(x) = f \end{cases} \tag{3-37}$$

式中：$\tau(x)$ 为混凝土和加固层界面剪应力；$\tau_g(x)$ 为钢绞线和砂浆粘结界面剪应力；F 为外作用力总和；f 为每根钢绞线所受外力，$F=nf$；a_g 为钢绞线间距；L_m 为加固层长度；b_m 为加固层宽度；n 为钢绞线根数。

图 3-44　加固层界面受力模型

定义 $P'_{b,u}$ 为加固层剥离荷载抗力，$P'_{g,u}$ 为钢绞线抗拉拔力，则有：$P'_{b,u}=-P_{b,u}$，$P'_{g,u}=-P_{g,u}$，二者互为作用力和反作用力。式（3-37）可改写为：

$$\begin{cases} P'_{b,u} = nP_{g,u} \\ P'_{g,u} = f \end{cases} \tag{3-38}$$

式（3-38）成立时，加固构件受力达到最佳平衡状态。若 $P'_{b,u}>nP_{g,u}$、$P'_{b,u}<nP_{g,u}$ 或 $P'_{g,u}<f$，则将发生混凝土和加固层界面剥离、钢绞线和砂浆之间发生滑移、钢绞线被拉断或同时发生上述几种破坏，加固层受力平衡被打破。现分三种情况对加固层组成材料受力行为进行讨论。

1. 加固层长度 L_m 为：$5d \leqslant L_m < l_a$

当加固层长度小于钢绞线锚固长度时，破坏有如下方式：

（1）若 $\begin{cases} P'_{b,u}>nP_{g,u} \\ P'_{g,u} \leqslant f \end{cases}$，则高强钢绞线滑移破坏；

（2）若 $\begin{cases} P'_{b,u} \leqslant nP_{g,u} \\ P'_{b,u} < f \end{cases}$，则加固层界面剥离破坏；

(3) 若 $\begin{cases} P'_{b,u}=nP_{g,u} \\ P'_{g,u}\leqslant f \end{cases}$，则加固层界面之间以及钢绞线与砂浆之间同时发生上述破坏。

由式（3-16）、（3-38）及反力互等定理，建立 $P_{b,u}$ 与 $nP_{g,u}$ 之间大小关系即可判定破坏模式，并对加固承载力以及高强钢绞线数量进行优化设计。现以表 3-5 剥离试验数据为背景，分析以上破坏模式及钢绞线数量优化。

分析数据见表 3-11。由 $P_{b,u}$ 与 $P_{g,u}$ 的数值可见，当 $n=1$ 时，钢绞线间距 $a_g=100mm$，上述构件全部发生剥离破坏。因此实际加固时，当钢绞线网间距 $a_g=30mm$，即 $n=3$ 时只可能发生加固层剥离破坏。

$5d\leqslant L_m<l_a$ 时破坏模式分析数据表 表 3-11

试件编号	f_{cu} (MPa)	t(d)	$f_{cu,m}$ (MPa)	$f_{t,m}$ (MPa)	d (mm)	l_a (mm)	H (mm)	$b_m\times L_m$ (mm×mm)	$P_{b,u}$(kN)	$P_{g,u}$(kN)
LJ30-1-1							0.623	100×16	1.268	1.995
LJ30-2-1	44.713						0.639	100×32	2.543	4.920
LJ30-3-1							0.714	100×48	3.860	7.226
LJ35-1-1							0.642	100×16	1.325	1.995
LJ35-2-1	48.450	14	45.053	3.207	3.2	64	0.625	100×32	2.643	4.920
LJ35-3-1							0.618	100×48	3.961	7.226
LJ40-1-1							0.668	100×16	1.388	1.995
LJ40-2-1	52.472						0.622	100×32	2.756	4.920
LJ40-3-1							0.654	100×48	4.155	7.226

2. 加固层长度 L_m 为：$l_a\leqslant L_m<L_e$

当加固层长度满足 $l_a\leqslant L_m<L_e$ 时，$P'_{g,u}=-P_{g,u}=\dfrac{\pi d^2}{4}f_{sw}$，破坏有如下方式：

(1) 若 $\begin{cases} P'_{b,u}>n\dfrac{\pi d^2}{4}f_{sw} \\ \dfrac{\pi d^2}{4}f_{sw}\leqslant f \end{cases}$，则高强钢绞线被拉断；

(2) 若 $\begin{cases} P'_{b,u}<n\dfrac{\pi d^2}{4}f_{sw} \\ P'_{b,u}\leqslant F \end{cases}$，则加固层界面剥离破坏；

(3) 若 $P'_{b,u}=n\dfrac{\pi d^2}{4}f_{sw}\leqslant F$，则加固层界面之间及钢绞线与砂浆之间同时发生上述破坏。

同样由式（3-16）、式（3-38）及反力互等定理，以表 3-5 剥离试验数据为背景，建立 $P_{b,u}$ 与 $nP_{g,u}$ 之间大小关系。分析数据见表 3-12。由 $P_{b,u}$ 与 $P_{g,u}$ 的数值可见，当 $n=1$ 时，钢绞线间距 $a_g=100mm$，上述构件将全部发生钢绞线拉断破坏；只有当 $n\geqslant2$，即钢绞线间距 $a_g\leqslant50mm$ 时，才能发生剥离破坏。实际加固时，当钢绞线网间距 $a_g=30mm$，同样只可能发生加固层剥离破坏。

$l_a \leqslant L_m < L_e$ 时破坏模式分析数据表　　　　　　表 3-12

试件编号	f_{cu} (MPa)	t(d)	$f_{cu,m}$ (MPa)	$f_{t,m}$ (MPa)	d (mm)	l_a (mm)	H (mm)	$b_m \times L_m$ (mm×mm)	$P_{b,u}$(kN)	$P_{g,u}$(kN)
LJ30-1-2	44.713	14	45.053	3.207	3.2	64	0.623	102×106	8.57	8.2
LJ30-2-2							0.639	98×179	13.94	
LJ35-1-2	48.450						0.642	99×105	8.61	
LJ35-2-2							0.625	101×171	14.27	
LJ40-1-2	52.472						0.668	100×103	8.93	
LJ40-2-2							0.622	102×176	15.46	

3. 加固层长度 L_m 为：$L_e \leqslant L_m$

当加固层长度满足 $L_e \leqslant L_m$ 时，破坏模式分类同 $l_a \leqslant L_m < L_e$ 的分类一致，计算时加固层长度采用有效锚固长度即可。同样由式（3-16）、（3-38）及反力互等定理，以表 3-5 剥离试验数据为背景，建立 $P_{b,u}$ 与 $nP_{g,u}$ 之间大小关系。分析数据见表 3-13。由 $P_{b,u}$ 与 $P_{g,u}$ 的数值可见，当 $n=1$ 时，钢绞线间距 $a_g=100mm$，上述构件将全部发生钢绞线拉断破坏；只有当 $n \geqslant 2$，即钢绞线间距 $a_g \leqslant 50mm$ 时，才能发生剥离破坏；考虑到其他因素的影响，$n \geqslant 3$ 时可确保发生剥离破坏。实际加固时，当钢绞线网间距 $a_g=30mm$，同样只可能发生加固层剥离破坏。

$L_e \leqslant L_m$ 时破坏模式分析数据表　　　　　　表 3-13

试件编号	f_{cu} (MPa)	t(d)	$f_{cu,m}$ (MPa)	$f_{t,m}$ (MPa)	d (mm)	l_a (mm)	H (mm)	$b_m \times L_m$ (mm×mm)	$P_{b,u}$(kN)	$P_{g,u}$(kN)
LJ30-3-3	44.713	14	45.053	3.207	3.2	64	0.714	105×257	15.20	8.2
LJ35-3-3	48.450						0.618	101×245	15.00	
LJ40-3-3	52.472						0.654	103×244	16.05	

实际加固施工基本处于第 3 种情况，即加固层长度 $L_m \geqslant L_e$。由以上分析可见，当钢绞线网间距 $a_g=30mm$ 时，基本上只可能发生加固层剥离破坏，钢绞线发生滑移及拉断的可能性较小。当钢绞线间距 a_g 约为 50mm 时，有可能发生钢绞线拉断或加固层剥离破坏。为确保钢绞线拉断，则间距 a_g 需大于 50mm，或者进行足够强度的锚固设置。

3.6　本章小结

本章通过渗透性聚合物砂浆材料性能试验、与混凝土界面的正拉粘结强度试验、剪切粘结强度试验以及界面剥离破坏试验分析了聚合物砂浆性能、与混凝土界面的粘结性能、粘结-滑移本构关系，同时还分析了加固层材料之间的粘结性能和破坏模式，得到如下结论：

1. 龄期对渗透性聚合物砂浆与混凝土界面粘结强度有高度显著的影响（此处龄期是指抹灰养护 7d～28d），随龄期增长，粘结强度有不同程度提高。7d 正拉粘结强度较低，14d 强度提高幅度较大，28d 正拉粘结强度是混凝土抗拉强度的 40%～55%。14d 剪切粘结强度要高于同龄期正拉粘结强度。

2. 采用人工凿毛法处理加固界面时，粗糙度对正拉粘结强度、剪切粘结强度都有显著影响，在一定粗糙度范围内二者之间存在线性关系，粗糙度越大，界面抗拉、抗剪强度越高。

3. 随混凝土和砂浆强度增大，正拉粘结强度和剪切粘结强度都有提高，但不是很明显，二者对正拉粘结强度、剪切粘结强度影响不显著。

4. 修补方位对正拉粘结强度和剪切粘结强度的影响，基本上遵循顶面＞侧面＞底面的规律，但其影响极不显著。

5. 渗透性聚合物砂浆与混凝土界面粘结性能的影响因素按其显著性高低分别为抹灰龄期、界面粗糙度、混凝土和砂浆强度、修补方位。为保证加固层界面粘结性能，一定要选择合理的界面处理方式；抹灰施工后应立即进行合理的养护，保证合理的养护时间，防止过早受荷。

6. 粘结破坏方式可分为混凝土破坏、层间破坏、砂浆层破坏三种，其中层间破坏又可分为界面破坏、复合破坏Ⅰ和复合破坏Ⅱ三种。破坏方式与混凝土强度、砂浆强度、粗糙度、修补方位有密切关系，主要取决于混凝土和砂浆二者强度的相对大小、粗糙度高低和修补方位。

7. 根据正拉粘结强度测试数据，建立了正拉粘结强度计算式（3-5）～式（3-7）；根据剪切粘结强度测试数据，建立了剪切粘结强度计算式（3-11）～式（3-13），可为工程设计提供参考。

8. 加固层剥离破坏除受抹灰龄期、界面粗糙度、混凝土和砂浆强度、修补方位影响外，加固层长度的影响非常显著，与 FRP 等粘贴加固类似，同样存在有效锚固长度的限制，界面剥离破坏试验结果表明有效锚固长度 L_e 约为 180mm。

9. 根据界面剥离破坏试验结果，建立了剥离破坏强度计算公式（3-16）和公式（3-18）及剥离破坏剪应力计算公式（3-17）和公式（3-19），可为工程设计提供参考。

10. 根据界面剥离破坏试验结果结合已有的粘贴加固试验，建立了粘结-滑移本构模型，通过有限元分析得出了本构模型的合理参数，提出了 τ-s 本构方程见式（3-28），为数值分析建立了前提条件。

11. 借助文献［57］的试验数据，分析了聚合物砂浆与高强钢绞线之间的粘结锚固性能及其影响因素，认为砂浆强度、钢绞线粘结长度和钢绞线直径是影响粘结锚固强度的最主要因素。同时提出了更为合理的极限粘结力计算公式（3-35）和高强钢绞线外形系数的取值，为钢绞线粘结锚固长度提供了参考。

12. 从钢绞线在砂浆中的锚固强度出发，分析了加固层砂浆的合理厚度，认为砂浆层厚度临界值满足 $(c/d)_{cr} = 2.0$ 即可有效握裹钢绞线，而不发生劈裂破坏。实际加固层20mm 厚完全能够保证对钢绞线的有效粘结。

13. 加固破坏模式有：界面剥离破坏、钢绞线和砂浆之间发生滑移、钢绞线被拉断或同时发生上述多种破坏。这与加固层长度、钢绞线间距、界面粘结强度、钢绞线锚固强度有关。加固层长度大于有效锚固长度情况下，当钢绞线网间距 $a_g = 30$mm 时，基本上只可能发生加固层剥离破坏，钢绞线发生滑移及拉断的可能性较小；当钢绞线间距 a_g 约为 50mm 时，钢绞线拉断或发生加固层剥离破坏都有可能，为确保钢绞线拉断则间距 a_g 需大于 50mm。

14. 加固施工中要做好界面处理，采用人工凿毛法较为合适的粗糙度范围在 0.4mm～1.2mm 之间，实际施工中凿点深 3mm～4mm 之间、凿点间距 10mm～15mm 之间即可，施工前应把表面清洗干净，且保持湿润，表面无明水。

15. 砂浆加固层厚度控制在 20mm 左右，分二至三层抹灰；界面剂需涂刷均匀，厚度在 1mm～2mm 之间，必须在其凝固前进行抹灰施工；第一层砂浆不宜太厚，10mm 左右，以正好覆盖钢绞线网为标准，且用木抹打毛，第二、三层在上一层手触可变形时抹，尽量减少抹灰的层数，以减少对上一层砂浆的扰动，同时减少层间破坏的发生，但抹灰层数不能少于 2 层。

16. 抹灰施工完毕应立即覆盖塑料薄膜等养护，防止砂浆层收缩开裂；初凝后应保持砂浆表面湿润 6h～8h，然后正常养护 7d～14d。表面湿润状态可以是覆盖草席等湿润物，或用喷雾器定时喷水，但不能使表面长时间浸润在水中，否则会产生表面起皮脱落现象，严重时会导致砂浆层脱落。同时应避免加固结构低龄期受荷，条件允许应养护 14d 以上，尽可能保证 7d 龄期前不受荷，或在加固前原有荷载的基础上不增加荷载。

参考文献

[1] 曹俊. 高强不锈钢绞线网-聚合砂浆粘结锚固性能的试验研究 [D]. 北京：清华大学，2004.

[2] 曾令宏. 高性能复合砂浆钢筋（丝）网加固混凝土梁试验研究与理论分析 [D]. 长沙：湖南大学，2006.

[3] K C G Ong, P Paramsivam, C T E Lim. Flexural strengthening of reinforced concrete beams using ferrocement laminates [J]. Journal of Ferrocement，1992，V22（4）：331-342.

[4] 赵志方. 新老混凝土粘结机理和测试方法 [D]. 大连：大连理工大学，1998.

[5] 郭进军. 高温后新老混凝土粘结的力学性能研究 [D]. 大连：大连理工大学，2003.

[6] 韩菊红. 新老混凝土粘结断裂性能研究及工程应用 [D]. 大连：大连理工大学，2002.

[7] 刘建. 新老混凝土粘结的性能研究 [D]. 大连：大连理工大学，2000.

[8] 赵国藩，赵志方，袁群，等. 新老混凝土的粘结机理和测试方法研究总结报告 [R]. 国家基础性研究重大项目（攀登计划 B）《重大土木与水利工程安全性与耐久性基础研究》之 5.2（1）课题，大连：大连理工大学，1999.

[9] Bijien and Salt. Adherence of young concrete to old concrete development of tools for engineering [R]. Adherence of Young on Old Concrete, Edited by Folker H. W. Switzerland：ASMES，1993.

[10] 谢慧才，李庚英，熊光晶. 新老混凝土界面粘结力形成机理 [J]. 硅酸盐通报，2003，3：7-11.

[11] 田稳岑，赵国藩. 新老混凝土的粘结机理初探 [J]. 河北理工学院学报，1998，20（2）：78-82.

[12] 李庚英，谢慧才，熊光晶. 混凝土修补界面的微观结构及与宏观力学性能的关系 [J]. 混凝土，1999，6：13-18.

[13] Fiebrich M H. Influence of the surface roughness on adherence between concrete and guite mortar overlays [R]. Adherence of Yong on Old Concrete, edited by Wittmann F H，1994.

[14] Giurgiutiu V, Lyons J, Petrou M, Laub D, Whitley S. Fracture mechanics testing of the bond between composite overlays and a concrete substrate [J]. Journal of Adhesion Science and Technology，2001，V15（11）：1351-1371.

[15] Charles H Hoil, Scott A. O′Connor. Cleaning and preparing concrete before repair [J]. Concrete International，1997，V19（3）：60-63.

[16] Vaysburd A M, Sabnis G M, Emmons P H, McDonald J E. Interfacial bond and surface preparation in concrete repair [J]. Indian Concrete Journal，2001，V75（1）：27-39.

[17] 管大庆，陈章洪，石祖珠. 截面处理对新老混凝土粘结性能的影响 [J]. 混凝土，1994，（5）：16-22.

[18] Adachi I, et al. Construction Joint of Concrete Structures Using Shot-blasting Technique [R].

Translation of the Japan Concrete Institute, 1983.

[19] 赵志方，赵国藩，黄承连. 新老混凝土粘结抗折性能研究 [J]. 土木工程学报，2000，33 (2)：68-72.

[20] Johan Silfwerbrand. Improving concrete bond in repaired bridge decks [J]. Concrete International, 1990, V12 (9)：61-66.

[21] John A Wells, Robert D Stark, Dimos Polyzois. Getting better bond in concrete overlays [J]. Concrete International, 1999, V21 (3)：49-52.

[22] Bruce S. Bonding new concrete to old [J]. Concrete Construction, 1988, V33 (7)：676-680.

[23] Dong-UK Concrete Choi, James O Jirsa. Shear transfer across interface between new and existing using large powder-driven nails [J]. ACI Structural Journal, 1999, V96 (2)：183-192.

[24] 赵晓燕. 新老混凝土机械连接结合性能研究 [D]. 天津：河北工业大学，2004.

[25] Caroline Talbot, et al. Influence of surface preparation on long-term bonding of shotcrete [J]. ACI Materials Journal, 1994, V91 (6)：560-566.

[26] M Kalimur Rahman, et al. Modeling of shrinkage and creep stresses in concrete repair [J]. ACI Material Journal, 1999, V96 (5)：542-550.

[27] I Uherkovich. Questions concerning the long-time behavior of concrete repairs [R]. Adherence of Young on Old Concrete, edited by F. H. Wittmann, 1994.

[28] John C King, Alfonzo L W. If it's still standing, it can be repaired [J]. Concrete Construction, 1988, V33 (7)：643-650.

[29] Chen Puwei, Fu Xuli. Improving the bonding fibers to the concrete [J]. Cement and Concrete between Old and New Concrete by Adding Carbon Research, 1995, V25 (3)：491-496.

[30] 刘金伟，熊光晶，谢慧才. 新老混凝土修补界面方位对粘结强度的影响 [J]. 工业建筑，2001，31 (5)：67-70.

[31] Emmons P H. Concrete repair and maintenance [M]. In：Part Three：Surface Repair, Section 6：Bonding Repair Materials to Existing Concrete. MA：R. S. Means Company, 1994, 154-163.

[32] Cleland DJ, Long A E. The pull-off test for concrete patch repairs [A]. In：Proceedings of the Institution of Civil Engineers-Structures and Buildings [C]. 1997, V122 (12)：451-460.

[33] Eduardo N B S Julio, et al. Concrete-to-concrete bond strength influence of the roughness of the substrate surface [J]. Construction and Building Materials, 2004, V18 (9)：675-681.

[34] Kal R, Hindo. In-place bond testing and surface preparation of concrete [J]. Concrete International, 1990, V12 (4)：46-48.

[35] Simon Austin, Peter Robins, Yougang Pan. Tensile bond testing of concrete repairs [J]. Materials and Structures, 1995, V28 (179)：249-259.

[36] P J Robin, S A Austin. Unified failure envelope from the evaluation of concrete repair bond tests [J]. Magazine of Concrete Research, 1995, Vol. 47 (170)：57-68.

[37] David G Geissert, et al. Splitting prism test method to evaluate of concrete-to-concrete bond strength [J]. ACI Materials Journal, 1999, V96 (3)：359-366.

[38] 赵志方，赵国藩，黄承速. 新老混凝土粘结的劈拉性能研究 [J]. 工业建筑，1999，29 (11)：11-14.

[39] 刘健. 高温后新老混凝土粘结的劈拉强度试验研究 [J]. 工业建筑，2001，31 (2)：15-17.

[40] 郭进军，宋玉普，张雷顺. 混凝土高温后进行粘结劈拉强度试验研究 [J]. 大连理工大学学报，2003，43 (2)：213-217.

[41] Shigen Li, David Cz Geissert, Gregory C Frantz, Jack E Stephens. Freeze-thaw bond durability of

rapid-setting concrete repair materials [J]. ACI Materials Journal, 1999, V96 (2): 242-249.

[42] Sanjay Narendra Pareek, et al. Evaluation method for adhesion test results of bonded mortars to concrete substrate by square optimization [J]. ACI Materials Journal, 1995, V92 (4): 355-360.

[43] J S Wall, N G Shrive. Factors affecting bond between new and old concrete [J]. ACI Materials Journal, 1988, V85 (2): 117-125.

[44] Simon Austin, Peter Robins, Yougang Pan. Shear bond testing of concrete repairs [J]. Cement and Concrete Research, 1999, V29 (7): 1067-1076.

[45] A I Abu-Tair, S R Rigden, E Burley. Testing the bond between repair materials and concrete substrate [J]. ACI Materials Journal, 1996, V93 (6): 553-558.

[46] Climaco J C T S, Regan, P E. Evaluation of bond strength between old and new concrete in structural repairs [J]. Magazine of Concrete Research, 2001, V53 (6): 377-390.

[47] Saucier F, et al. Combined shear-compression device to measure concrete-to-concrete bonding [J]. Experimental Techniques, 1991, V15 (5): 50-55.

[48] 赵志方, 赵国藩, 黄承逸. 新老混凝土粘结的拉剪性能研究 [J]. 建筑结构学报, 1999, 20 (6): 26-31.

[49] 赵志方, 赵国藩, 刘建, 等. 新老混凝土粘结抗拉性能的试验研究 [J]. 建筑结构学报, 2001, 22 (2): 51-56.

[50] 袁群, 刘健. 新老混凝土粘结的剪切强度研究 [J]. 建筑结构学报, 2001, 22 (2): 46-50.

[51] 赵志方, 周厚贵, 刘健, 等. 新老混凝土粘结复合受力的强度特性 [J]. 工业建筑, 2002, 32 (10): 37-39.

[52] George Z Voyiadjis, Taher M Abulebdeh. Biaxial testing of repaired concrete [J]. ACI Materials Journal, 1992, V89 (6): 564-573.

[53] F Saucier, et al. Combined shear-compression device to measure concrete-to-concrete bonding [J]. Experimental Techniques, 1991, V15 (5): 50-55.

[54] 谢慧才, 熊光晶, 刘金伟, 等. 新老混凝土的粘结机理和测试方法研究 [R]. 国家基础性研究重大项目 (攀登计划 B) 《重大土木与水利工程安全性与耐久性基础研究》之 5.2 (2) 课题 (1997 年度总结报告), 1997.

[55] Teng J G, Zhang J W, Smith S T. Interfacial stresses in reinforced concrete beams bonded with a soffit plate: a finite element study [J]. Construction and Building Materials, 2002, V16 (1): 1-14.

[56] Kunieda Minoru, Kurihara Norihiko, et al. Application of tension softening diagrams to evaluation of bond properties at concrete interfaces [J]. Engineering Fracture Mechanics, 2000, V65 (2): 299-315.

[57] 曹俊. 高强不锈钢绞线网-聚合砂浆粘结锚固性能的试验研究 [D]. 北京: 清华大学, 2004.

[58] 金成勋. 不锈钢丝网抗拉强度试验结果 [R]. 韩国汉城产业大学建设技术研究所, 2000.

[59] JTG D62—2004. 公路钢筋混凝土及预应力混凝土桥涵设计规范 [S]. 北京: 人民交通出版社, 2004.

[60] 清华大学建筑材料试验室. 渗透性聚合物砂浆的试验报告 [R]. 北京: 清华大学, 2001.

[61] 金成勋, 金成秀, 刘成权, 等. 渗透性聚合砂浆 (RC-A0401) 的性能分析 [R]. 韩国汉城产业大学, 2000.

[62] 赵志方, 周厚贵, 袁群, 等. 新老混凝土粘结机理研究与工程应用 [M]. 北京: 中国水利水电出版社, 2003.

[63] 汪荣鑫. 数理统计 [M]. 西安: 西安交通大学出版社, 1986.

[64] 蔡正咏，王足献，李秀英，等. 数理统计在混凝土试验中的应用［M］. 北京：中国铁道出版社，1988.

[65] Chajes M J，Finch W W J，Januszka T F，Thonson T A J. Bond and force transfer of composite material plates bonded to concrete［J］. ACI Structural Journal，1996，V93（2）：295-230.

[66] 赵海东，张誉，赵鸣. 碳纤维片材与混凝土基层粘结性能研究［A］. 第一届中国纤维增强塑料（FRP）混凝土结构学术交流会论文集. 北京：冶金工业部建筑研究总院，2000：247-253.

[67] 任慧涛. 纤维增强复合材料加固混凝土结构基本力学性能和长期受力性能研究［D］. 大连：大连理工大学，2003.

[68] Yao J，Teng J G，Chen J F. Experimental study on FRP-to-concrete bonded joints［J］. Composites Part B. Engineering，2005，V36（2）：99-113.

[69] Taljsten B. Defining anchor lengths of steel and CFRP plates bonded to concrete［J］. International Journal of Adhesion and Adhesives，1997，V17（4）：319-327.

[70] Takeo K，Matsushita H，Makizumi T，Nagashima G. Bond characteristics of CFRP sheets in the CFRP bonding technique［J］. Proc. of Japan Concrete Institute，1997，V19（2）：1599-1604.

[71] Ueda T，Sato Y，Asano Y. Experimental study on bond strength of continuous carbon fiber sheet［A］. Proc. 4th International Symposium on Fiber Reinforced Polymer Reinforcement for Reinforced Concrete Structures ACI. Farmington Hills，Michigan，1999：407-416.

[72] Nakaba K，Toshiyuki K，Tomoki F，Hiroyuki Y. Bond behavior between fiber-reinforced polymer laminates and concrete［J］. ACI Structural Journal，2001，V98（3）：359-367.

[73] Neubauer U，Rostasy F S. Design aspects of concrete structures strengthened with externally bonded CFRP plates［A］. Proc. 7th International Conference on Structural Faults and Repair. Vol. 2 ECS Publications，Edinburgh，Scotland，1997：109-118.

[74] Chen J F，Teng J G. Anchorage strength models for FRP and steel plates bonded to concrete［J］. Journal of Structural Engineering，ASCE，2001，V127（7）：784-791.

[75] 徐福泉. 碳纤维布加固钢筋混凝土梁静承载性能研究［D］. 北京：中国建筑科学研究院，2001.

[76] 杨勇新. 碳纤维布与混凝土的粘结性能及其加固混凝土受弯构件的破坏机理研究［D］. 天津：天津大学，2001.

[77] 陆新征. FRP-混凝土界面行为研究［D］. 北京：清华大学，2004.

[78] Chen J F，Yang Z J. FRP or steel plate-to-concrete bonded joints：effect of test methods on experimental bond strength［J］. Steel and Composite Structures. 2001. V1（2）：231-244.

[79] Taljsten B. Defining anchor lengths of steel and CFRP plates bonded to concrete［J］. International Journal of Adhesion and Adhesives，1997，V17（4）：319-327.

[80] Neubauer U，Rostasy F S. Bond failure of concrete fiber reinforced polymer plates at inclined cracks-experiments and fracture mechanics model［A］. Proc. of 4th International Symposium on Fiber Reinforced Polymer Reinforcement for Reinforced Concrete Structures ACI. Farmington Hills，Michigan，1999，369-382.

[81] Savioa M，Farracuti B，C Mazzotti. Non-linear bond-slip law for FRP-concrete interface［A］. Proc. 6th International Symposium on FRP Reinforcement for Concrete Structures World Scientific Publications. Singapore，2003：163-172.

[82] Monti M，Renzelli M，Luciani P. FRP adhesion in uncracked and cracked concrete zones［A］. Proc. 6th International Symposium on FRP Reinforcement for Concrete Structures World Scientific Publications. Singapore，2003：183-192.

[83] Dai J G，Ueda T. Local bond stress slip relations for FRP sheets-concrete interfaces［A］. Proc.

6th International Symposium on FRP Reinforcement for Concrete Structures World Scientific Publications. Singapore, 2003: 143-152.

[84] Ueda T, Dai J G, Sato Y A. nonlinear bond stress-slip relationship for FRP sheet-concrete interface [A]. Proc. International Symposium on Latest Achievement of Technology and Research on Retrofitting Concrete Structures. Kyoto, Japan, 2003: 113-120.

[85] 江见鲸, 陆新征, 等. 钢筋混凝土结构有限元分析 [M]. 北京: 清华大学出版社, 2005.

[86] Edwards A D, Yannopouls P J. Local bond-stress to slip relationships for hot rolled deformed bars and mild steel pains bars [J]. ACI Journal, Proceedings, 1979, V76 (3): 405-420.

[87] Untrauer R E, Henry R L. Influence of normal pressure on bond strength [J]. ACI Journal, Proceedings, 1965, V62 (5): 577-585.

[88] Ferguson P M, Thompson J N. Development length of high strength reinforcing bars in bond [J]. ACI Journal, Proceedings, 1962, V59 (7): 887-922.

[89] Ferguson P M, Thompson J N. Development length for large high strength reinforcing bars [J]. ACI Journal, Proceedings, 1965, V62 (1): 71-94.

[90] Clark A P. Comparative bond efficiency deformed concrete reinforcing bars [J]. ACI Joumal, 1946, V18 (4): 381-400.

[91] Clark A P. Bond of concrete reinforcing bars [J]. ACI Journal, 1949, V21 (3): 161-184.

[92] Mathey R G, Watstein D. Investigation of bond in beam and pull-out specimens with high-yield strength deformed bars [J]. ACI Journal, Proceedings, 1961, V57 (9): 1071-1090.

[93] Ferguest P M, et al. Pullout tests on high strength reinforcing bars [J]. ACI Journal, Proceedings, 1965, 62 (8): 933-949.

[94] 徐有邻. 变形钢筋-混凝土粘结锚固性能的试验研究 [D]. 北京: 清华大学, 1990.

[95] 陈建平, 徐勋倩, 包华. 钢筋混凝土粘结滑移特性的研究现状 [J]. 南通工学院学报, 2004, V3 (4): 51-56.

[96] 牟晓光. 高强预应力钢筋粘结性能试验研究及数值模拟 [D]. 大连: 大连理工大学, 2005.

[97] 徐有邻, 宇秉训, 朱龙, 等. 钢绞线基本性能与锚固长度的试验研究 [J]. 建筑结构, 1996, 27 (3): 34-38.

[98] 徐有邻, 刘立新, 管品武. 螺旋肋钢丝粘结锚固性能的试验研究 [J]. 混凝土与水泥制品, 1998, 4: 24-29.

[99] 李方元, 赵人达. C80 高强混凝土与变形钢筋的粘结滑移试验 [J]. 同济大学学报, 2003, 31 (6): 714-718.

[100] 李方元, 赵人达. 高强混凝土与钢绞线的粘结滑移试验研究 [J]. 四川建筑科学研究, 2003, 29 (4): 4-6.

4 高强钢绞线网-聚合物砂浆加固混凝土抗弯构件正截面承载力

根据实际钢筋混凝土构件的损伤特点,本章针对 5 根跨长 6.6m 的 T 形梁进行抗弯加固试验,从抗弯角度系统研究了高强钢绞线网-聚合物砂浆加固梁的破坏机理,分析了钢绞线网布置形式、端部锚固、预裂程度、持载情况等因素对加固梁性能的影响。试验结果表明,加固梁承载力获得了相应提高,刚度得到加强,裂缝发展得到了有效延迟,加固效果明显;加固方式、钢绞线网端部固定螺栓的数量、预裂程度以及持载情况的改变对加固梁性能会产生较大影响。

4.1 加固梁抗弯试验概况

采用高强钢绞线网-聚合物砂浆加固技术,以某大桥抗弯加固为背景,进行抗弯加固梁承载力及破坏机理的试验研究。

4.1.1 试验梁的设计与制作

抗弯加固试件按某大桥设计资料[1]进行设计,基本参数见表 4-1。同时考虑尺寸效应,采用缩尺比例为横截面 1:2,跨长 1:3 的大比例模型。原桥加固设计见图 4-1,原桥 T 形梁配筋见图 4-2,试件截面尺寸及配筋见图 4-3。

某大桥基本参数 表 4-1

桥 型	装配式简支 T 型梁桥	设计荷载	汽车-20/挂车-100
全长	140m	加固后设计荷载	汽车-超 20/挂车-120
孔数	7孔	建成时间	1986 年
跨径	20m	外观检查	一般
桥面宽度	11.4m	技术状况评定	3 级

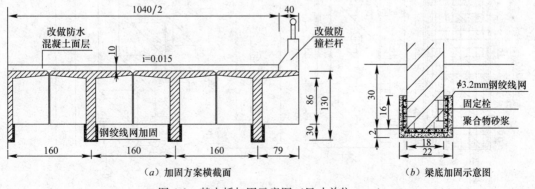

(a) 加固方案横截面　　　(b) 梁底加固示意图

图 4-1　某大桥加固示意图(尺寸单位:cm)

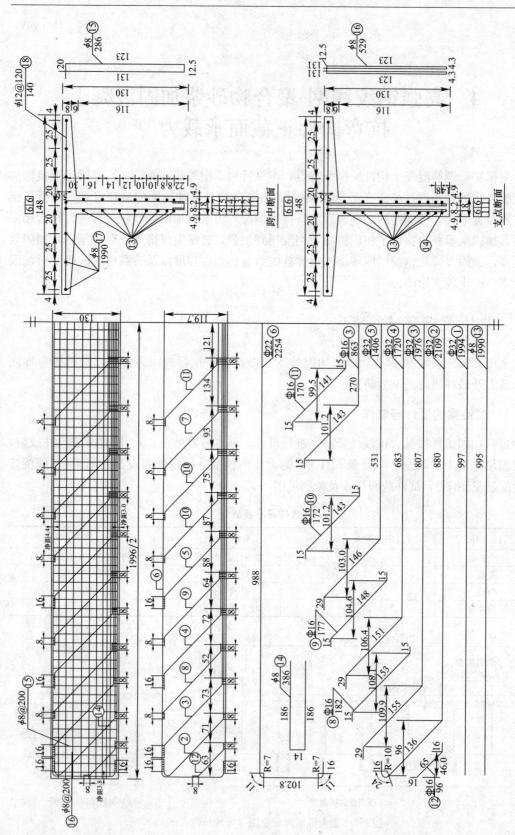

图 4-2 T 形梁原截面尺寸及配筋（尺寸单位：cm）

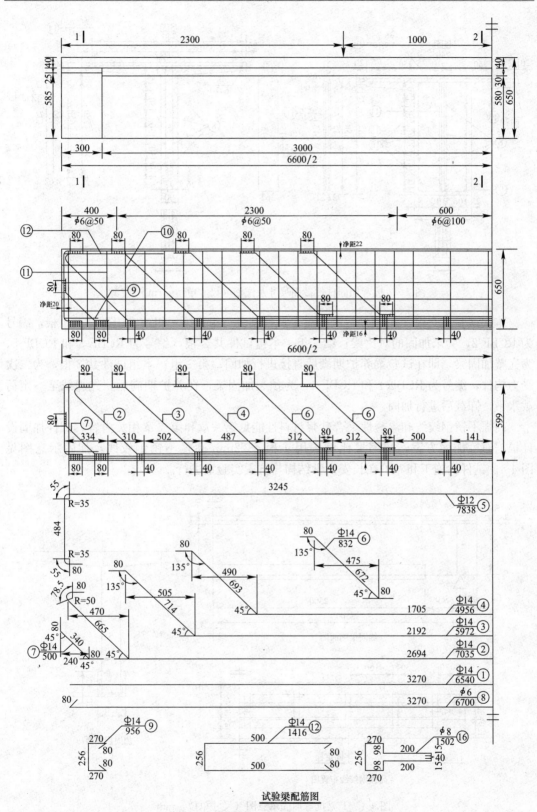

试验梁配筋图

图 4-3 抗弯加固试件截面尺寸及配筋（尺寸单位：cm）（一）

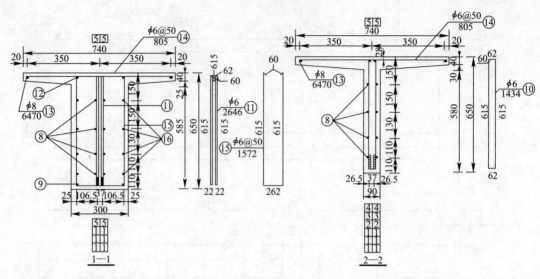

图 4-3 抗弯加固试件截面尺寸及配筋（尺寸单位：cm）（二）

本次试验共 5 根 T 形钢筋混凝土梁，试件共分三组。第一组：本组试件共 1 根，编号为 RCBF-2，为未加固的对比梁；第二组：本组试件共 2 根，编号为 RCBF-3 和 RCBF-5，为完整加固梁，即在试验梁养护期满后直接进行加固；第三组：本组试件共 2 根，为二次受力构件，编号为 RCBF-1 和 RCBF-4，为预裂加固梁，在养护期满后，先加载至一定荷载水平，卸载后进行加固。

高强不锈钢绞线和渗透性聚合砂浆材料性能见第一章和第二章相关内容，试件加固设计根据原桥加固方案，按缩尺比例采用 4 根 $\phi 3.2$mm 高强不锈钢绞线，加固示意图见图 4-4。试件的施工和养护在长安大学结构与抗震实验室进行。

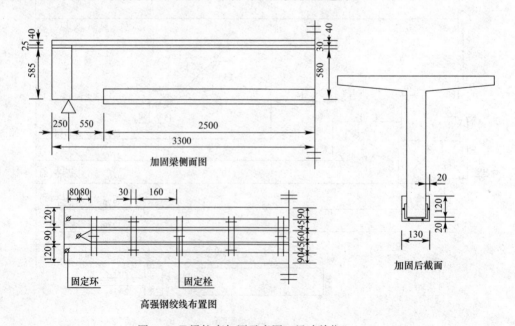

图 4-4 T 梁抗弯加固示意图（尺寸单位：mm）

　　试件制作及养护在长安大学结构与抗震实验室完成。混凝土采用碎石（粒径为 5mm～20mm）、中砂、32.5 级普通硅酸盐水泥；主筋、架立筋采用Ⅱ级螺纹钢筋，箍筋、分布筋采用Ⅰ级盘条钢筋。混凝土浇筑前在钢筋相应位置布置应变片，如图 4-5 所示。浇筑混凝土时预留混凝土立方体试块 150mm×150mm×150mm，并与试件采用同等条件空气养护，即覆盖麻布浇水养护。试件材料性能试验主要测试混凝土的强度和钢筋强度等指标。混凝土和钢筋材料强度如表 4-2 所示。

(a) 跨中　　　　　　　　　　　(b) 加载点

图 4-5　抗弯加固梁钢筋应变片布置图

抗弯加固试件材料强度　　　　　　　　　　　　　　　　表 4-2

混凝土强度		钢筋强度		
构件编号	强度（MPa）	直径（mm）	屈服强度（MPa）	极限强度（MPa）
RCBF-1 / RCBF-2	40.13	14	385.57	583.68
RCBF-3	25.57	12	450.81	719.18
RCBF-4	37.73	8	548.28	574.27
RCBF-5	23.14	6.5	553.17	579.08

4.1.2　试验量测

1. 试件安装

　　浇注混凝土之前在距梁端约 1.5m 处预埋吊环，以便试件吊装。试件一端采用固定铰支座，另一端采用滚动铰支座，支座下垫厚钢板，用水平尺找平。跨中加载用分配梁同样分别采用固定铰支座和滚动铰支座，并垫厚钢板，用水平尺找平。

2. 仪表安装

　　测点布置如图 4-6、图 4-7 所示。钢筋上的应变片采用预埋的方式，外包环氧树脂密封。由于钢绞线直径较小，而且截面光滑，无法直接焊接螺栓，因此用卡具夹住钢绞线，然后在夹具上焊接螺栓（见图 4-8）。试验时，把导杆引伸仪接到预埋的螺栓上进行钢绞线应变的测量。梁两端、跨中、加载点处位移计用三脚架固定。

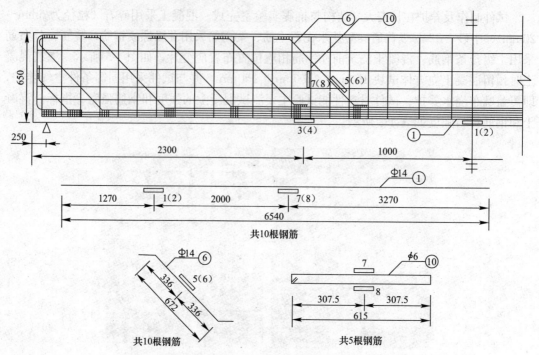

图 4-6 抗弯加固梁钢筋应变片布置示意图（尺寸单位：mm）

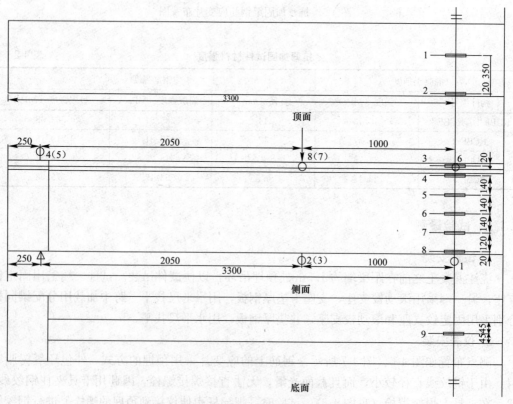

（a）对比梁（RCBF-2）混凝土、钢绞线及挠度测点布置图

图 4-7 T 梁混凝土、钢绞线及挠度测点布置图（尺寸单位：mm）（一）

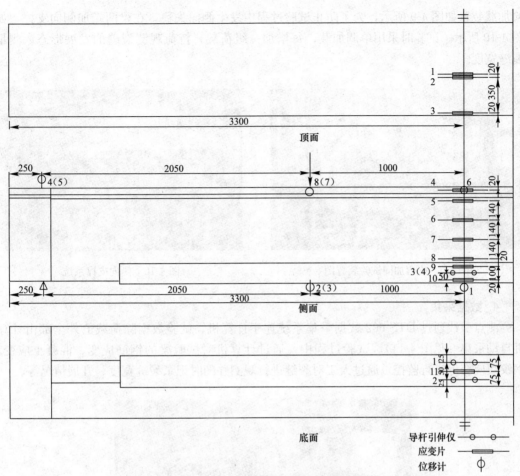

（b）加固梁（RCBF-1、RCBF-3~RCBF-5）混凝土、钢绞线及挠度测点布置图

图 4-7 T 梁混凝土、钢绞线及挠度测点布置图（尺寸单位：mm）（二）

图 4-8 钢绞线上的预埋夹具和螺栓

3. 加载方案

试件简支和跨中两点对称加载。纯弯段长度 2m，由一台 200t 油压千斤顶加载，荷载通过与千斤顶相连的传感器量测。千斤顶施加的荷载由分配梁直接作用在混凝土梁上。试

验加载装置如图4-9所示，为了防止试验过程中发生侧向失稳，在梁两端加侧向支撑，如图4-10所示。试验时采用单调加载，每增加一级荷载，持荷观测裂缝的发展形态，测量裂缝宽度。

　　　图4-9　抗弯加固试验装置图　　　　　　　　　图4-10　侧向支撑系统

4. 数据采集

测点引线通过DTS-602数据采集系统连于计算机，试验数据除荷载值外全部由计算机自动采集（见图4-11）。试验过程中，通过计算机对试验梁的钢筋应变、混凝土应变、钢绞线应变等进行监控；通过人工对裂缝进行观测并随时记录裂缝宽度、开展情况等。

图4-11　数据采集系统

4.2　加固梁抗弯性能试验分析

试验梁的主要试验结果如表4-3所示。其中M_c表示开裂弯矩；M_y表示屈服弯矩，即钢筋混凝土梁拉区钢筋屈服时的弯矩实测值；M_u表示极限弯矩，即钢筋混凝土梁试验过程中所能够测得的最大跨中弯矩值；Δ_y表示对应于M_y时的实测跨中挠度；Δ_u表示对应于M_u时的实测跨中挠度。由于混凝土强度的差异比较大，从表中数据无法直观地判断加固梁承载力的提高。构件最后发生混凝土压碎破坏，梁丧失承载力，极限承载力由混凝土强度控制。由于各梁混凝土强度的差异，极限承载力无法判断是否能够得到提高。

抗弯试验梁主要试验结果　　　　　　　　　　　　　　　表 4-3

试件编号	梁加固类型	M_c (kN·m)	M_y (kN·m)	M_u (kN·m)	Δ_y (mm)	Δ_u (mm)	M_u/M_y	Δ_u/Δ_y
RCBF-1	预裂加固梁	—	440.75	602.70	24.58	166.91	1.367	6.790
RCBF-2	对比梁	30.75	430.50	584.25	23.48	175.28	1.357	7.460
RCBF-3	完整加固梁	30.75	451.00	553.50	24.60	169.47	1.227	6.890
RCBF-4	预裂加固梁	—	420.25	603.72	21.35	199.87	1.436	9.360
RCBF-5	完整加固梁	41.00	399.75	512.50	25.00	145.30	1.282	5.812

4.2.1 抗弯加固梁破坏特征

RCBF-2 为对比梁，在达到极限状态的过程中，先是发生受拉区纵筋屈服，裂缝扩展明显，挠度增加较快，处于不稳定状态，最终以压区混凝土的压溃而破坏，属典型的适筋梁弯曲破坏形态。荷载为 30kN 时梁底部开裂，出现微细裂缝，宽度 0.02mm，肉眼可见；随着荷载增加，裂缝不断出现，且缓慢向上发展，荷载为 60kN 时，两端剪弯段出现斜裂缝；荷载为 90kN 时纯弯段裂缝宽度达到 0.1mm，新增裂缝很少，裂缝进入基本出齐阶段；荷载达到 210kN 时，梁体纯弯段混凝土裂缝宽度达到 0.2mm；加载至 300kN 时，两端剪弯段斜裂缝宽度达到 0.2mm，纯弯段混凝土裂缝宽度达到 0.25mm，且基本稳定在这一宽度范围；荷载为 330kN 时裂缝宽度达到 0.3mm，随后进入不稳定发展阶段，且迅速开展；随着嚛啪声，混凝土裂缝不断扩展，至破坏时纯弯段混凝土裂缝宽度达到 6.8mm，紧接着嘭一声巨响，梁跨中混凝土压碎。梁破坏面发生在跨中截面附近。

RCBF-3 为完整加固梁，破坏情况与适筋梁的破坏情况基本相同，纵向钢筋首先屈服，紧接着钢绞线被拉断，最终以压区混凝土压碎而宣告构件的彻底破坏。加载前，发现加固层砂浆出现分层现象，第二层抹灰与第一层抹灰在接触面发生开裂，并且表面出现收缩裂缝，如图 4-12 所示。荷载为 30kN 时梁底部开裂，出现肉眼可见微细裂缝；随着荷载增

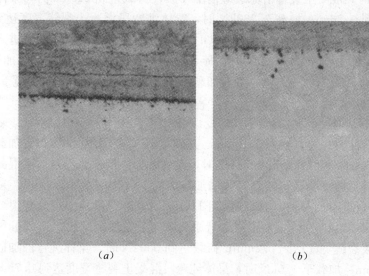

　　　　　　(a)　　　　　　　　　　　　　　　　　(b)

图 4-12　RCBF-3 梁初始裂缝

加，新增裂缝不断出现，且缓慢向上发展，荷载为 110kN 时纯弯段裂缝宽度达到 0.1mm，两端剪弯段出现斜裂缝，新增裂缝很少，裂缝进入基本出齐阶段；荷载达到 230kN 时，梁体纯弯段混凝土裂缝宽度达到 0.2mm；加载至 370kN 时，两端剪弯段斜裂缝宽度达到 0.2mm，纯弯段混凝土裂缝宽度达到 0.3mm，斜裂缝发展至翼缘板；荷载为 430kN 时裂缝宽度达到 0.35mm，随后进入不稳定发展阶段，随着噼啪声，混凝土裂缝不断扩展；荷载为 470kN 时，随着声响，梁底一根钢绞线被拉断，混凝土及聚合物砂浆开始剥落；荷载为 500kN 时，其他三根钢绞线全部被拉断；荷载为 540kN 时，随着嘭一声巨响，梁跨中混凝土压碎，裂缝最宽 5.4mm。梁破坏面发生在跨中截面附近。

RCBF-5 破坏情况与 RCBF-1 类似。加载前，加固层砂浆表面已出现收缩裂缝；荷载为 40kN 时梁底部开裂，出现肉眼可见微细裂缝；随着荷载增加，不断出现新裂缝，且缓慢向上发展，荷载为 80kN 时裂缝宽度达到 0.05mm，两端剪弯段出现斜裂缝；荷载为 110kN 时纯弯段裂缝宽度达到 0.1mm，裂缝发展至梁腹中部；荷载达到 230kN 时，梁体纯弯段混凝土裂缝宽度达到 0.2mm；加载至 350kN 时，纯弯段混凝土裂缝宽度达到 0.3mm，随后进入不稳定发展阶段，随着噼啪声，混凝土裂缝不断扩展；荷载为 470kN 时，随着声响，梁底一根钢绞线被拉断，随后其他钢绞线陆续被拉断，混凝土及加固砂浆开始剥落；荷载为 500kN 时，伴随着一声巨响，梁右加载点附近混凝土压碎，裂缝最宽达 5mm。梁破坏面发生在右加载点附近。

RCBF-1 为预裂加固梁，加固前进行了预加载，预加载采用裂缝与钢筋应变综合控制，当钢筋应变达到 $1323u\varepsilon$ 时停止预加载而进行加固，此时裂缝宽度为 0.15mm。其破坏情况与适筋梁的破坏情况基本相同，纵向钢筋首先屈服，紧接着钢绞线被拉断，最终压区混凝土压碎而宣告构件的彻底破坏。加载前，加固层砂浆表面发现收缩裂缝，荷载为 30kN 时，预埋螺栓处砂浆开裂；荷载为 50kN 时，梁底部加固层砂浆沿本体梁混凝土裂缝处开裂，出现肉眼可见微细裂缝；随着荷载增加，加固层砂浆裂缝不断出现，裂缝间距均匀，混凝土裂缝宽度不断增加，当荷载达到 90kN 时纯弯段加固层砂浆裂缝宽度达到 0.1mm；荷载达到 170kN 时，混凝土裂缝沿原裂缝向上发展；荷载达到 210kN 时，梁体纯弯段混凝土裂缝宽度达到 0.2mm；加载至 330kN 时，梁体纯弯段混凝土裂缝宽度达到 0.3mm，两端剪弯段斜裂缝不断增加；荷载为 430kN 时裂缝宽度达到 0.5mm，随后进入不稳定发展阶段，且迅速开展；荷载为 510kN 时，随着声响，梁底钢绞线被拉断，加固层剥离；荷载为 588kN 时，随着嘭的一声响，梁右加载点附近混凝土压碎，裂缝最宽 5.5mm，破坏面发生在右加载点附近。

RCBF-4 预加载同样采用裂缝与钢筋应变综合控制，当钢筋应变达到 $1339u\varepsilon$ 时停止预加载而进行加固，此时裂缝宽度为 0.12mm。其破坏情况与 RCBF-3 类似。加载前，加固层砂浆表面已出现收缩裂缝；荷载为 30kN 时，梁底部加固层砂浆沿本体梁混凝土裂缝处开裂，出现肉眼可见微细裂缝；随着荷载增加，加固层砂浆裂缝不断出现，裂缝间距均匀，混凝土裂缝宽度不断增加，当荷载达到 110kN 时，纯弯段加固层砂浆裂缝宽度达到 0.1mm；荷载达到 150kN 时，混凝土裂缝沿原裂缝向上发展；荷载达到 210kN 时，梁体纯弯段加固层砂浆裂缝宽度达到 0.2mm；荷载达到 350kN 时，梁体纯弯段加固层砂浆裂缝宽度达到 0.3mm；加载至 430kN 时，梁体纯弯段混凝土裂缝宽度达到 0.7mm，裂缝不稳定发展，随着噼啪声，混凝土裂缝迅速扩展；荷载为 480kN 时，随着声响，梁底钢绞线被拉断，加固层剥离；荷载为589kN时，随着嘭一声巨响，梁左加载点附近混凝土压碎，裂缝最宽6.1mm，破坏面发生在跨中左加载点附近。

试验梁荷载-跨中挠度曲线见图4-13和图4-14。弯曲特性大致可以分为三个阶段，各阶段工作性能如下。

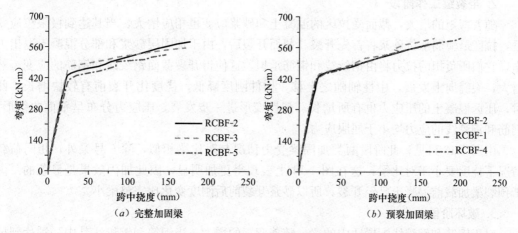

（a）完整加固梁　　　　　　　　　　（b）预裂加固梁

图4-13　弯矩-跨中挠度曲线

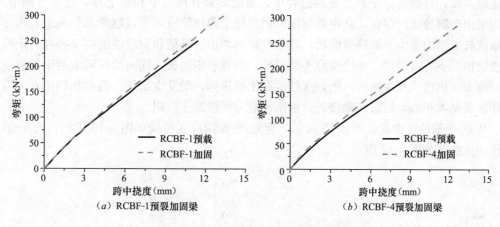

（a）RCBF-1预裂加固梁　　　　　　（b）RCBF-4预裂加固梁

图4-14　弯矩-跨中挠度曲线局部放大

1. 弹性工作阶段

受荷初期，中性轴在截面中间，钢筋和钢绞线的弹性模量远大于混凝土的弹性模量，为保持梁轴方向力的平衡，随荷载的增加，中性轴逐渐下移。此阶段拉区砂浆边缘的应变小于极限拉应变，构件的工作状态基本上是弹性的，加固构件拉压区的应力均呈三角形。由于此阶段，中性轴要下移，而据平截面假定，中性轴的下移要减小受拉区砂浆的应变，这种应变减小量抵消了一部分拉区砂浆因荷载增加而增加的应变量，使受拉区混凝土和砂浆的应变增长均减缓，从而提高加固梁的开裂荷载。

由图4-13可见，完整加固梁受力同未加固的普通钢筋混凝土梁相似；预裂加固梁由于进行了预加载，混凝土已经发生开裂，只是加固层砂浆未开裂，故其弹性工作阶段要比

Ⅰ类加固梁短，截面刚度要低，但是差距不很大，整个构件依然处于弹性工作阶段。从图4-14预裂梁加固前后荷载-挠度对比可见，1号梁在此阶段基本重合，4号梁加固后在相同荷载情况下挠度要小于预加载时的挠度，这充分说明了加固效果的显著性，加固使得预裂梁刚度得以恢复并有所提高。

2. 带裂缝工作阶段

随着弯矩的增大，截面受拉区的混凝土和砂浆应变也相应增大，当其达到极限拉应变后，拉区最薄弱部位砂浆将首先开裂。截面开裂后，由于加固层砂浆和部分混凝土退出工作，它们所负担的拉力将由钢绞线和钢筋承担，这使得开裂截面钢绞线和钢筋的应变突然增大，裂缝向上发展，中性轴随之上移，构件刚度降低，挠度比开裂前有较快增长。此时，压区混凝土的压应力也有所增长，塑性变形进一步发展，压应力分布呈平面曲线形，钢筋和钢绞线的应力均小于屈服应力。

由图4-13可见，此阶段两类加固梁受力情况与对比梁相似，除5号梁外，相同荷载情况下挠度要小于对比梁，这在图4-14上表现得更加明显，因此加固效果是显著的。由于预裂梁加载前混凝土已经开裂，所以砂浆开裂前后刚度变化比完整梁小。

3. 破坏阶段

对于钢筋和钢绞线配置适中的梁，随着弯矩的增大，当钢筋和钢绞线其中一种达到抗拉强度极限，则梁进入破坏阶段。由图4-13可见，此阶段对于未加固梁，钢筋屈服后进入流幅阶段，在钢筋应变急剧发展过程中，裂缝显著开展，中和轴上移，变形急剧增大。加固梁由于钢绞线的存在，且钢筋屈服时仍然处于弹性阶段，可以继续承受荷载，刚度下降幅度较未加固梁小。钢筋屈服后，随着弯矩的增加，钢筋和钢绞线的应变将在弯矩基本不变的情况下持续增加，塑性变形不断延伸，裂缝急剧增长，同时受压区混凝土的应变也急剧增大。钢绞线被拉断后不久，压区混凝土被压碎，梁发生破坏。两类加固梁在此阶段破坏特征基本相似，屈服荷载接近，极限承载力受混凝土控制。

弯矩-钢筋应变曲线如图4-15所示，弯矩-钢绞线应变曲线如图4-16所示，弯矩-混凝土压应变曲线如图4-17所示。

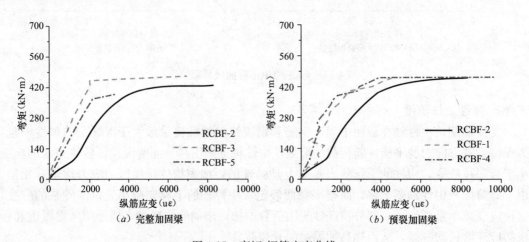

（a）完整加固梁　　　　　　　（b）预裂加固梁

图 4-15 弯矩-钢筋应变曲线

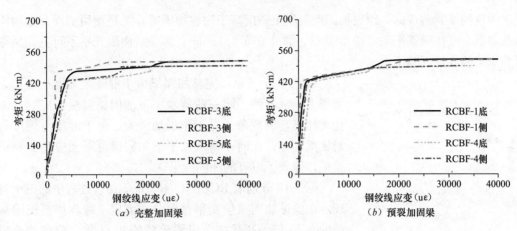

图 4-16 弯矩-钢绞线应变曲线

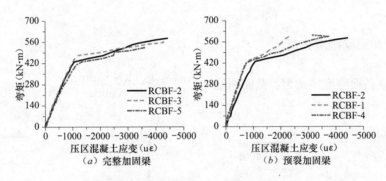

图 4-17 加固梁截面应变分布图

从图 4-15 可以看出，加固方式对钢筋应变的发展起着重要的作用。完整加固梁钢筋应变在受力初期由于钢绞线、钢筋、加固砂浆以及混凝土共同受力，从而使得钢筋应变在加载初期增长较为缓慢；预裂加固梁钢筋应变在受力初期由于拉区混凝土已经退出工作，从而使得钢筋应变的增长比完整加固梁快，但仍然比对比梁慢得多。相同弯矩作用下钢筋应变见表 4-4，由此可见，相同荷载作用下，对比梁钢筋应变远远大于两类加固梁，加固效果明显。

相同荷载作用下抗弯加固梁钢筋应变值 表 4-4

跨中弯矩 (kN·m)	RCBF-1		RCBF-2		RCBF-3		RCBF-4		RCBF-5	
	应变 (uε)	降低量 (%)	应变 (uε)	降低量 (%)	应变 (uε)	降低量 (%)	应变 (uε)	降低量 (%)	应变 (uε)	降低量 (%)
100	878	32.5	1301	—	340	73.9	460	64.6	522	59.9
200	789	58.6	1905	—	793	58.4	779	59.1	1085	43.0
300	2388	14.7	2801	—	1277	54.4	2814	-0.5	1693	39.6
400	屈服	—	屈服	—	1854	—	屈服	—	屈服	—

从图 4-16 可以看出，加固梁底面钢绞线应变比侧面钢绞线发展要快，预裂加固梁由于加载初期混凝土已经退出工作，所以钢绞线应变发展应比完整加固梁快，但由图可见，预裂加固梁钢绞线应变发展却比完整加固梁慢。出现这种情况的原因主要有两点：一是混

凝土强度的差异造成的，预裂加固梁混凝土强度高于完整加固梁；二是预裂加固梁加固前荷载较低，底排钢筋平均应变 1329με，裂缝宽度 0.15mm，卸载后肉眼几乎不可见，裂缝对整个梁的性能影响不大。

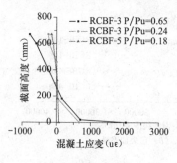

图 4-18   弯矩-混凝土
压应变曲线

由图 4-17 可见，完整加固梁由于混凝土强度比对比梁低得多，故导致了同一荷载水平下加固梁混凝土应变反而比对比梁高的现象。对于预裂加固梁，由于混凝土强度与对比梁相似，在同一荷载水平下加固梁混凝土应变比对比梁低，体现了应有的加固效果。

图 4-18 分别取 RCBF-3、RCBF-5 加载过程中的三个特征点来验证加固梁应变平截面分布假定：荷载加至极限荷载的 0.18 倍、荷载加至极限荷载的 0.24 倍、荷载加至极限荷载的 0.65 倍。由图可见，加固梁截面应变基本符合平截面假定。

4.2.2   抗弯加固梁刚度分析

将图 4-19 截面刚度定义为：截面刚度$=\dfrac{\text{截面弯矩（kN·mm）}}{\text{跨中挠度（mm）}}$。

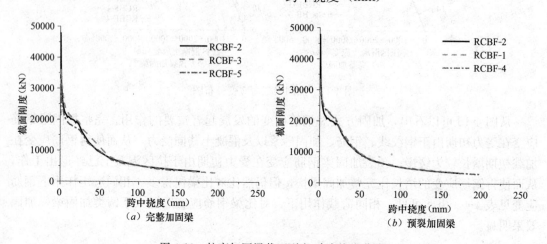

（a）完整加固梁   （b）预裂加固梁

图 4-19   抗弯加固梁截面刚度-跨中挠度曲线

由图 4-19 可见，对于完整加固梁而言，3 号梁的截面刚度大于对比梁的截面刚度，5 号梁的刚度低于对比梁，这主要是两者混凝土强度的差异造成的。当构件屈服后，两根梁的刚度与对比梁基本相同。由于混凝土强度的差异，加固梁刚度增大不明显。考虑到随混凝土强度的提高，梁承载力提高，加固梁的刚度必将大于对比梁。

对于预裂加固梁，加载前存在初始裂缝，所以在加载初期，刚度小于对比梁，但随荷载增加，其刚度很快超过对比梁，直至屈服前 1 号梁和 4 号梁截面刚度均大于对比梁，加固对原梁刚度提高的影响非常显著；屈服后，加固梁刚度略微大于对比梁。整个阶段加固梁刚度变化比对比梁稳定。与完整加固梁相比，由于预裂加固梁在加固前已经开裂，刚度应比完整加固梁低，加固后其刚度提高幅度比完整加固梁明显。正常使用阶段加固梁刚度提高值见表 4-5。

抗弯加固梁使用阶段特征挠度对应的弯矩值 表 4-5

跨中挠度	RCBF-1		RCBF-2		RCBF-3		RCBF-4		RCBF-5	
	弯矩 (kN·m)	提高值 (%)	弯矩 (kN·m)	提高值 (%)	弯矩 (kN·m)	提高值 (%)	弯矩 (kN·m)	提高值 (%)	弯矩 (kN·m)	提高值 (%)
$L/1500$	105.4	7.8	97.8	—	106.0	8.4	103.4	5.7	88.2	−9.8
$L/1000$	150.4	11.7	134.6	—	143.0	6.2	146.8	9.1	121.2	−10.0
$L/700$	206.2	13.8	181.2	—	191.4	5.6	202.8	11.9	163.6	−9.7
$L/500$	279.0	12.2	248.6	—	253.2	1.9	274.6	10.5	218.8	−12.0
$L/300$	418.4	7.2	390.4	—	390.4	0.0	408.8	4.7	341.6	−12.5

加固梁刚度的增加与钢绞线的用量有显著关系，随钢绞线用量的增加，梁刚度提高量必然增加。梁屈服后刚度增加不明显主要是因为钢绞线用量少，并且已被拉断，加固对梁后期刚度增加已不起作用。

梁截面刚度提高主要有以下两个原因：

（1）20mm 厚的聚合物砂浆加固层增大了梁截面面积，从而提高了梁的截面刚度，从图 4-14 和图 4-19 中可明显看出两类梁刚度的提高。

（2）高强不锈钢绞线网的存在，起着与受拉钢筋相同的作用，相当于增加了受拉区钢筋的截面积，从而对梁刚度的提高起到了很大作用。

4.2.3 抗弯加固梁裂缝分析

对比梁 RCBF-2 破坏形态如图 4-20 所示，属于典型的弯曲破坏形态，裂缝平均间距为 117.6mm。破坏时裂缝底部呈树根状，拉区纵向钢筋屈服，压区混凝土压碎、钢筋压弯。

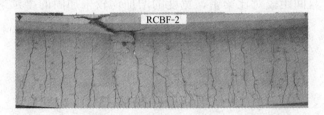

图 4-20 RCBF-2 梁破坏裂缝示意图

完整加固梁典型破坏形态如图 4-21 和图 4-22 所示，由图可见，钢绞线在跨中位置被拉断，聚合物砂浆剥落，同时咬下大量混凝土。图 4-21 中，梁底纵筋已外露，说明聚合

图 4-21 RCBF-3 梁破坏裂缝示意图

物砂浆与混凝土之间粘结良好。同时，由图 4-22 可见，在加固层与梁本体交界面处一段砂浆层发生脱离，加固层脱落。整个破坏过程为拉区钢筋首先发生屈服，接着钢绞线拉断，同时砂浆层剥离、掉落、原混凝土被砂浆咬下，最后压区混凝土压碎，承载力丧失。

图 4-22　RCBF-5 梁破坏裂缝示意图

对于完整加固梁，加固后梁的最终破坏裂缝有如下特点：主要裂缝条数比对比梁多，裂缝间距比对比梁小（3 号梁裂缝平均间距为 107.1mm，5 号梁裂缝平均间距为 116.4mm），裂缝最宽开裂宽度比对比梁小，裂缝底部均呈树根状，且间距较对比梁密。从裂缝出现的过程来看，加固后梁裂缝的出现、宽度的增加均较未加固的梁延迟。这说明，采用高强不锈钢绞线网对钢筋混凝土 T 形梁进行加固可有效降低裂缝宽度，并延迟裂缝的出现。

预裂加固梁裂缝分布如图 4-23 和图 4-24 所示，图中蓝色为预加载产生的初始裂缝，红色为加固后试验中产生的裂缝。由图可见，加固后主要是沿初始裂缝处首先发生砂浆加固层开裂，初始裂缝宽度增加，然后沿初始裂缝向梁压区发展，同时新裂缝不断产生并发展。与对比梁相比，主要裂缝条数比对比梁多，裂缝间距比对比梁小（1 号梁裂缝平均间距为 113.8mm，5 号梁裂缝平均间距为 110.7mm），裂缝最宽开裂宽度比对比梁小，裂缝底部均呈树根状，且间距较对比梁密，宽度的增加均较未加固的梁延迟。与初始裂缝相

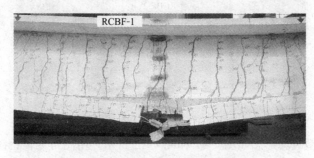

图 4-23　RCBF-1 梁破坏裂缝示意图

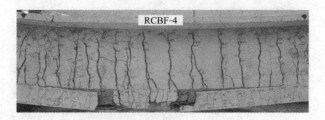

图 4-24　RCBF-4 梁破坏裂缝示意图

比，裂缝发展至相同高度时，荷载等级大大提高，裂缝进入不稳定发展阶段的宽度比对比梁和完整加固梁要小。

两类加固构件的破坏过程中，在钢绞线拉断前，虽然加固层砂浆开裂，但没有出现剥离、掉落现象；而在钢绞线拉断前后的瞬间，加固层大量砂浆迅速与混凝土发生剥离、掉落。由图 4-25 和图 4-26 可见，两类加固梁均未出现砂浆层滑移和钢绞线滑移现象，钢绞线与砂浆、砂浆与混凝土之间粘结良好。两类梁特征裂缝宽度处荷载水平如下表 4-6 所示，弯矩-裂缝开展曲线如图 4-27 所示。根据表中数据，当裂缝宽度一定时，完整加固梁荷载水平要比预裂加固梁高，且二者均高于对比梁，加固措施有效地限制了裂缝的发展；反之，在同样荷载水平下，完整加固梁裂缝宽度比预裂加固梁小，两类加固梁裂缝宽度均比对比梁小。

图 4-25 砂浆-混凝土剥离图

图 4-26 砂浆-钢绞线剥离图

抗弯加固梁特征裂缝宽度处荷载水平　　　　　　　　　　表 4-6

试件编号			特征裂缝宽度（mm）		平均裂缝间距（mm）	最大裂缝宽度（mm）
			0.2	0.3		
RCBF-1	预裂加固	$M(kN \cdot m)$	215.25	338.25	113.8	5.5
		M/M_u	0.357	0.561		
RCBF-2	对比梁	$M(kN \cdot m)$	215.25	338.25	117.6	6.8
		M/M_u	0.368	0.579		
RCBF-3	完整加固	$M(kN \cdot m)$	235.75	379.25	107.1	5.4
		M/M_u	0.426	0.685		
RCBF-4	预裂加固	$M(kN \cdot m)$	215.25	358.75	110.7	6.1
		M/M_u	0.356	0.595		
RCBF-5	完整加固	$M(kN \cdot m)$	235.75	358.75	116.4	5.0
		M/M_u	0.460	0.700		

分析图 4-21～图 4-24 可知，加固层与梁体之间的破坏表现为三种形态并存：第一种是在加固层与梁界面处剥离，加固层脱落；第二种是加固层在剥离时咬下梁底边缘大片混凝土，梁体钢筋保护层随着加固层一起剥落，受拉钢筋露出；第三种是第一、二种破坏形态同时存在一根构件上。

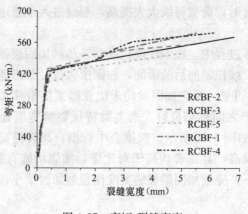

图 4-27 弯矩-裂缝宽度

4.3 加固梁抗弯性能有限元参数分析

在试验研究的基础上，借助 ANSYS 有限元程序对影响加固承载力的各因素进行参数分析，主要考虑混凝土强度、配筋率、钢绞线用量、持载程度等对抗弯加固的影响。

4.3.1 抗弯加固梁有限元模型

以 4.2 节抗弯加固 T 梁试验数据为基础，建立合理的抗弯加固有限元模型，进行数值分析。有限元模型单元选择如下：混凝土采用 SOLID65 单元，Willian-Warnke 五参数破坏准则；纵筋采用 LINK8 单元，多线性随动强化模型（KINH）；箍筋及其他钢筋采用 LINK8 单元，双线性随动强化模型（BKIN）；支座及垫板均采用 SOLID45 单元，双线性随动强化模型（BKIN）。混凝土单轴抗压本构关系曲线采用 Hongnestad 模型[2]，数学表达式见式（3-26）和图 3-36（a）。不同的是，此处根据有限元试算将 Hongnestad 模型下降段改为水平段，极限应变 ε_u 取为 0.0035，与 Rüsch 模型相同，但 ε_0 不同。箍筋、分布筋、支座及垫板的本构关系曲线采用弹性强化模型，数学表达式见式（3-27）和图 3-36（b）。纵筋本构关系曲线采用弹塑性强化模型，数学表达式见式（4-1）和图 4-28。根据抗弯加固梁试验测试，完整加固梁和预裂加固梁试验破坏过程基本相似，有限元分析将其均视为完整加固进行模拟，模型对应编号 FEMF-J。加固钢绞线直径 $\phi3.2$，单元选择同纵筋，应力-应变关系曲线采用实测曲线，见图 2-7。

$$\left.\begin{array}{ll}\sigma_s = E_s\varepsilon_s & 0 < \varepsilon_s \leqslant \varepsilon_y \\ \sigma_s = f_y & \varepsilon_y < \varepsilon_s \leqslant \varepsilon_{s,h} \\ \sigma_s = f_y + (\varepsilon_s - \varepsilon_{s,h})E_s' & \varepsilon_{s,h} < \varepsilon_s \leqslant \varepsilon_{s,u}\end{array}\right\} \tag{4-1}$$

由于此次 T 梁抗弯加固试验中钢绞线拉断，没有发现明显的剥离破坏对整个梁起控制作用，且 ANSYS 中 COMBIN39 单元不支持生死功能，无法用于模拟二次受力加固梁。故此处假设加固层粘结良好，不会发生局部剥离破坏，1/4 有限元模型见图 4-29 和图 4-30。

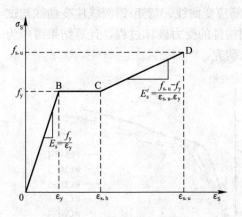

图 4-28　纵筋应力-应变曲线

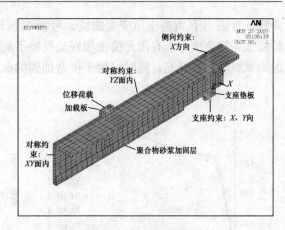

图 4-29　抗弯加固梁有限元模型

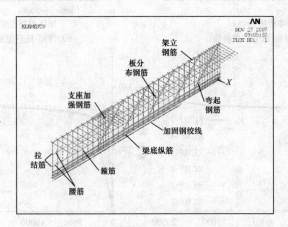

图 4-30　抗弯加固梁钢筋有限元模型

4.3.2　抗弯加固梁试验及有限元对比分析

T 形梁抗弯加固 ANSYS 有限元模拟结果如表 4-7 所示。由表中数据可见，有限元计算结果与加固梁试验平均值符合良好，除钢绞线拉断时挠度值相差较大外，其他特征值的误差均在 5% 以内，且除极限荷载外，误差均不大于 1%。

抗弯加固梁 ANSYS 计算值与试验值对比表　　　　　　表 4-7

试件编号	屈服荷载 (kN・m)	钢绞线拉断荷载 (kN・m)	极限荷载 (kN・m)	屈服时挠度 (mm)	钢绞线拉断挠度 (mm)	极限挠度 (mm)
RCBF-3	451.00	512.50	553.50	24.60	86.52	169.47
RCBF-5	399.75	481.75	512.50	25.00	84.90	145.30
RCBF-1	440.75	522.75	602.70	24.58	98.47	166.91
RCBF-4	420.25	492.00	603.72	21.35	78.93	199.87
FEMF-J	436.00	512.83	598.57	24.55	101.50	180.43
与试验均值的误差	−0.30%	0.74%	2.03%	−0.71%	16.4%	0.94%

有限元计算曲线与试验曲线对比见图 4-31。由图可见，有限元计算的弯矩-跨中挠度

曲线、弯矩-压区混凝土压应变曲线、弯矩-拉区钢筋应变曲线、弯矩-钢绞线应变曲线与试验曲线均符合良好，有限元模型很好地反映了加固构件的受力破坏过程，计算结果可作为加固试验的有益补充，同时可用于抗弯加固的深入研究。

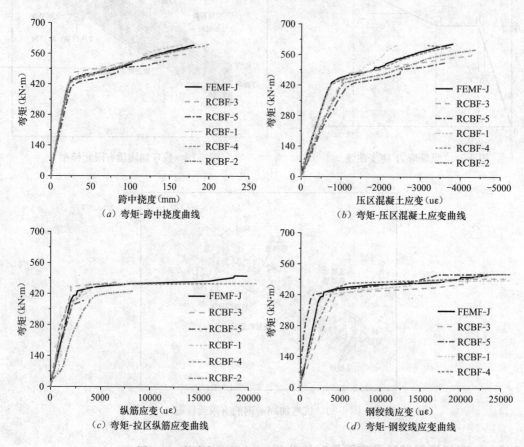

图 4-31 抗弯加固梁有限元计算值与试验对比曲线

4.3.3 混凝土强度对加固性能的影响

混凝土强度参数模型中混凝土强度采用表 4-2 测得的 25.57MPa 和 40.13MPa 以及假定的 50.00MPa 三个强度等级，钢筋设置与试验梁完全相同，配筋率 3.16%，加固钢绞线数量为 16 根，跨中两点对称加载。有限元模型加固计算结果见表 4-8。

混凝土强度对抗弯加固的影响计算表   表 4-8

试件编号	屈服荷载 (kN·m)	钢绞线拉断荷载 (kN·m)	极限荷载 (kN·m)	屈服时挠度 (mm)	钢绞线拉断挠度 (mm)	极限挠度 (mm)
FEMF-25	436.58	—	589.04	24.81	—	111.85
FEMF-40	440.12	607.38	660.26	24.18	105.76	157.70
FEMF-50	442.74	602.23	686.22	24.53	106.47	188.39

由表 4-8 可见，加固构件屈服荷载非常接近，随混凝土强度提高略有增长，此时挠度

值同样非常接近；但混凝土强度最低的构件在加固钢绞线没有发生拉断之前混凝土即达最大抗压强度而破坏，后两者钢绞线的拉断荷载、挠度均非常接近；混凝土破坏时梁极限承载力随混凝土强度提高而增大，以混凝土强度 25.57MPa 的构件为参考，极限承载力提高幅度分别为 12.09％和 16.50％，随混凝土强度增长极限承载力增幅降低，极限挠度增长的趋势与构件极限承载力增长趋势相同，分别为 41.13％和 68.43％。

不同混凝土强度的加固梁有限元计算曲线如图 4-32 所示。由图 4-32（a）弯矩-跨中挠度曲线可见：不同混凝土强度的加固构件跨中挠度随荷载增长的发展趋势基本相同，只是破坏先后有差距。同样，由图 4-32（c）、（d）可见，钢绞线和钢筋的应变发展趋势也基本一致，曲线几乎重合，但破坏时最大应变随混凝土强度提高而增大。相同荷载作用下混凝土应变的增长随混凝土强度提高而减缓，强度最高的构件发生最终破坏时承载力最高。

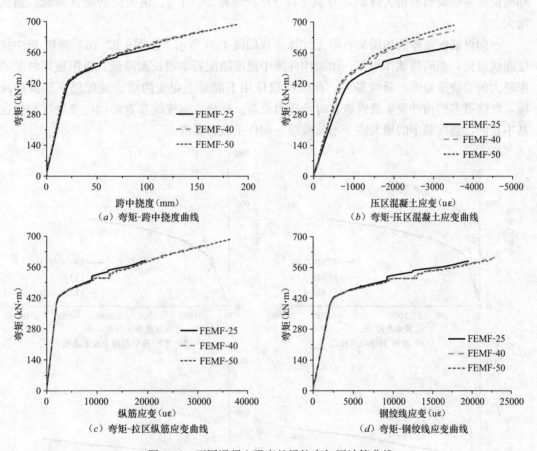

图 4-32　不同混凝土强度的梁抗弯加固计算曲线

4.3.4　原梁纵筋配筋率对加固性能的影响

纵筋配筋率参数模型中混凝土强度采用表 4-2 中强度为 40.13MPa 的混凝土，纵筋配筋率分别为 2.11％、3.16％、4.21％，加固钢绞线数量为 16 根，跨中两点对称加载。有限元模型加固计算结果见表 4-9。

原梁配筋率对抗弯加固的影响计算表　　　　　　　　　表 4-9

试件编号	屈服荷载 (kN·m)	钢绞线拉断荷载 (kN·m)	极限荷载 (kN·m)	屈服时挠度 (mm)	钢绞线拉断挠度 (mm)	极限挠度 (mm)
FEMF-2.11	301.14	449.07	509.80	19.90	112.84	191.77
FEMF-3.16	440.12	607.38	660.26	24.18	105.76	157.70
FEMF-4.21	555.52	731.47	766.28	24.31	115.98	141.90

由表 4-9 可见，纵筋配筋率对加固构件承载力发展趋势影响非常明显：以配筋率为 2.11％的构件为参考，屈服荷载分别提高 46.15％和 84.47％，屈服挠度分别提高 21.51％和 22.16％；钢绞线拉断荷载随配筋率提高分别增长 35.25％和 62.89％，但挠度较为接近；混凝土破坏时梁极限承载力随配筋率提高分别增长 29.51％和 62.78％，但极限挠度却随配筋率提高而有很大降低，分别下降 17.77％和 26.01％，说明梁的延性降低，脆性增大。

不同纵筋配筋率的加固梁有限元计算曲线如图 4-33 所示。由图 4-33（a）弯矩-跨中挠度曲线可见：相同荷载作用下，加固构件跨中挠度随配筋率增长而降低，极限破坏时配筋率最大的梁挠度最低，延性最差。相同荷载作用下混凝土应变的增长随配筋率提高而减缓，纵筋最多的构件发生最终破坏时承载力最高。同样，钢绞线和钢筋的应变发展趋势也基本相同，随配筋率的增大应变增长减缓，构件承载力提高。

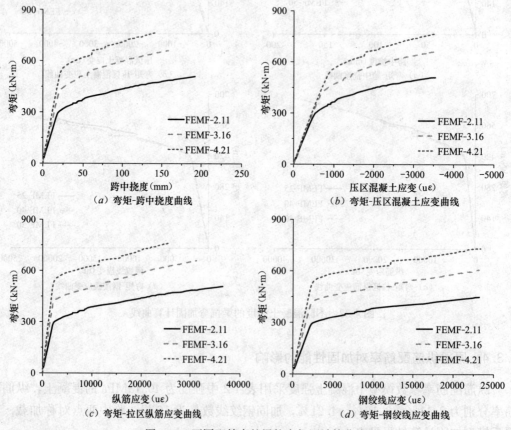

（a）弯矩-跨中挠度曲线　　　　　　　（b）弯矩-压区混凝土应变曲线

（c）弯矩-拉区纵筋应变曲线　　　　　　（d）弯矩-钢绞线应变曲线

图 4-33　不同配筋率的梁抗弯加固计算曲线

4.3.5　钢绞线用量对加固性能的影响

钢绞线用量参数模型中混凝土强度采用表 4-2 中强度为 40.13MPa 的混凝土,纵筋配筋率 3.16%,加固钢绞线数量分别为 4 根、8 根、16 根和 24 根,跨中两点对称加载。有限元模型加固计算结果见表 4-10。

钢绞线用量对抗弯加固的影响计算表　　　　　表 4-10

试件编号	屈服荷载 (kN·m)	钢绞线拉断荷载 (kN·m)	极限荷载 (kN·m)	屈服时挠度 (mm)	钢绞线拉断挠度 (mm)	极限挠度 (mm)
FEMF-4	436.00	512.83	598.57	24.55	101.50	180.43
FEMF-8	442.55	552.98	613.13	24.33	105.07	170.09
FEMF-16	440.12	607.38	660.26	24.18	105.76	157.70
FEMF-24	442.44	630.11	679.16	23.27	117.62	165.38

由表 4-10 可见,钢绞线用量对加固构件承载力发展的影响主要表现在构件屈服后,其屈服强度略有提高,主要是纵筋用量较多,对构件屈服强度起着控制作用。以钢绞线用量为 4 根的构件为参考,钢绞线拉断荷载随用量提高分别增长 7.83%、18.44% 和 22.87%,挠度提高为 3.52%、4.20% 和 15.88%;最终混凝土压碎破坏时梁极限承载力随配筋率提高分别增长 2.43%、10.31% 和 13.46%,但极限挠度却随配筋率提高而有所降低,分别下降 5.73%、12.60% 和 8.34%,说明梁的延性有所降低,脆性增大。

不同钢绞线用量的加固梁有限元计算曲线如图 4-34 所示。由图中曲线可见:不同钢绞线用量的加固梁屈服前荷载-挠度、荷载-混凝土应变、荷载-钢筋应变、荷载-钢绞线应变曲线基本重合,这主要是由于 T 梁自身纵筋配筋较多,纵筋的屈服对梁的屈服起控制作用;梁屈服后,相同荷载作用下,加固构件跨中挠度随钢绞线用量增长而降低,极限破坏时钢绞线用量最大的梁挠度最小,延性最差;混凝土、钢筋和钢绞线的应变发展趋势也基本相同,相同荷载作用下随钢绞线用量的增大而增长减缓,加固构件的钢绞线拉断荷载、极限承载力均随钢绞线用量增大而提高。

4.3.6　二次受力对加固性能的影响

根据第三章试验分析,完整梁加固与预裂梁卸载加固性能非常接近,此处仅考虑持载程度对构件加固性能的影响。有限元模型混凝土强度采用表 4-2 中强度为 40.13MPa 的混凝土,纵筋配筋率 3.16%,加固钢绞线数量分别为 4 根、8 根、16 根,跨中两点对称加载。持载程度分别为加载点挠度 5mm、10mm、20mm、30mm 四种,其中前两种梁加固前未屈服,后两种梁加固前已发生屈服。持载加固这一受力过程通过 ANSYS 中单元生死功能实现:达到预加荷载前,将加固层的聚合物砂浆单元和高强钢绞线单元杀死,达到预加荷载后激活加固层单元。有限元模型加固计算荷载和挠度特征值分别见表 4-11 和表 4-12。

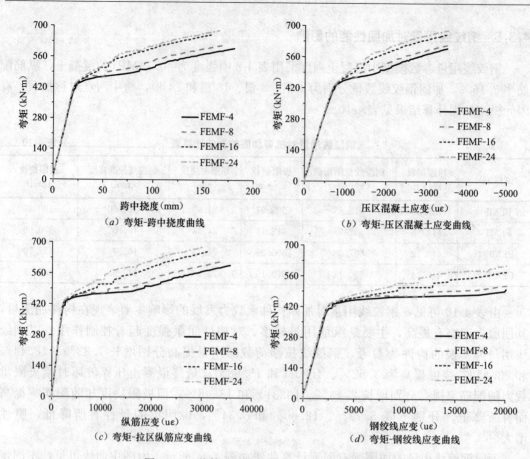

图 4-34 不同钢绞线用量的梁抗弯加固计算曲线

持载加固梁特征荷载对比表 表 4-11

试件编号	屈服荷载 (kN·m)	相对未持载梁的增幅(%)	钢绞线拉断荷载 (kN·m)	相对未持载梁的增幅(%)	极限荷载 (kN·m)	相对未持载梁的增幅(%)
FEMF-4-5	450.11	3.24	618.07	20.52	634.86	6.06
FEMF-4-10	450.12	3.24	619.00	20.70	637.02	6.42
FEMF-4-20	420.62	—	552.32	7.70	625.40	4.48
FEMF-4-30	420.87	—	598.85	16.77	627.99	4.92
FEMF-8-5	449.52	1.57	638.81	15.52	654.05	6.67
FEMF-8-10	448.27	1.29	635.07	14.86	653.64	6.61
FEMF-8-20	420.62		574.58	3.91	651.71	6.29
FEMF-8-30	420.89		617.08	11.59	643.96	5.03
FEMF-16-5	446.41	1.43	677.84	11.60	689.03	4.36
FEMF-16-10	447.11	1.59	676.68	11.41	687.13	4.07
FEMF-16-20	420.62		623.39	2.64	672.69	1.88
FEMF-16-30	420.89	—	661.22	8.86	677.19	2.56

注：FEMF-x-y，x 为钢绞线数量，y 为持载程度。

持载加固梁特征挠度对比表

表 4-12

试件编号	屈服挠度（mm）	相对未持载梁的增幅（%）	钢绞线拉断挠度（mm）	相对未持载梁的增幅（%）	极限挠度（mm）	相对未持载梁的增幅（%）
FEMF-4-5	33.36	35.89	167.14	64.67	187.44	3.89
FEMF-4-10	27.20	10.79	169.85	67.34	190.94	5.82
FEMF-4-20	22.90	—	96.30	-5.12	173.01	-4.11
FEMF-4-30	22.42	—	147.72	45.54	181.16	0.40
FEMF-8-5	25.08	3.08	168.76	60.62	186.36	9.57
FEMF-8-10	25.32	4.07	167.22	59.15	188.36	10.74
FEMF-8-20	22.90		102.76	-2.20	182.83	7.49
FEMF-8-30	22.42		147.75	40.62	177.75	4.50
FEMF-16-5	25.72	6.37	167.78	58.64	180.48	14.46
FEMF-16-10	26.92	11.33	170.32	61.04	182.05	15.44
FEMF-16-20	22.90		116.47	10.13	165.76	5.11
FEMF-16-30	22.42	—	157.93	49.33	173.56	10.06

注：FEMF-x-y，x 为钢绞线数量，y 为持载程度。

由表 4-11 可见，屈服前加固的梁屈服荷载非常接近，并没有随持载程度和加固钢绞线数量增加而出现增大的现象，这仍然是由于梁屈服受原梁纵筋控制，钢绞线在整个梁受力纵筋中占比重较低所致。与表 4-10 对应的未持载加固构件相比，屈服荷载有一定程度的提高，增幅在 1.29%～3.24% 之间。屈服后加固的梁屈服荷载基本相同，为未加固梁的屈服荷载，屈服挠度也一样。

屈服前加固的梁钢绞线拉断时的荷载受持载程度的影响不大，但随钢绞线用量增加拉断荷载提高，以 4 根钢绞线加固梁为参考，平均增幅分别为 2.98% 和 4.49%；与表 4-10 对应的未持载加固梁相比，拉断荷载增大幅度在 11.41%～20.70% 之间，且随钢绞线用量增加，增幅降低。屈服后加固的梁钢绞线拉断时的荷载要低于屈服前加固的梁，但随持载程度提高，拉断荷载却增大，这与原梁纵筋的强化程度、混凝土应力发展程度、钢绞线应力发展以及截面中和轴位置均有关系。以 4 根钢绞线加固梁为参考，持载 20mm 的梁拉断荷载增幅分别为 4.03% 和 12.87%；持载 30mm 的梁拉断荷载增幅分别为 3.04% 和 10.41%，随钢绞线用量增加，增幅增大，但随持载程度增加，拉断荷载增幅略有降低。与表 4-10 对应的未持载加固梁相比，持载 20mm 的梁提高幅度在 2.64%～7.70% 之间；持载 30mm 的梁提高幅度在 8.86%～16.77% 之间，随钢绞线用量增加，提升幅度降低。

屈服前加固的梁最终发生混凝土压碎破坏时的极限荷载同样受持载程度的影响不大，但随钢绞线用量增加而提高，以 4 根钢绞线加固梁为参考，平均增幅分别为 3.06% 和 8.20%；与表 4-10 对应的未持载加固梁相比，持载 5mm 和 10mm 的梁极限荷载增幅在 4.07%～6.67% 之间，极限荷载提升幅度要远小于拉断荷载。屈服后加固的梁极限荷载同样低于屈服前加固的，但随持载程度提高，极限荷载变化不大。以 4 根钢绞线加固梁为参考，持载 20mm 的梁极限荷载增幅分别为 4.21% 和 7.56%；持载 30mm 的梁极限荷载增幅分别为 2.54% 和 7.83%，随钢绞线用量增加，增幅增大。与表 4-10 对应的未持载加固梁相比，持载 20mm 的梁提高幅度在 1.88%～6.29% 之间；持载 30mm 的梁提高幅度在 2.56%～5.03%之间。

由表 4-12 可见，屈服前加固的梁屈服挠度非常接近，与表 4-10 对应的未持载加固构件相比，屈服挠度有一定程度的提高，增幅在 3.08%～35.89%之间，钢绞线用量较低的挠度增幅要稍大，说明持载加固梁的延性得到了提高。屈服后加固的梁屈服挠度基本相同，为未加固梁的屈服挠度。

屈服前加固的梁钢绞线拉断时的挠度受持载程度及钢绞线用量的影响甚微，挠度几乎相等；与表 4-10 对应的未持载加固梁相比，拉断荷载增大幅度在 58.64%～67.34%之间，且随钢绞线用量增加，增幅略有下降。屈服后加固的梁钢绞线拉断时的挠度要低于屈服前加固的梁，但随持载程度提高，拉断挠度增大。以 4 根钢绞线加固梁为参考，持载 20mm 的梁拉断挠度增幅分别为 6.71%和 20.94%；持载 30mm 的梁拉断挠度增幅分别为 0.02%和 6.91%，随钢绞线用量和持载程度的增加，增幅均降低，加固梁延性有所提升。与表 4-10 对应的未持载加固梁相比，持载 20mm 的梁提高幅度在 -5.12%～10.13%之间；持载 30mm 的梁提高幅度在 40.62%～49.33%之间，随钢绞线用量和持载程度增加，增幅提高，但持载 20mm 的梁除 16 根钢绞线加固外，挠度要低于未持载梁，说明其延性要差。

屈服前加固的梁最终混凝土压碎时的极限挠度同样受持载程度的影响不大，但随钢绞线用量增加而减小，以 4 根钢绞线加固梁为参考，分别减小 0.96%和 4.18%；与表 4-10 对应的未持载加固梁相比，极限挠度增幅在 3.89%～15.44%之间，随钢绞线用量增加而增幅提高，且极限挠度提升幅度要远小于拉断挠度。屈服后加固的梁极限挠度要低于屈服前加固的梁，但随持载程度提高，极限挠度增大。与表 4-10 对应的未持载加固梁相比，持载 20mm 的梁提高幅度在 -4.11%～7.49%之间；持载 30mm 的梁提高幅度在 0.40%～10.06%之间，随钢绞线用量增加，提升幅度提高，但持载 20mm、用 4 根钢绞线加固的梁挠度要低于未持载梁，说明其延性要差。

不同持载程度下的加固梁有限元计算曲线如图 4-35 所示。由弯矩-挠度曲线可见，梁屈服前，构件受力性能几乎相同，加固的构件屈服荷载受持载程度和钢绞线用量的影响都很小，曲线几乎重合；屈服后加固的梁屈服荷载要明显低于屈服前加固的梁。加固构件屈服后的一段范围内，屈服后加固的梁在相同荷载作用下的挠度要大于屈服前加固的梁，说明屈服后加固的梁延性要好，并且挠度均比对应钢绞线用量下的未持载梁大，持载加固梁延性要好。最终持载加固梁弯矩-挠度曲线走向重合，不同持载程度的加固梁极限荷载和极限挠度大致相同，但随钢绞线用量增加而增大。

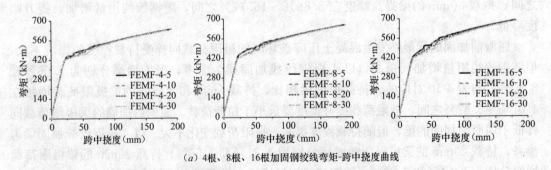

（a）4根、8根、16根加固钢绞线弯矩-跨中挠度曲线

图 4-35 持载加固梁抗弯计算曲线（FEMF-x-y，x 为钢绞线数量，y 为持载程度）（一）

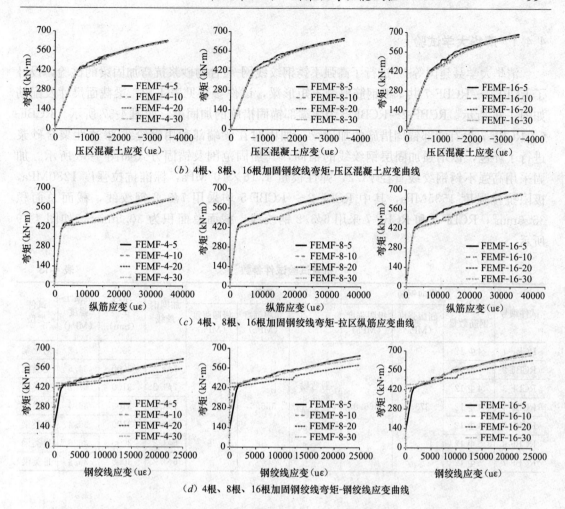

(*b*) 4根、8根、16根加固钢绞线弯矩-压区混凝土应变曲线

(*c*) 4根、8根、16根加固钢绞线弯矩-拉区纵筋应变曲线

(*d*) 4根、8根、16根加固钢绞线弯矩-钢绞线应变曲线

图4-35　持载加固梁抗弯计算曲线（FEMF-*x*-*y*，*x* 为钢绞线数量，*y* 为持载程度）（二）

由弯矩-压区混凝土应变曲线可见，构件屈服前应变发展几乎相同，屈服后应变发展大致分为两组，屈服前加固的梁应变发展要慢于屈服后加固的梁，但各组梁应变发展大致相同。与对应钢绞线用量的未持载加固梁相比，应变发展要慢。不同钢绞线用量的加固梁应变发展随钢绞线用量增加而有所减缓。弯矩-拉区纵筋应变曲线与压区混凝土应变发展具有相同的趋势和特点。

由弯矩-钢绞线应变曲线可见，随持载程度提高，钢绞线参与受力时间越晚，应变发展要慢，且都慢于对应未持载加固梁。屈服前加固的梁在加固构件屈服后的应变发展趋势几乎相同，曲线几乎重合，均慢于屈服后加固的梁，且屈服后加固的梁应变发展随持载程度增加而放缓。

4.4　相关单位的加固梁抗弯性能试验

国内相关单位对高强钢绞线网-渗透性聚合物砂浆加固梁的抗弯性能同样进行了试验研究与理论分析，主要有清华大学[3,4]、福州大学[5]等。

4.4.1 清华大学试验[3,4]

清华大学聂建国等[3,4]进行了高强不锈钢绞线网-聚合物砂浆抗弯加固梁的试验，设计了 RCBF-1～RCBF-7 共 7 根钢筋混凝土矩形梁，试件参数见表 4-13。梁截面尺寸及配筋如图 4-36 所示。RCBF-2～RCBF-5 为无端部锚固措施的加固梁，如图 4-37 所示。RCBF-6、RCBF-7 为有端部锚固措施的加固梁，加固时在梁端部利用钢绞线-渗透性聚合砂浆进行了环包，以增强加固层钢绞线的锚固，其加固范围及锚固方式如图 4-38 所示。加固采用高强不锈钢绞线直径 $\phi3.2$，弹性模量 1.16×10^5 MPa，标准抗拉强度 1280MPa，极限抗拉强度 1535MPa，其中 RCBF-2～ RCBF-5 均采用 $7\phi3.2$ 钢绞线，截面总面积 35.6mm^2，RCBF-6 和 RCBF-7 采用 $6\phi3.2$ 钢绞线，截面总面积为 30.5mm^2，如图 4-39 所示。

抗弯试验试件参数[3] 表 4-13

试件编号	纵向钢筋			箍筋			加固钢绞线	净跨 L_0 (mm)	混凝土强度 (MPa)	试件类型
	钢筋数量	屈服强度 (MPa)	极限强度 (MPa)	钢筋数量	屈服强度 (MPa)	极限强度 (MPa)				
RCBF-1	4 Φ 12							3000	35.2	对比梁
RCBF-2	4 Φ 12						$7\phi3.2$	3000	34.6	I 类梁
RCBF-3	4 Φ 12			剪弯段 $\phi6@80$ 纯弯段 $\phi6@150$			$7\phi3.2$	3100	37.2	I 类梁
RCBF-4	4 Φ 12	373.3	566.0		366.6	538.8	$7\phi3.2$	3100	36.4	II 类梁
RCBF-5	4 Φ 12						$7\phi3.2$	3100	35.4	II 类梁
RCBF-6	5 Φ 12						$6\phi3.2$	3000	36.6	III 类梁
RCBF-7	5 Φ 12						$6\phi3.2$	3000	36.4	III 类梁

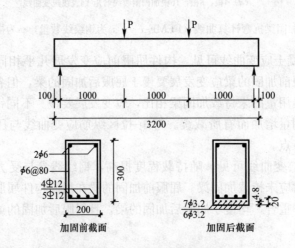

图 4-36 加固前后梁截面尺寸及加载点示意图（尺寸单位：mm）

加载点取梁的三分点，纯弯段长 1000mm，如图 4-37 所示。试验时为了对不同工况下钢筋混凝土梁的加固效果进行对比研究，采用了不同的加载方式，具体如下。

（1）RCBF-1 为未加固的对比试件，试验时逐级加载直至试件最后发生破坏。

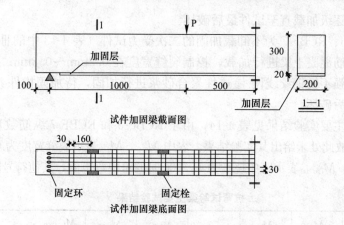

图 4-37 无端部锚固措施的加固梁示意图（尺寸单位：mm）

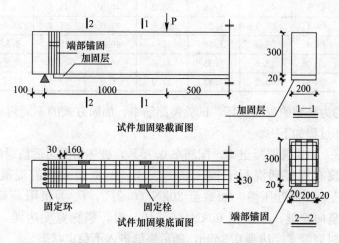

图 4-38 有端部锚固措施的加固梁示意图（尺寸单位：mm）

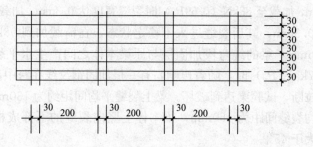

图 4-39 钢绞线网片示意图（尺寸单位：mm）

（2）RCBF-2、RCBF-3 为经过加固的一次受力试件（表 4-13 中的 I 类加固梁），试验前先对钢筋混凝土梁进行加固，在构件养护完成后进行试验，试验加载方式与 RCBF-1 相同，即逐级加载至试件破坏。

（3）RCBF-4、RCBF-5 为卸载后加固的二次受力试件（表 4-13 中的 II 类加固梁），试验时首先对钢筋混凝土梁进行预加载，当加载至梁的最大挠度达到跨度的 1/300 时卸载，卸载前梁的最大裂缝宽度已超过 0.2mm，卸载后对梁进行加固，待加固构件养护完成后重新进行试验，逐级加载直至试件最后破坏。

（4）RCBF-6、RCBF-7 为不卸载加固的二次受力试件（表 4-13 中的Ⅲ类加固梁），在加固前首先对钢筋混凝土梁进行加载，控制裂缝宽度在 0.2mm～0.3mm 之间，然后保持荷载不变，用高强不锈钢绞线网-渗透性聚合砂浆进行加固，待加固构件养护完成后继续加载直至试件最后破坏。

清华大学的主要实验结果见表 4-14，由于 RCBF-6 和 RCBF-7 纵筋数量与 RCBF-1 不同，无对比梁，故此处未给出其实验结果。表中 $M_{0.2}$、$M_{0.3}$ 表示裂缝宽度为 0.2mm、0.3mm 时的跨中弯矩值，$M_{L0/200}$ 表示跨中挠度为 $L_0/200$ 时的跨中弯矩值，其他符号同表 4-3。

抗弯试验梁主要试验结果[3]   表 4-14

试件编号	M_c (kN·m)	M_y (kN·m)	M_u (kN·m)	M_u/M_y	$M_{0.2}$ (kN·m)	$M_{0.3}$ (kN·m)	$M_{L_0/200}$ (kN·m)	Δ_y (mm)	Δ_u (mm)	Δ_u/Δ_y
RCBF-1	9.8	42.5	49.5	1.16	30.0	40.5	44.6	10.8	65.5	6.06
RCBF-2	10.8	49.1	62.4	1.27	32.5	44.0	51.4	10.0	57.9	5.79
RCBF-3	11.9	45.9	58.9	1.28	35.0	46.0	49.9	9.8	65.4	6.67
RCBF-4	—	47.0	62.6	1.33	35.0	46.0	49.7	9.2	70.1	7.62
RCBF-5	—	48.8	60.2	1.23	35.0	45.0	50.0	11.7	70.1	5.99

所有试验梁均为典型的弯曲破坏，试验梁配筋率、加固方式的不同对破坏过程有一定的影响，具体破坏过程如下[4]。

对比梁 RCBF-1 为普通混凝土梁，配筋率 0.75%，破坏情况与适筋梁的破坏情况基本相同，压区虽然没有观察到混凝土被压溃的现象，但试验采集的混凝土压应变超过 2900$\mu\varepsilon$，混凝土已十分接近压溃。加载至 20kN（0.2P_u，P_u 为极限荷载）的时候，混凝土梁拉区出现竖向裂缝。加载至 60kN（0.6P_u）时，裂缝宽度达到 0.2mm。加载至 81kN（0.81P_u）时裂缝宽度达到 0.3mm，随后裂缝进入不稳定状态。

RCBF-2 梁在荷载加到 22kN（0.17P_u）时最早观察到裂缝产生，加载至 65kN（0.51P_u）时裂缝宽度达 0.2mm，加载至 88kN（0.69P_u）时裂缝宽度达 0.3mm，加载至 95kN（0.75P_u）时裂缝基本稳定在 0.3mm，其后裂缝进入不稳定状态。在荷载加到 98kN（0.77P_u）时，裂缝宽度已达到 0.6mm，梁的纯弯段加固层与原梁本体之间产生水平裂缝，并伴随有声响。当荷载达到 127kN（P_u）时，随着声响，有一根加固钢绞线在跨中部位被拉断，随后其余钢绞线陆续被拉断，试验梁达到破坏。梁上裂缝平均间距约为 130mm，较 RCBF-1 梁略小，加固层的平均裂缝间距为 160mm，梁本体上竖向裂缝的下部成根系状，根系外廓与竖向所成角度略大于 45°。

梁 RCBF-3 加载前，发现加固层与原梁本体之间存在水平裂缝；在荷载为 23kN（0.21P_u）时出现竖向裂缝；在荷载达 70kN（0.63P_u）时，裂缝宽度为 0.2mm；在荷载达 92kN（0.82P_u）时，裂缝宽度为 0.3mm；荷载达 95kN 时，有响声；荷载达 104kN（0.93P_u）时，响声加大；荷载达 110kN 时响声连续；加载至 111kN～113kN 时，在加载点外侧加固层从梁端头剥落，梁被破坏。梁加固层与梁本体之间的粘结性能没有达到要求，研究者认为该梁是加固的第一根梁，施工质量有欠缺。

梁 RCBF-4 加固前进行了预加载，预加载采取裂缝与挠度综合控制，在跨中最大挠度为 9.5mm 时，卸载加固。加固完后、试验开始之前，发现加固层与本体之间有一条水平裂缝，最宽达 0.3mm，长约为 1.4m，加固层也有竖向裂缝，经分析为收缩裂缝。荷载达 20kN（$0.17P_u$）时，最大裂缝宽度已达到 0.1mm，不过这些裂缝都出现在原裂缝部位。原梁上裂缝宽度在荷载达 70kN（$0.58P_u$）时，达 0.2mm；在荷载达 92kN（$0.77P_u$）时，达 0.3mm；在荷载达 95kN 时裂缝宽度发展不稳定。加固层上的竖向裂缝宽度在荷载达 70kN（$0.58P_u$）时，为 0.25mm；荷载达 80kN（$0.67P_u$）时，达到 0.28mm；荷载达 100kN（$0.83P_u$）时，最大裂缝宽度已达 1mm；荷载达 108kN 时有响声；荷载达 120kN（P_u）时，钢绞线拉断，加固层在跨中剥落，而梁端部加固层与原梁本体之间的粘结良好。

梁 RCBF-5 的情况与 RCBF-4 相似，进行过预加载，试验前也发现有水平裂缝，裂缝靠近支座处。试验在荷载达 90kN（$0.77P_u$）时，观察到最大裂缝宽度 0.2mm；在荷载达 92kN（$0.79P_u$）时，裂缝宽度达到 0.3mm，随后的裂缝宽度发展不稳定；在荷载达到 117kN（P_u）时，压区混凝土被压溃，梁底加固层从梁端剥落，锚固粘结失效，钢绞线完好。

由于前 5 根试验梁，包括对比梁和加固梁混凝土压区均未出现混凝土压碎，因此，增大了 RCBF-6、RCBF-7 两根二次受力加固试验梁的配筋率。由于配筋率增大，在预加载过程中没有对比梁可以比较，但根据计算分析，对比梁的极限荷载为 111kN，取预加载荷载水平 0.7，考虑到混凝土强度差异等因素的影响，在预先加载时采用荷载、裂缝宽度、跨中挠度共同控制。

RCBF-6 梁预先加载至 80kN，最大裂缝宽度 0.2mm，受拉钢筋拉应变 $1300\mu\varepsilon$，跨中挠度 8.4mm；RCBF-7 梁预先加载至 86kN，最大裂缝宽度 0.19mm。预加载后，在保持荷载不变的情况下进行加固，养护期满后进行破坏试验；RCBF-6 试验梁在加载到 131kN 时，因压区混凝土被压碎而破坏；RCBF-7 试验梁在加载到 137kN 时，因压区混凝土被压碎而破坏。

4.4.2 福州大学试验[5]

福州大学林于东、林秋峰等[5]进行了 6 根矩形钢筋混凝土梁的抗弯加固试验，梁截面尺寸及配筋如图 4-40 所示。混凝土立方体抗压强度为 45.54MPa，抗拉强度为 3.09MPa；梁底纵筋采用 3⌀16，屈服强度 415MPa，极限强度 615MPa；梁顶钢筋采用 3⌀12，屈服

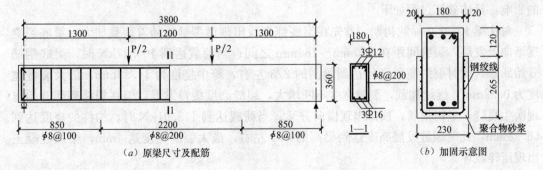

（a）原梁尺寸及配筋　　　　　（b）加固示意图

图 4-40　加固梁截面及配筋图

强度 370MPa，极限强度 585MPa；箍筋加密区 $\phi 8@100$、非加密区 $\phi 8@200$，屈服强度 305MPa，极限强度 440MPa；加固高强不锈钢绞线直径仍为 $\phi 3.2$，两个侧面各 $8\phi 3.2$，底面 $6\phi 3.2$，弹性模量 1.16×10^5 MPa，标准抗拉强度 1280MPa，极限抗拉强度 1535MPa。试件编号及分类见表 4-15，主要实验结果见表 4-16。

抗弯试验试件参数[5]   表 4-15

试件编号	加固形式	损伤控制	加载控制
RC-0	未加固	无损伤	按位移控制，步长 0.5mm，梁底钢筋屈服后按步长 2mm 加载至构件破坏
RC-1	U 形加固	施加 6mm 的位移，荷载达到 51.36kN，裂缝宽度 0.180mm，高度 210mm，梁底钢筋应变 749$\mu\varepsilon$	按位移控制，步长 1mm，当荷载达到 70kN，卸载重复加载到 70kN，反复 5 次，然后再加载至破坏
RC-2	U 形加固	施加 8mm 的位移，荷载达到 64.08kN，裂缝宽度 0.200mm，高度 218mm，梁底钢筋应变 1175$\mu\varepsilon$	按位移控制，步长 1mm，当荷载达到 70kN，卸载重复加载到 70kN，反复 5 次，然后再加载至破坏
RC-4	U 形加固	施加 6mm 的位移，荷载达到 52.30kN，裂缝宽度 0.190mm，高度 209mm，梁底钢筋应变 697$\mu\varepsilon$	按位移控制，步长 1mm，梁底钢筋屈服后，按步长 2mm 加载至构件破坏
RC-5	U 形加固	施加 6mm 的位移，荷载达到 47.65kN，裂缝宽度 0.180mm，高度 212mm，梁底钢筋应变 773$\mu\varepsilon$	按位移控制，步长 1mm，梁底钢筋屈服后，按步长 2mm 加载至构件破坏
RC-7	U 形加固	无损伤	按位移控制，步长 1mm，梁底钢筋屈服后，按步长 2mm 加载至构件破坏

抗弯试验梁主要试验结果[5]   表 4-16

试件编号	M_c (kN·m)	M_y (kN·m)	M_u (kN·m)	M_u/M_y	Δ_y (mm)	Δ_u (mm)	Δ_u/Δ_y
RC-0	30.16	136.98	145.61	1.06	14.23	56.28	3.95
RC-1	31.84	181.10	213.72	1.18	22.55	68.77	3.05
RC-2	30.48	162.98	190.16	1.17	20.55	71.52	3.48
RC-4	30.41	163.74	201.40	1.23	18.86	69.39	3.69
RC-5	30.56	171.33	209.51	1.22	20.41	68.70	3.37
RC-7	47.89	177.75	205.58	1.16	18.41	41.83	2.27

所有试验梁均为典型的弯曲破坏，试验梁配筋率、加固方式的不同对破坏过程有一定的影响，具体破坏过程如下[5]。

对比梁 RC-0 在加载初期，首先在梁底纯弯段出现微裂缝，随着荷载加大，梁底裂缝逐渐向上发展，裂缝间距在 170mm～180mm 之间；当荷载达到 105.37kN 时，梁底钢筋开始屈服，此时裂缝高度已经达到梁高的 2/3 左右，跨中挠度为 14.23mm，最大裂缝宽度为 0.32mm；继续加载，裂缝宽度不断增大，裂缝高度缓慢发展，但在裂缝底部开始出现次生裂缝，呈树根状，顶部出现横向分叉；当荷载达到 112.01kN 时，构件的挠度达到 56.28mm，此时裂缝发展高度达到梁高的 5/6 左右，最大裂缝宽度达 4mm，梁顶混凝土出现压碎破坏。

梁 RC-1、RC-2 均为预裂梁，加载过程中，荷载达到 76.48kN，卸载重复加载到

70kN 重复 5 次，然后再单调加载至破坏。在加载初期，两梁相继在跨中和加载点两旁出现数量多、间距小、分布较均匀的裂缝，开裂荷载与对比梁接近；当荷载达到 76.48kN，构件最大裂缝宽度达到 0.18mm，重复加载 5 次重新到达 76.48kN 时，裂缝宽度有所加大达到 0.19mm，裂缝高度上升了 10mm 左右，且随损伤加大，构件开裂更为严重，裂缝间距在 60mm～70mm 左右，重复加载会导致裂缝发展，影响正常使用和耐久性；由于构件 RC-1、RC-2 带有损伤，其刚度较低，挠度相对较大，且损伤越大的构件 RC-2 相对刚度比较低，而极限承载能力变化不大；重复加载后，构件存在刚度退化倾向，但刚度退化较小，说明其恢复力性能很好；RC-1、RC-2 变形能力较好，且损伤越大，延性系数越大。随荷载增加，钢筋达到屈服强度，应变增幅随之增大，梁的中和轴上移，压区混凝土应变急剧上升，构件发生破坏。整个加载过程中，钢绞线网没有发生锚固脱锚破坏，也没有被拉断，从试验现象看，钢绞线网基本没有屈服，其强度没有充分发挥。

梁 RC-4、RC-5 同样为预裂梁，破坏过程与 RC-1、RC-2 梁类似，裂缝间距在 70mm～80mm 之间。梁 RC-7 由于增加了钢绞线网，构件相对配筋率较高，钢筋变形减小，且构件截面有所加大，混凝土梁受力情况有所改善。梁跨中裂缝间距在 80mm～90mm 之间；随着荷载不断加大，裂缝宽度和高度不断的加大，在荷载达到 81.2kN 时，裂缝最大宽度达到 0.30mm；当荷载加到 136.73kN 时，梁底钢筋开始屈服，此时裂缝最大宽度达到 0.46mm，高度上升到构件高度的 1/2，构件挠度已达到 18.41mm；当荷载达到 158.14kN 时，构件挠度为 41.83mm，裂缝高度达到梁高的 2/3，裂缝宽度较大，这时梁顶混凝土应变达到 $-2744\mu\varepsilon$。整个加载过程中，钢绞线网同样没有发生锚固脱锚破坏，也没有被拉断，其强度没有充分发挥。

4.5 加固梁正截面强度计算

4.5.1 抗弯加固正截面强度理论分析

抗弯加固试验表明，高强钢绞线网-聚合物砂浆加固梁受力破坏过程是钢筋、高强钢绞线、聚合物砂浆、混凝土等组合材料应力-应变发展的过程。各组成材料应力-应变达到其极限状态的先后不一样，从而产生不同的破坏状态。无论是钢绞线拉断、纵筋屈服或拉断、或者混凝土压碎，达到极限状态后，均可根据钢筋、钢绞线、混凝土和聚合物砂浆的应力-应变特征，建立如下状态方程。

$$\sum \sigma_{si}A_{si} + \sum \sigma_{swi}A_{swi} = \int_0^x \sigma_c(y)b(y)\mathrm{d}y \tag{4-2}$$

$$M = \sum \sigma_{si}A_{si}(h_{0i} - x) + \sum \sigma_{swi}A_{swi}(h_{swi} - x) + \int_0^x \sigma_c yb(y)\mathrm{d}y \tag{4-3}$$

式中：σ_{si}、A_{si}、h_{0i} 分别为第 i 层钢筋的应力、截面积、有效高度；σ_{swi}、A_{swi}、h_{swi} 分别为第 i 层高强钢绞线的应力、截面积、有效高度；σ_c 为混凝土应力；x 为混凝土受压区高度；h、b 分别为梁截面高度和宽度。

为求解上述状态方程，需建立如下基本假定。

1. 平截面假定。假定梁全截面保持平面变形，即不论压区和拉区，混凝土、钢筋、钢绞线的应变都符合线性变化。钢筋与混凝土材料之间、聚合物砂浆与混凝土界面之间以及高强钢绞线与聚合物砂浆之间均粘结完好，受力后二者应变协调，无相对滑移。

2. 不考虑混凝土及聚合物砂浆的受拉作用。不论是屈服状态还是极限状态，拉区聚合物砂浆及混凝土均大部开裂，靠近中和轴处的拉力和力臂都很小，予以忽略。

3. 不考虑时间（龄期）和环境温湿等的作用，即忽略混凝土的收缩、徐变和温湿度变化引起的内应力和变形状态。

4. 钢筋和混凝土材性标准试验所测定的本构（应力-应变）关系可应用于构件分析。对于不同截面形状、尺寸效应、钢筋和混凝土的相互影响、箍筋的约束作用、加载速度和持续时间等因素的变化一般不作修正。

5. 混凝土应力-应变曲线选用《混凝土结构设计规范》[6] GB 50010—2010（下文简称《混凝土规范》）所表达的单轴抗压本构关系模型，不考虑受压区的下降段，见式（4-4）。聚合物砂浆与混凝土采用相同的水泥基材料，且在加固梁中分布范围及厚度有限，分析中采用与混凝土相同的本构关系模型。

$$
\left.
\begin{aligned}
\text{上升段} \quad & \sigma_c = f_{cd}\left[1 - \left(1 - \frac{\varepsilon_c}{\varepsilon_0}\right)^n\right] & 0 < \varepsilon_c \leqslant \varepsilon_0 \\
\text{水平段} \quad & \sigma_c = f_{cd} & \varepsilon_0 < \varepsilon_c \leqslant \varepsilon_u
\end{aligned}
\right\}
\tag{4-4}
$$

式中：$f_{cu,k}$ 为混凝土立方体抗压强度标准值；参数 n、ε_0、ε_u 的取值如下。

$$n = 2 - \frac{1}{60}(f_{cu,k} - 50) \leqslant 2.0$$

$$\varepsilon_0 = 0.002 + 0.5 \times (f_{cu,k} - 50) \times 10^{-5} \geqslant 0.002$$

$$\varepsilon_u = 0.0033 - 0.5 \times (f_{cu,k} - 50) \times 10^{-5} \leqslant 0.0033$$

对 $f_{cu,k} \leqslant 50\text{MPa}$ 的混凝土，n、ε_0、ε_u 分别取 2、0.002、0.0033。

6. 钢筋应力-应变曲线根据钢筋材性可选用描述完全弹塑性的双直线模型、描述完全弹塑性加硬化的三折线模型和描述弹塑性的双斜线模型。此处选用描述完全弹塑性加硬化的三折线模型，数学表达式见式（4-5）。如有试验测试曲线，可采用之。

$$
\left.
\begin{aligned}
\text{完全弹性段} \quad & \sigma_s = E_s \varepsilon_s & 0 < \varepsilon_s \leqslant \varepsilon_y \\
\text{塑性段} \quad & \sigma_s = f_{sd} & \varepsilon_y < \varepsilon_s \leqslant \varepsilon_{s,h} \\
\text{硬化段} \quad & \sigma_s = f_{sd} + (\varepsilon_s - \varepsilon_{s,h})E'_s & \varepsilon_{s,h} < \varepsilon_s \leqslant \varepsilon_{s,u}
\end{aligned}
\right\}
\tag{4-5}
$$

7. 高强钢绞线应力-应变测试曲线如图 2-7 所示，可将其简化为完全弹性模型，数学表达式为式（4-6）。

$$\sigma_{sw} = E_{sw} \varepsilon_{sw} \tag{4-6}$$

在以上假定的基础上，加固梁纯弯段截面应力-应变如图 4-41 所示。若构件处于某一状态时，截面的压区高度为 x_u，顶面混凝土应变为 ε_u，压区距中和轴 y 处的应变则为：

$$\varepsilon_c = \frac{\varepsilon_u}{x_u}y$$

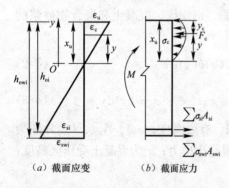

（a）截面应变　　（b）截面应力

图 4-41　弯矩作用下的应力和应变图

压区混凝土的总压力值即为压应力图块的体积：

$$F_c = \int_0^{x_u} \sigma_c(\varepsilon_c) b \mathrm{d}y = \int_0^{x_u} f_{cd} b \left[1 - \left(1 - \frac{\varepsilon_u}{\varepsilon_0 x_u} y \right)^n \right] \mathrm{d}y$$

混凝土压应力合力作用点至受压区混凝土外边缘的距离为：

$$y_c = \frac{\int_0^{x_u} f_{cd} b \left[1 - \left(1 - \frac{\varepsilon_u}{\varepsilon_0 x_u} y \right)^n \right] (x_u - y) \mathrm{d}y}{F_c} \tag{4-7}$$

由力平衡方程（4-8）求得 x_u。

$$\sum \sigma_{si} A_{si} + \sum \sigma_{swi} A_{swi} = \int_0^{x_u} f_{cd} b \left[1 - \left(1 - \frac{\varepsilon_u}{\varepsilon_0 x_u} y \right)^n \right] \mathrm{d}y \tag{4-8}$$

对压应力合力作用点起矩，可得弯矩方程：

$$M = \sum \sigma_{si} A_{si} (h_{0i} - y_c) + \sum \sigma_{swi} A_{swi} (h_{0wi} - y_c) \tag{4-9}$$

当 $n=2$ 时，混凝土压应力合力为 $F_c = f_{cd} b x_u \dfrac{\varepsilon_u}{\varepsilon_0} \left(1 - \dfrac{\varepsilon_u}{3\varepsilon_0} \right)$，截面压区高度为 $x_u = \dfrac{\sum \sigma_{si} A_{si} + \sum \sigma_{swi} A_{swi}}{f_{cd} b \dfrac{\varepsilon_u}{\varepsilon_0} \left(1 - \dfrac{\varepsilon_u}{3\varepsilon_0} \right)}$，混凝土压应力合力作用点至受压区混凝土外边缘的距离为 $y_c = \dfrac{x_u (4\varepsilon_0 - \varepsilon_u)}{12\varepsilon_0 - 4\varepsilon_u}$，可得弯矩方程如下：

$$M = \sum \sigma_{si} A_{si} \left[h_{0i} - \frac{x_u (4\varepsilon_0 - \varepsilon_u)}{12\varepsilon_0 - 4\varepsilon_u} \right] + \sum \sigma_{swi} A_{swi} \left[h_{0wi} - \frac{x_u (4\varepsilon_0 - \varepsilon_u)}{12\varepsilon_0 - 4\varepsilon_u} \right] \tag{4-10}$$

根据组成材料本构关系的不同取值，可计算加固构件不同阶段的承载力，如屈服荷载、极限荷载等。

上述加固设计公式没有考虑二次受力的影响，但在实际工程应用中加固前自重等初始荷载已经作用于梁上。初始荷载使得加固前受拉区钢筋产生初始拉应变 ε_{soi}。现有研究[8] 认为：当梁的破坏是由加固材料拉断所控制时，自重、使用荷载等初始荷载的影响通常是有利的；当梁的破坏是由混凝土压碎所控制时，初始荷载的影响比较明显且不利，在设计计算中应予以考虑。也就是说，当被加固截面破坏模式为混凝土压碎时，应考虑二次受力的影响。本章 4.3 节的有限元数值试验中也可得出这一结论。还应注意，初始荷载的作用有时能使梁的破坏模式从加固材料拉断转化为混凝土压碎，此时设计中也需要考虑二次受力的影响。

加固设计中，考虑二次受力的影响有以下两种方法。

1. 由公式（4-7）～公式（4-9）计算出不含钢绞线情况下，初始弯矩作用时的钢筋初始应变 ε_{0si}，通过平截面假定，确定钢绞线的初应变如下：

$$\varepsilon_{0swi} = \varepsilon_{0si} \frac{x_u - h_{0wi}}{x_u - h_{0i}} \tag{4-11}$$

则加固承载力公式为：

$$M = \sum \sigma_{si} A_{si} (h_{0i} - y_c) + \sum E_{sw} (\varepsilon_{swi} - \varepsilon_{0swi}) A_{swi} (h_{0wi} - y_c) \tag{4-12}$$

2. 对钢绞线应力-应变曲线作如下修正：

$$
\left.\begin{array}{ll}
\sigma_{sw} = 0 & \varepsilon_{sw} \leqslant \varepsilon_{0swi} \\
\sigma_{sw} = E_{sw}(\varepsilon_{sw} - \varepsilon_{0swi}) & \varepsilon_{sw} > \varepsilon_{0swi}
\end{array}\right\}
\tag{4-13}
$$

式中：ε_{0swi} 的计算同式（4-11）。加固设计中，除采用修正后的钢绞线应力-应变曲线外，其他设计公式不需变动，即可用来计算考虑二次受力的加固梁承载能力。这种处理方法概念简单，基本上与不考虑二次受力的设计相同，即把修正后的梁当做没有初始荷载作用的梁。

4.5.2　抗弯加固正截面承载力简化计算公式

式（4-7）～式（4-13）的计算公式过于繁琐，不便于工程设计人员实际操作，现根据《公路钢筋混凝土及预应力混凝土桥涵设计规范》JTG D62—2004[7]（下文简称《公路桥规》）来推导实用的抗弯加固正截面强度简化计算公式。

由平截面假定，将截面应力分布简化为如图 4-42 所示。上图 A_{sw1} 表示底部纵向钢绞线的截面总面积，h_{0w1} 为其对应的截面有效高度；A_{sw2} 表示侧面纵向钢绞线的截面总面积，h_{0w2} 为其对应的截面有效高度；f_{sw} 表示高强钢绞线抗拉强度设计值；t_m 表示加固层厚度；f_{cd} 为混凝土抗压强度设计值；f_{sd} 为原梁钢筋抗拉强度设计值，h_0 为其对应的梁截面有效高度；x 为受压区高度；h 为梁高；b 为梁宽；b_f' 为 T 梁翼缘宽度；h_f' 为 T 梁翼缘高度。

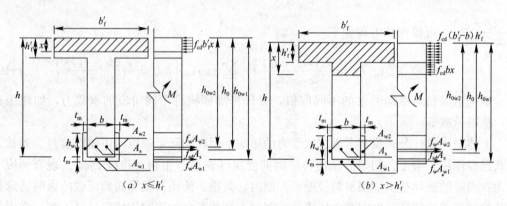

图 4-42　T 形截面受弯构件正截面应力分布图

根据图 4-42（a），当受压区高度 $x \leqslant h_f'$ 时，按矩形截面计算抗弯承载力。由力平衡条件可得：

$$
f_{cd}b_f'x = f_{sd}A_s + f_{sw}(A_{sw1} + A_{sw2})
\tag{4-14}
$$

$$
M = f_{sd}A_s\left(h_0 - \frac{x}{2}\right) + f_{sw}A_{sw1}\left(h_{0w1} - \frac{x}{2}\right) + f_{sw}A_{sw2}\left(h_{0w2} - \frac{x}{2}\right)
\tag{4-15}
$$

根据图 4-42（b），当受压区高度 $x > h_f'$ 时，按 T 形截面计算抗弯承载力。由力平衡条件可得：

$$
f_{cd}(b_f'-b)h_f' + f_{cd}bx = f_{sd}A_s + f_{sw}(A_{sw1} + A_{sw2})
\tag{4-16}
$$

$$
M = f_{cd}(b_f'-b)h_f'\left(\frac{x}{2} - \frac{h_f'}{2}\right) + f_{sd}A_s\left(h_0 - \frac{x}{2}\right) + f_{sw}A_{sw1}\left(h_{0w1} - \frac{x}{2}\right) + f_{sw}A_{sw2}\left(h_{0w2} - \frac{x}{2}\right)
$$
$$
\tag{4-17}
$$

截面类型通过下式判断：

$$f_{cd}b'_f h'_f \geqslant f_{sd}A_s + f_{sw}(A_{sw1} + A_{sw2}) \qquad (4\text{-}18)$$

式（4-18）成立时，按图 4-42（a）计算；不成立时，按图 4-42（b）计算。

由于实际工程结构的加固构件均为已使用构件，加固前不可能完全卸载，且大部分已存在一定程度的损伤，故大多数为二次受力构件，内部应力较大，加固体与本体之间存在应力滞后问题。与此同时，钢筋弹性模量规范取值为 $2.0 \times 10^5 \text{MPa}$，而高强钢绞线弹性模量在 $1.05 \times 10^5 \text{MPa} \sim 1.26 \times 10^5 \text{MPa}$ 之间，相同应变条件下，钢绞线应力比钢筋低，其高强特性得不到发挥。因此引入钢绞线应力发挥综合系数 η_1，依据本次试验结果，同时参照聂建国等[3]对高强钢绞线网加固的研究以及碳纤维布加固试验研究[8]，η_1 的取值范围在 $0.8 \sim 0.9$ 之间。

此外，由于加固施工受施工技术水平、钢绞线预紧程度、场地条件、养护等因素影响，引入加固体与原梁共同工作系数 η_2，依据本次试验结果，同时参照聂建国等[4]对高强钢绞线网加固的研究，η_2 的取值范围在 $0.8 \sim 0.95$ 之间，视施工水平取值。

引入以上参数后，计算公式修正如下：

首先，通过下式判断截面类型：

$$f_{cd}b'_f h'_f \geqslant f_{sd}A_s + \eta_1\eta_2 f_{sw}(A_{sw1} + A_{sw2}) \qquad (4\text{-}19)$$

式（4-19）成立时，按图 4-42（a）计算；不成立时，按图 4-42（b）计算。

根据图 4-42（a），当受压区高度 $x \leqslant h'_f$ 时，按矩形截面计算抗弯承载力。由力平衡条件可得：

$$f_{cd}b'_f x = f_{sd}A_s + \eta_1\eta_2 f_{sw}(A_{sw1} + A_{sw2}) \qquad (4\text{-}20)$$

$$M = f_{sd}A_s\left(h_0 - \frac{x}{2}\right) + \eta_1\eta_2 f_{sw}A_{sw1}\left(h_{0w1} - \frac{x}{2}\right) + \eta_1\eta_2 f_{sw}A_{sw2}\left(h_{0w2} - \frac{x}{2}\right) \qquad (4\text{-}21)$$

根据图 4-42（b），当受压区高度 $x > h'_f$ 时，按 T 形截面计算抗弯承载力。由力平衡条件可得：

$$f_{cd}(b'_f - b)h'_f + f_{cd}bx = f_{sd}A_s + \eta_1\eta_2 f_{sw}(A_{sw1} + A_{sw2}) \qquad (4\text{-}22)$$

$$M = f_{cd}(b'_f - b)h'_f\left(\frac{x}{2} - \frac{h'_f}{2}\right) + f_{sd}A_s\left(h_0 - \frac{x}{2}\right)$$
$$+ \eta_1\eta_2 f_{sw}A_{sw1}\left(h_{0w1} - \frac{x}{2}\right) + \eta_1\eta_2 f_{sw}A_{sw2}\left(h_{0w2} - \frac{x}{2}\right) \qquad (4\text{-}23)$$

依据本次试验情况，建议工程加固设计过程中，取 $\eta_1 = 0.8$，$\eta_2 = 0.8$，验算时可适当提高。式中：h_{0w1}、h_{0w2} 的计算同 h_0；加固层厚度 t_m 一般为 $20\text{mm} \sim 25\text{mm}$；$f_{sw}$ 按表 2-10、表 2-12 取值；其他按《公路桥规》规定取值。根据本次试验结果，取 $\eta_1 = 0.9$，$\eta_2 = 0.9$，以上公式计算结果与试验结果对比见表 4-17，表中 M_{cy} 表示屈服荷载计算值，M_{ty} 表示屈服荷载实测值，M_{cu} 表示极限荷载计算值，M_{tu} 表示极限荷载实测值。

弯矩计算结果与试验结果的比较   表 4-17

试件编号	M_{cy} (kN·m)	M_{ty} (kN·m)	M_{cy}/M_{ty}	M_{cu} (kN·m)	M_{tu} (kN·m)	M_{cu}/M_{tu}
RCBF-1	420.81	440.75	0.955	597.22	602.70	0.991
RCBF-3	392.67	451.00	0.871	493.25	553.5	0.891
RCBF-4	419.36	420.25	0.998	587.30	603.72	0.973
RCBF-5	380.62	399.75	0.952	459.26	512.50	0.896

续表

试件编号	M_{cy}（kN·m）	M_{ty}（kN·m）	M_{cy}/M_{ty}	M_{cu}（kN·m）	M_{tu}（kN·m）	M_{cu}/M_{tu}
FEMF-25	418.32	436.58	0.958	505.89	589.04	0.859
FEMF-40	457.97	440.12	1.041	630.19	660.26	0.954
FEMF-50	461.25	442.74	1.042	659.17	686.22	0.961
FEMF-2.11	323.84	301.14	1.075	472.28	509.80	0.926
FEMF-4.21	569.68	555.52	1.025	734.89	766.28	0.959
FEMF-4	421.19	436.00	0.966	597.64	598.57	0.998
FEMF-8	433.64	442.55	0.980	608.75	613.13	0.993
FEMF-24	481.56	442.44	1.088	650.56	679.16	0.958
FEMF-4-5	421.19	450.11	0.936	597.64	618.07	0.967
FEMF-4-10	421.19	450.12	0.936	597.64	619.00	0.965
FEMF-8-5	433.64	449.52	0.965	608.75	638.81	0.953
FEMF-8-10	433.64	448.27	0.967	608.75	635.07	0.959
FEMF-16-5	481.56	446.41	1.079	650.56	677.84	0.960
FEMF-16-10	481.56	447.11	1.077	650.50	676.68	0.961
RCBF-1*	42.06	42.50	0.990	48.58	49.50	0.981
RCBF-2*	51.15	49.10	1.042	64.23	62.40	1.029
RCBF-3*	51.43	45.90	1.120	64.95	58.90	1.103
RCBF-4*	51.34	47.00	1.092	64.74	62.60	1.034
RCBF-5*	51.24	48.80	1.050	64.47	60.20	1.071
RC-0#	117.59	136.98	0.858	139.63	145.61	0.959
RC-1#	171.99	181.10	0.950	204.92	213.72	0.959
RC-2#	171.99	162.98	1.055	204.92	190.16	1.078
RC-4#	171.99	163.74	1.050	204.92	201.4	1.017
RC-5#	171.99	171.33	1.004	204.92	209.51	0.978
RC-7#	165.02	177.75	0.928	196.42	205.58	0.955

注：试件编号带"*"为清华大学试验数据，带"#"为福州大学试验数据。

　　表 4-17 中，试验数据涵盖了混凝土强度、配筋率、加固钢绞线用量、持载程度、卸载构件等参数对加固的影响。表中加固构件屈服荷载计算值与试验值比值的平均值 0.965，标准差 0.075，变异系数 0.078，公式计算值与试验值符合良好，且屈服荷载计算值偏于保守，对各类不同参数的梁均有较好的适应性，计算公式可用于加固设计。对极限荷载，公式计算值与试验值比值的平均值 0.942，标准差 0.062，变异系数 0.065，公式计算值同样与试验值符合良好。但极限荷载计算值略大于试验值，主要是由于最后破坏方式导致的，极限状态时混凝土和钢筋、钢绞线不能同时破坏，故试验值要略小于计算值。

　　以上公式同样适用于建筑结构工程的加固设计。在加固设计过程中，设计荷载需根据规范考虑各项系数，如结构重要性系数、荷载组合系数等，此处公式中没有给予考虑。

4.5.3　抗弯加固正截面变形计算

　　《公路桥规》规定，钢筋混凝土和预应力混凝土受弯构件，在正常使用极限状态下的挠度，可根据给定的构件刚度用结构力学的方法计算。对抗弯加固构件，其挠度仍可按结构力学方法计算。

加固梁截面刚度可以按《公路桥规》的公式经适当调整后进行计算，计算如下：

$$B = \frac{B_0}{\left(\dfrac{M_{cr}}{M_s}\right)^2 + \left[1 - \left(\dfrac{M_{cr}}{M_s}\right)^2\right]\dfrac{B_0}{B_{cr}}} \tag{4-24}$$

式中：B_0 为全截面抗弯刚度，$B_0 = 0.85 E_c I_0'$；B_{cr} 为开裂截面抗弯刚度，$B_{cr} = 0.85 E_c I_{cr}'$；$M_{cr}$ 为开裂弯矩。折减系数 0.85 是按《公路桥规》JTJ 023—85 取的偏于安全值。

全截面换算截面惯性矩 I_0' 计算如下。

根据图 4-43，当受压区高度 $x \leqslant h_f'$ 时，按矩形截面计算全截面换算截面惯性矩 I_0'；当受压区高度 $x > h_f'$ 时，按 T 形截面计算全截面换算截面惯性矩 I_0'；二者通过下式判断。

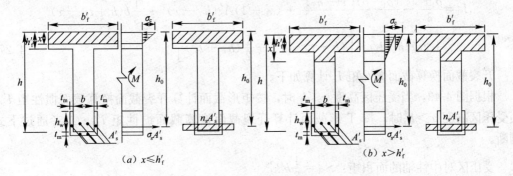

$(a)\ x \leqslant h_f' \qquad\qquad\qquad\qquad (b)\ x > h_f'$

图 4-43　T 形截面受弯构件截面应力换算图

受压区对中性轴的面积矩：$S_{0a} = \dfrac{1}{2} b_f' h_f'^2$

受拉区对中性轴的面积矩：

$$S_{0l} = \alpha_s A_s'(h_0 - h_f') + \frac{1}{2} b(h + t_m - h_f')^2 + 2 t_m (h_w + t_m)\left[(h + t_m - h_f') - \frac{1}{2}(h_w + t_m)\right]$$

$$S_{0a} \geqslant S_{0l} \tag{4-25}$$

若式（4-25）成立，则受压区高度 $x \leqslant h_f'$，按矩形截面计算全截面换算截面惯性矩 I_0'；若式（4-25）不成立，则受压区高度 $x > h_f'$，按 T 形截面计算全截面换算截面惯性矩 I_0'。

受压区高度 $x \leqslant h_f'$ 时，按矩形截面计算全截面换算截面惯性矩 I_0'。

受压区对中性轴的面积矩：$S_{0a} = \dfrac{1}{2} b_f' x^2$

受拉区对中性轴的面积矩：

$$S_{0l} = (\alpha_s - 1) A_s'(h_0 - x) + \frac{1}{2}(b_f' - b)(h_f' - x)^2 + \frac{1}{2} b(h + t_m - x)^2$$

$$+ 2 t_m (h_w + t_m)\left[(h + t_m - x) - \frac{1}{2}(h_w + t_m)\right]$$

令 $S_{0l} = S_{0a}$，求受压区高度 x。

全截面换算截面对中性轴的惯性矩 I_0'：

$$I_0' = \frac{b_f' x^3}{3} + (\alpha_s - 1) A_s'(h_0 - x)^2 + \frac{1}{3}(b_f' - b)(h_f' - x)^3 + \frac{1}{3} b(h + t_m - x)^3$$

$$+2t_{\mathrm{m}}(h_{\mathrm{w}}+t_{\mathrm{m}})\left[(h+t_{\mathrm{m}}-x)-\frac{1}{2}(h_{\mathrm{w}}+t_{\mathrm{m}})\right]^2 \tag{4-26}$$

受压区高度 $x > h'_{\mathrm{f}}$ 时，按 T 形截面计算全截面换算截面惯性矩 I'_0。

受压区对中性轴的面积矩：$S_{0\mathrm{a}}=\frac{1}{2}bx^2+(b'_{\mathrm{f}}-b)\ h'_{\mathrm{f}}\left(x-\frac{h'_{\mathrm{f}}}{2}\right)$

受拉区对中性轴的面积矩：

$$S_{0l}=(\alpha_{\mathrm{s}}-1)A'_{\mathrm{s}}(h_0-x)+\frac{1}{2}b(h+t_{\mathrm{m}}-x)^2+2t_{\mathrm{m}}(h_{\mathrm{w}}+t_{\mathrm{m}})\left[(h+t_{\mathrm{m}}-x)-\frac{1}{2}(h_{\mathrm{w}}+t_{\mathrm{m}})\right]$$

令 $S_{0l}=S_{0\mathrm{a}}$，求受压区高度 x。

全截面换算截面对中性轴的惯性矩 I'_0：

$$I'_0=\frac{b'_{\mathrm{f}}x^3}{3}-\frac{(b'_{\mathrm{f}}-b)(x-h'_{\mathrm{f}})^3}{3}+(\alpha_{\mathrm{s}}-1)A'_{\mathrm{s}}(h_0-x)^2+\frac{1}{3}b(h+t_{\mathrm{m}}-x)^3$$

$$+2t_{\mathrm{m}}(h_{\mathrm{w}}+t_{\mathrm{m}})\left[(h+t_{\mathrm{m}}-x)-\frac{1}{2}(h_{\mathrm{w}}+t_{\mathrm{m}})\right]^2 \tag{4-27}$$

开裂截面换算截面惯性矩 I'_{cr} 计算如下。

根据图 4-43，当受压区高度 $x \leqslant h'_{\mathrm{f}}$ 时，按矩形截面计算开裂截面换算截面惯性矩 I'_{cr}；当受压区高度 $x > h'_{\mathrm{f}}$ 时，按 T 形截面计算开裂截面换算截面惯性矩 I'_{cr}。二者通过下式判断。

受压区对中性轴的面积矩：$S_{0\mathrm{a}}=\frac{1}{2}b'_{\mathrm{f}}h'^2_{\mathrm{f}}$

受拉区对中性轴的面积矩：$S_{0l}=\alpha_{\mathrm{s}}A'_{\mathrm{s}}(h_0-h'_{\mathrm{f}})$

$$S_{0\mathrm{a}} \geqslant S_{0l} \tag{4-28}$$

若式 (4-28) 成立，则受压区高度 $x \leqslant h'_{\mathrm{f}}$，按矩形截面计算开裂截面换算截面惯性矩 I'_{cr}；若式 (4-28) 不成立，则受压区高度 $x > h'_{\mathrm{f}}$，按 T 形截面计算开裂截面换算截面惯性矩 I'_{cr}。

受压区高度 $x \leqslant h'_{\mathrm{f}}$ 时，按矩形截面计算开裂截面换算截面惯性矩 I'_{cr}。

受压区对中性轴的面积矩：$S_{0\mathrm{a}}=\frac{1}{2}b'_{\mathrm{f}}x^2$

受拉区对中性轴的面积矩：$S_{0l}=\alpha_{\mathrm{s}}A'_{\mathrm{s}}(h_0-x)$

令 $S_{0l}=S_{0\mathrm{a}}$，求受压区高度 x。

开裂截面换算截面对中性轴的惯性矩 I'_{cr}：

$$I'_{\mathrm{cr}}=\frac{b'_{\mathrm{f}}x^3}{3}+\alpha_{\mathrm{s}}A'_{\mathrm{s}}(h_0-x)^2 \tag{4-29}$$

受压区高度 $x > h'_{\mathrm{f}}$ 时，按 T 形截面计算开裂截面换算截面惯性矩 I'_{cr}。

受压区对中性轴的面积矩：$S_{0\mathrm{a}}=\frac{1}{2}bx^2+(b'_{\mathrm{f}}-b)h'_{\mathrm{f}}\left(x-\frac{h'_{\mathrm{f}}}{2}\right)$

受拉区对中性轴的面积矩：$S_{0l}=\alpha_{\mathrm{s}}A'_{\mathrm{s}}(h_0-x)$

令 $S_{0l}=S_{0\mathrm{a}}$，求受压区高度 x。

开裂截面换算截面对中性轴的惯性矩 I'_{cr}：

$$I'_{\mathrm{cr}}=\frac{b'_{\mathrm{f}}x^3}{3}-\frac{(b'_{\mathrm{f}}-b)(x-h'_{\mathrm{f}})^3}{3}+\alpha_{\mathrm{s}}A'_{\mathrm{s}}(h_0-x)^2 \tag{4-30}$$

以上各式中：

$$A'_s = A_s + \frac{E_{sw}}{E_s} A_{sw} \tag{4-31}$$

A'_s 为钢绞线截面积（按刚度等效原则换算以后的钢筋截面积）；E_{sw} 为钢绞线弹性模量；A_{sw} 为钢绞线截面积；E_s 为钢筋弹性模量；A_s 为钢筋截面积；$\alpha_s = E_s/E_c$ 为钢筋与混凝土的截面换算系数，E_c 为混凝土弹性模量；E_s 为钢筋弹性模量；其他参数同《公路桥规》。

以上公式计算结果与试验结果及有限元计算值对比见表 4-18，表中 Δ_c 表示跨中挠度计算值，Δ_t 表示跨中挠度实测值。表中试验数据涵盖了混凝土强度、配筋率、加固钢绞线用量、持载程度、卸载构件等参数对加固的影响。由表可见：荷载水平在 $0.6M_y$ 时，计算值与试验值比值的平均值 1.031，标准差 0.041，变异系数 0.040；荷载水平在 $0.8M_y$ 时，计算值与试验值比值的平均值 1.028，标准差 0.040，变异系数 0.039。一般情况下，在正常使用极限状态，荷载水平在 $0.8M_y$ 以内，公式计算值与试验值符合良好，且计算值偏于保守，对各类不同参数的梁均有较好的适应性，计算公式可用于加固设计。屈服挠度计算值与试验值比值的平均值 0.935，标准差 0.098，变异系数 0.104；极限挠度计算值与试验值比值的平均值 0.975，标准差 0.087，变异系数 0.089。二者计算值明显要低于试验值，但正常使用情况下通常达不到如此大的挠度，此处影响不大。另外，计算时可以忽略加固过程中截面积的增加值而仅考虑钢绞线对刚度的贡献，从而进一步提高结构的安全储备。

挠度计算结果与试验结果的比较 表 4-18

试件编号	$0.6M_y$			$0.8M_y$			M_y			M_u		
	Δ_c (mm)	Δ_t (mm)	Δ_c/Δ_t	Δ_c (mm)	Δ_t (mm)	Δ_c/Δ_t	Δ_c (mm)	Δ_t (mm)	Δ_c/Δ_t	Δ_c (mm)	Δ_t (mm)	Δ_c/Δ_t
RCBF-1	12.10	12.08	1.002	17.11	16.55	1.034	22.17	24.58	0.902	178.34	166.91	1.068
RCBF-3	14.44	13.52	1.068	20.42	18.34	1.113	22.41	22.21	1.009	156.55	169.47	0.924
RCBF-4	11.54	11.26	1.025	16.38	16.93	0.968	21.25	21.35	0.995	194.73	199.87	0.974
RCBF-5	11.79	13.24	0.890	17.18	18.67	0.920	22.62	25.00	0.905	165.59	145.30	1.140
FEMF-25	13.23	12.80	1.036	17.73	17.30	1.025	22.21	24.81	0.895	119.09	111.85	1.065
FEMF-40	12.90	12.20	1.057	17.31	16.44	1.053	21.71	24.18	0.898	177.12	157.70	1.123
FEMF-50	12.67	11.99	1.057	17.05	16.23	1.051	21.41	24.53	0.873	185.28	188.39	0.983
FEMF-2.11	11.42	10.70	1.067	15.40	14.59	1.056	19.36	19.90	0.972	166.17	191.77	0.867
FEMF-4.21	13.91	12.92	1.076	18.62	17.50	1.064	23.32	24.31	0.959	137.80	141.90	0.971
FEMF-4	13.02	12.38	1.052	17.45	16.72	1.044	21.86	24.55	0.891	174.55	180.43	0.967
FEMF-8	12.83	12.19	1.053	17.21	16.45	1.046	21.56	24.33	0.886	177.76	170.09	1.045
FEMF-24	12.85	12.09	1.063	17.25	16.35	1.055	21.62	23.27	0.929	189.80	165.38	1.148
FEMF-4-5	13.02	12.77	1.020	17.45	17.23	1.013	21.86	33.36	0.665	174.55	187.44	0.931
FEMF-4-10	13.02	12.77	1.020	17.45	17.30	1.014	21.86	27.20	0.804	174.55	190.94	0.914
FEMF-8-5	12.83	12.71	1.009	17.21	17.11	1.006	21.56	25.00	0.860	177.76	186.36	0.954
FEMF-8-10	12.83	12.70	1.010	17.21	17.17	1.002	21.56	25.32	0.852	177.76	188.36	0.944
FEMF-16-5	12.90	12.50	1.032	17.31	16.81	1.030	21.71	25.72	0.844	189.80	180.48	1.052
FEMF-16-10	12.90	12.58	1.025	17.31	17.04	1.016	21.71	26.92	0.806	189.78	182.05	1.042
RCBF-1*	—	—	—	—	—	—	11.51	10.8	1.066	54.39	65.5	0.830

续表

试件编号	0.6M_y			0.8M_y			M_y			M_u		
	Δ_c (mm)	Δ_t (mm)	Δ_c/Δ_t	Δ_c (mm)	Δ_t (mm)	Δ_c/Δ_t	Δ_c (mm)	Δ_t (mm)	Δ_c/Δ_t	Δ_c (mm)	Δ_t (mm)	Δ_c/Δ_t
RCBF-2*	—	—	—	—	—	—	10.58	10	1.058	61.80	57.9	1.067
RCBF-3*	—	—	—	—	—	—	9.96	9.8	1.016	72.90	65.4	1.115
RCBF-4*	—	—	—	—	—	—	10.21	9.2	1.109	72.67	70.1	1.037
RCBF-5*	—	—	—	—	—	—	10.60	11.7	0.906	72.36	70.1	1.032
RC-0#							14.12	14.23	0.992	57.52	56.28	1.022
RC-1#							21.34	22.55	0.946	75.79	68.77	1.102
RC-2#	—						19.08	20.55	0.928	70.25	71.52	0.982
RC-4#							19.29	18.86	1.023	74.40	69.39	1.072
RC-5#							20.18	20.41	0.989	62.97	68.7	0.917
RC-7#							20.94	18.41	1.137	—	—	—

注：试件编号带"＊"为清华大学试验数据，带"＃"为福州大学试验数据。

对长期荷载作用下的挠度计算，可根据《公路桥规》乘以挠度长期增长系数予以考虑。

4.5.4 抗弯加固最大裂缝宽度计算

加固梁最大裂缝宽度可以按《公路桥规》的公式进行计算，计算如下：

$$W_{tk} = C_1 C_2 C_3 \frac{\sigma'_{ss}}{E_s}\left(\frac{30+d}{0.28+10\rho}\right) \tag{4-32}$$

$$\sigma'_{ss} = \frac{M_s}{0.87A'_s h_0} \tag{4-33}$$

式中：A'_s 为钢绞线截面积（按刚度等效原则换算以后的钢筋截面积），按式（4-31）计算；σ'_{ss} 为钢绞线截面积换算为钢筋截面积后的总钢筋的应力；C_1 为钢筋表面形状系数，C_2 为作用（或荷载）长期效应影响系数，C_3 为与物体受力性质有关的系数，C_1、C_2、C_3 取值同规范《公路桥规》；d 为纵向受拉钢筋的直径；ρ 为受拉钢筋的配筋率；M_s 为按作用（或荷载）短期效应组合计算的弯矩值。

以上公式计算结果见下表 4-19。

加固梁最大裂缝宽度计算值与实测值的比较 表 4-19

试件编号	实测裂缝宽度 (mm)	计算裂缝宽度 (mm)	计算裂缝宽度/实测裂缝宽度	实测裂缝宽度 (mm)	计算裂缝宽度 (mm)	计算裂缝宽度/实测裂缝宽度
RCBF-1	0.2	0.177	0.885	0.3	0.245	0.817
RCBF-3	0.2	0.171	0.855	0.3	0.253	0.843
RCBF-4	0.2	0.162	0.810	0.3	0.239	0.797
RCBF-5	0.2	0.162	0.810	0.3	0.239	0.797
RCBF-1*	0.2	0.165	0.825	0.3	0.252	0.840
RCBF-2*	0.2	0.168	0.840	0.3	0.257	0.857
RCBF-3*	0.2	0.181	0.905	0.3	0.269	0.897
RCBF-4*	0.2	0.181	0.905	0.3	0.269	0.897
RCBF-5*	0.2	0.173	0.865	0.3	0.263	0.877

由表中数据可见，计算结果偏于不安全。由于聚合物砂浆收缩性较大，加固层表面收缩裂缝较多，图 4-12 为试验过程中，加固砂浆表面的收缩裂缝，最大宽度 0.05mm。另外，课题组于 2006 年 1 月 8 日对某大桥现场进行了观测，发现各梁加固层砂浆均有不同程度的开裂现象，裂缝最大宽度 0.15mm，平均间距 150mm，裂缝形状为垂直纵桥向、两侧贯通的 U 型裂缝，如图 4-44 所示。故在式（4-32）中引入加固层砂浆收缩影响系数 C_4，裂缝最大宽度计算式调整为：

$$W_{tk} = C_1 C_2 C_3 C_4 \frac{\sigma'_{ss}}{E_s} \left(\frac{30+d}{0.28+10\rho} \right) \tag{4-34}$$

取 $C_4 = 1.15$，计算结果见表 4-20。实测裂缝宽度 0.2mm 时，计算值与实测值之比的均值为 0.983，标准差 0.040，变异系数 0.041；实测裂缝宽度 0.3mm 时，计算值与实测值之比的均值为 0.973，标准差 0.041，变异系数 0.042。可见，实测值与理论计算值符合较好，可满足工程计算要求。

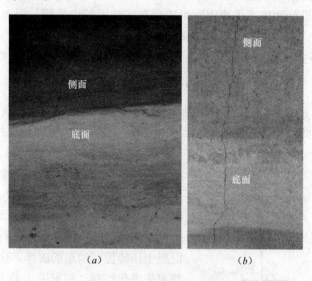

(a)   *(b)*

图 4-44　某大桥砂浆裂缝图

调整后加固梁最大裂缝宽度计算值与实测值的比较　　　　　　　　　表 4-20

试件编号	实测裂缝宽度（mm）	计算裂缝宽度（mm）	计算裂缝宽度/实测裂缝宽度	实测裂缝宽度（mm）	计算裂缝宽度（mm）	计算裂缝宽度/实测裂缝宽度
RCBF-1	0.2	0.203	1.015	0.3	0.282	0.940
RCBF-3	0.2	0.196	0.980	0.3	0.290	0.967
RCBF-4	0.2	0.186	0.930	0.3	0.275	0.917
RCBF-5	0.2	0.187	0.935	0.3	0.275	0.917
RCBF-1*	0.2	0.190	0.950	0.3	0.290	0.967
RCBF-2*	0.2	0.193	0.965	0.3	0.295	0.983
RCBF-3*	0.2	0.208	1.040	0.3	0.309	1.030
RCBF-4*	0.2	0.208	1.040	0.3	0.309	1.030
RCBF-5*	0.2	0.199	0.995	0.3	0.302	1.007

注：试件编号带"＊"为清华大学试验数据，由于福州大学试验没给出以上对应裂缝宽度的弯矩值，故无法计算，此处未给出相应数值。

4.5.5 抗弯加固钢绞线界限用量计算

对于抗弯构件，存在一个配筋量的问题。当纵筋配筋率过低时，梁开裂后，钢筋承担全部弯矩，立即发生屈服，甚至被拉断，梁很快发生破坏。这种梁的破坏由混凝土抗拉强度控制，破坏过程短促且没有先兆，破坏前截面应力、中和轴和曲率的变化都与素混凝土梁接近，通常称为少筋破坏。同样，配筋量很大的梁在最终破坏时，压区混凝土被压酥，破坏区往下扩展，形成三角破坏区而很快丧失承载力，但受拉钢筋始终没有屈服。这种梁的破坏由混凝土受压控制，裂缝开展不充分，先兆不明显，钢筋强度不能充分利用，通常称为超筋破坏。由于其脆性破坏特征，少筋梁和超筋梁在实际工程中是不允许出现的，对应这两种破坏的配筋率称为最小配筋率和最大配筋率。

4.5.5.1 抗弯加固钢绞线最小用量计算

对需加固的构件而言，通常情况下是由于承载力不足而进行加固，最小配筋率的实际意义不大。但由于设计和施工等原因，可能存在需加固的少筋梁，因而也就需验算最小配筋率是否满足要求。为防止加固后仍不满足最小配筋率要求，可按式（4-31）计算换算钢筋截面积 A_s'，由下式计算最小配筋率：

$$\rho = \frac{A_s'}{bh_0} \geqslant \rho_{\min} \tag{4-35}$$

式中，最小配筋率 $\rho_{\min}$ 按《混凝土结构设计规范》[6] 的规定取值。由于高强钢绞线设计应力远远高于钢筋，故此简化处理实际上增大了配筋量，是偏于安全的。对于桥梁结构，通常可不予以考虑。

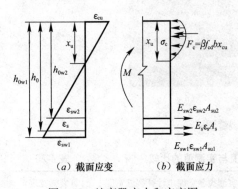

（a）截面应变　　（b）截面应力

图 4-45　纯弯段应力和应变图

4.5.5.2 抗弯加固钢绞线最大用量计算

当加固材料过量后，加固构件通常是发生两种破坏：一种是由于抗剪强度不足引起的剪切破坏，这可以通过验算抗剪承载力进行控制；另一种即为混凝土压碎控制的超筋破坏，这就需要通过最大配筋率来进行控制。根据图 4-45 所示矩形（或 $x \leqslant h_f'$ 的 T 形梁）加固梁纯弯段截面应力-应变关系，可得式（4-36）的受力平衡方程。式中 β 为截面受压区矩形应力图高度与实际受压区高度的比值，按《公路桥规》相关内容取值，其他参数同上文。

$$\beta f_{cd}bx_{cu} = E_s\varepsilon_s A_s + E_{sw}\varepsilon_{sw1}A_{sw1} + E_{sw}\varepsilon_{sw2}A_{sw2} \tag{4-36}$$

对压应力合力作用点起矩，可将侧面钢绞线网转化至底面，以合并钢绞线截面积。计算方程如下：

$$A_{sw3} = \frac{h_{0w2} - \dfrac{\beta x_{cu}}{2}}{h_{0w1} - \dfrac{\beta x_{cu}}{2}}A_{sw2} \tag{4-37}$$

$$A_{sw} = A_{sw1} + A_{sw3} = A_{sw1} + \frac{h_{0w2} - \dfrac{\beta x_{cu}}{2}}{h_{0w1} - \dfrac{\beta x_{cu}}{2}}A_{sw2} \tag{4-38}$$

$$\beta f_{cd} b x_{cu} = E_s \varepsilon_s A_s + E_{sw} \varepsilon_{sw1} A_{sw} \tag{4-39}$$

由平截面假定可得应变关系如下：

$$\varepsilon_{sw1} = \frac{h_{0w1} - x_{cu}}{x_{cu}} \varepsilon_{cu}, \quad \varepsilon_s = \frac{h_0 - x_{cu}}{x_{cu}} \varepsilon_{cu}$$

进而可得：

$$x_{cu} = \frac{\varepsilon_{cu} h_{0w1}}{\varepsilon_{sw1} + \varepsilon_{cu}} \tag{4-40}$$

$$\varepsilon_s = \frac{h_0 - x_{cu}}{h_{0w1} - x_{cu}} \varepsilon_{sw1} \tag{4-41}$$

由于高强钢绞线弹性模量 E_{sw} 在 $1.05 \times 10^5 MPa \sim 1.26 \times 10^5 MPa$ 之间，与钢筋弹性模量 E_s 在 $2.0 \times 10^5 MPa$ 左右相比，相差几乎一倍。故在钢筋屈服时，高强钢绞线应力相对较低。因而对加固钢绞线最大用量时的钢筋、钢绞线应变取值需作深入探讨。

现参考本章 4.3 节，建立完整加固梁有限元模型，探讨高强钢绞线界限用量。有限元模型中，通过改变高强钢绞线截面大小来实现其用量的增加，以利于模型间的相互比较，最后转化为 $\phi 3.2$ 的钢绞线根数。其中 $\phi 3.2$ 高强钢绞线 $f_{sw} = 1100MPa$、$\varepsilon_{wy} = 9196.02 \mu\varepsilon$；钢筋 $f_{sd} = 385.57MPa$、$\varepsilon_y = 1927.85 \mu\varepsilon$。混凝土压碎时数值计算所得钢筋、钢绞线的应力和应变见表 4-21。

高强钢绞线界限用量数值试验结果 表 4-21

试件编号	钢筋截面积 （mm²）	钢绞线截面积 （mm²）	混凝土压碎时			
			钢筋相对应力 σ_s / f_{sd}	钢筋相对应变 $\varepsilon_s / \varepsilon_y$	钢绞线相对应力 σ_{sw} / f_{sw}	钢绞线相对应变 $\varepsilon_{sw} / \varepsilon_{wy}$
FEMF-32		160.32	1.162	16.042	拉断	—
FEMF-48		240.48	1.128	14.564	拉断	—
FEMF-96		480.96	1.052	9.870	1538.07	2.069
FEMF-120		601.20	1.000	8.092	1453.08	1.696
FEMF-144	1846.8	721.44	1.000	6.894	1356.64	1.445
FEMF-168		841.68	1.000	5.966	1261.31	1.251
FEMF-216		1082.16	1.000	4.732	1094.72	0.992
FEMF-264		1322.64	1.000	4.000	950.76	0.838
FEMF-312		1563.12	1.000	3.468	846.13	0.525

由表 4-21 的计算数据可见，当钢绞线总截面积较低时，混凝土压碎时钢绞线被拉断，钢筋进入强化阶段。随钢绞线总截面积增大，钢筋应力减小且钢绞线应力同样降低。当钢绞线总截面积增大一定数值后，钢筋达到屈服应力，而钢绞线不再被拉断。

图 4-46 为高强钢绞线界限用量数值试验曲线。由挠度曲线可见，随钢绞线用量增加，屈服荷载逐步由钢筋控制转变为钢绞线控制，并且梁的屈服点不再明显。由钢筋应力曲线可见钢绞线用量较低时，混凝土压碎，钢筋进入强化阶段；钢绞线截面积大于 601.20mm² 后，钢筋却都没有进入强化阶段，构件挠度也大大减小，加固梁延性急剧下降。结合表 4-21 的数值，取钢筋和钢绞线设计强度的应力、应变作为式（4-39）的计算值比较合理，与表中 FEMF-216 计算结果相近。此时，原梁钢筋已经屈服，混凝土压碎时挠度有一定发展，达到 74mm，为梁计算跨度的 1/82。

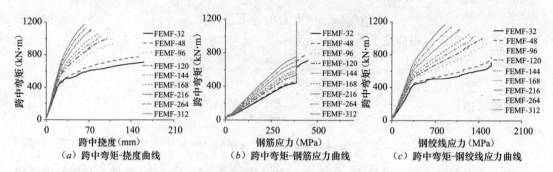

图 4-46   高强钢绞线界限用量数值试验曲线

此时，将式（4-40）、ε_s 代入（4-39），可得：

$$\beta f_{cd} b \frac{\varepsilon_{cu} h_{0w1}}{\varepsilon_{sw1} + \varepsilon_{cu}} = A_s E_s \varepsilon_s + E_{sw} A_{sw} \varepsilon_{sw1} \tag{4-42}$$

当高强钢绞线应变达极限应变 ε_{wy} 时，钢筋已达 ε_y，得高强钢绞线最大用量为：

$$A_{sw,max} = \frac{\beta f_{cd} b \cdot \dfrac{\varepsilon_{cu} h_{0w1}}{\varepsilon_{wy} + \varepsilon_{cu}} - A_s E_s \varepsilon_y}{E_{sw} \cdot \varepsilon_{wy}} \tag{4-43}$$

当为 T 形梁且满足 $x > h_f'$ 时，式（4-42）变为：

$$f_{cd}(b_f' - b)h_f' + \beta f_{cd} b \frac{\varepsilon_{cu} h_{0w1}}{\varepsilon_{sw1} + \varepsilon_{cu}} = E_s \varepsilon_s A_s + E_{sw} \varepsilon_{sw1} A_{sw} \tag{4-44}$$

此时，高强钢绞线最大用量为：

$$A_{sw,max} = \frac{f_{cd}(b_f' - b)h_f' + \beta f_{cd} b \cdot \dfrac{\varepsilon_{cu} h_{0w1}}{\varepsilon_{wy} + \varepsilon_{cu}} - A_s E_s \varepsilon_y}{E_{sw} \cdot \varepsilon_{wy}} \tag{4-45}$$

由式（4-45）计算表中模型的最大钢绞线用量为 867.98mm²，与 FEMF-168 最为接近，为其加固量的 1.031。而 FEMF-168 破坏时的挠度为 84.82mm，为梁计算跨度的 1/72，延性要好于 FEMF-216，但公式计算值要低于 FEMF-216 的用量，为 FEMF-216 的 0.80。为了确保构件不发生脆性破坏，国外有些规范将构件的配筋率取得更低，如美国规范取 $\rho \leqslant 0.75 \rho_{max}$，将界限配筋率 0.75 为原值的折减，以此作为构件配筋率的限制条件。因此本文计算公式相当于进行了 0.80 的折减，由数值计算来看是比较合理的，能够确保加固构件具有较大的延性。

对二次受力构件，由于存在应力滞后，可根据钢绞线修正应力-应变曲线即式（4-13），将 ε_{wy} 修正为 $\varepsilon_{wy} - \varepsilon_{sw0}$，从而可计算高强钢绞线最大用量时的截面积。

4.6   本章小结

本章通过对 5 根 T 形梁抗弯加固的试验研究和数值分析，结合相关单位的试验研究，对高强钢绞线网-聚合物砂浆抗弯加固 RC 梁的加固效果、受力机理、承载力计算等问题进行分析，得出如下结论与建议：

1. 高强钢绞线网-聚合物砂浆抗弯加固 RC 梁效果显著，加固构件的抗弯承载能力、刚度均得到了相应提高，裂缝开展得到了有效延迟。

2. 抗弯加固梁加固层与梁体之间的破坏表现为三种形态并存：第一种是在加固层与梁界面处剥离，加固层脱落；第二种是加固层在剥离时咬下梁底边缘大片混凝土，梁体钢筋保护层随着加固层一起剥落，受拉钢筋露出；第三种是第一、二种破坏形态同时存在于一根构件上。

3. 抗弯加固完整梁、预裂梁可以达到相近的屈服荷载，即不同受力程度对加固梁的屈服承载力影响较小，但预裂对抗弯加固梁钢筋应变及截面刚度的影响比较明显，相同荷载作用下受拉区钢筋应变及挠度的降低幅度比完整梁大，建议实际加固时，尽量在卸载情况下进行加固施工，以提高结构的加固效果。

4. 在 5 根 T 形梁抗弯加固试验及有限元分析基础上，结合相关单位的抗弯加固试验研究，提出抗弯加固承载力计算公式（4-19）～公式（4-23），所依据的试验数据涵盖了混凝土强度、配筋率、加固钢绞线用量、持载程度、卸载构件等参数对加固的影响，公式具有良好的适应性，可用于桥梁、建筑等工程结构的加固设计。

5. 依据以上抗弯加固试验研究及数值分析，提出了抗弯加固梁挠度计算公式（4-24），最大弯曲裂缝宽度计算公式（4-34），钢绞线界限用量计算公式（4-35）、式（4-43）、式（4-45），计算公式同样具有良好的适应性，可用于桥梁、建筑等工程结构的加固设计。

参考文献

[1] 刘彦顺，等. 某大桥设计资料［G］. 沧州：沧州交通勘测设计院，2002.

[2] 江见鲸，陆新征，等. 钢筋混凝土结构有限元分析［M］. 北京：清华大学出版社，2005.

[3] 聂建国，王寒冰，张天申，等. 高强不锈钢绞线网-聚合物砂浆抗弯加固的试验研究［J］. 建筑结构学报，2005，26（2）：1-9.

[4] 蔡奇. 高强钢绞线加固钢筋混凝土梁刚度裂缝的研究［D］. 北京：清华大学，2003.

[5] 林秋峰. 高强钢丝网聚合物砂浆加固混凝土梁抗弯试验研究［D］. 福州：福州大学，2005.

[6] GB 50010—2002. 混凝土结构设计规范［S］. 北京：中国建筑工业出版社，2002.

[7] JTG D62—2004. 公路钢筋混凝土及预应力混凝土桥涵设计规范［S］. 北京：人民交通出版社，2004.

[8] 吴刚，安琳，吕志涛. 碳纤维布用于钢筋混凝土梁抗弯加固的试验研究［J］. 建筑结构，2000，30（7）：3-6.

5 高强钢绞线网-聚合物砂浆加固混凝土抗剪构件斜截面承载力

根据实际钢筋混凝土构件的损伤特点，本章针对 9 根跨长 2.6m 的钢筋混凝土矩形梁进行了抗剪加固试验，从抗剪角度系统研究了高强钢绞线网-聚合物砂浆加固梁的破坏机理，分析了钢绞线网布置形式、端部锚固、预裂程度、持载情况等因素对加固梁性能的影响。试验结果表明，加固梁承载力获得了相应提高，刚度得到加强，裂缝发展得到了有效延迟，加固效果明显；加固方式、钢绞线网端部固定螺栓的数量、预裂程度以及持载情况的改变对加固梁性能会产生较大影响。

5.1 加固梁抗剪试验概况

采用高强钢绞线网-聚合物砂浆加固技术，以实际 RC 梁为基础，进行抗剪加固梁承载力及破坏机理的试验研究。

5.1.1 试验梁的设计与制作

抗剪加固试验共制作 9 根钢筋混凝土矩形梁，尺寸及配筋如图 5-1 所示。各试验梁的编号及分类见表 5-1。各梁加固方案如图 5-2 所示。

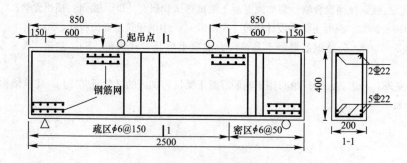

图 5-1 抗剪加固梁截面及配筋

抗剪加固试件编号及分类　　　　　　　　　　　　表 5-1

试件编号	加固方式	剪跨比	端部膨胀螺栓数量	预裂程度	配箍率	
					疏区	密区
RCBS-0	对比梁	1.6	无	完整	$\phi6@150$	$\phi6@50$
RCBS-1	U 形加固	1.6	8 个	完整	$\phi6@150$	$\phi6@50$
RCBS-2	环包加固	1.6	4 个	完整	$\phi6@150$	$\phi6@50$

续表

试件编号	加固方式	剪跨比	端部膨胀螺栓数量	预裂程度	配箍率	
					疏区	密区
RCBS-3/4	U形加固	1.6	无	完整	$\phi 6@150$	$\phi 6@50$
RCBS-5	U形加固	1.6	4个	完整	$\phi 6@150$	$\phi 6@50$
RCBS-6	U形、持载加固	1.6	5个	48%预裂	$\phi 6@150$	$\phi 6@50$
RCBS-7	U形、持载加固	1.6	无	58%预裂	$\phi 6@150$	$\phi 6@50$
RCBS-8	环包、卸载加固	1.6	5个	破坏	$\phi 6@150$	$\phi 6@50$

注：表中"48%预裂"、"58%预裂"是指预加荷载为对比梁极限荷载的48%和58%。

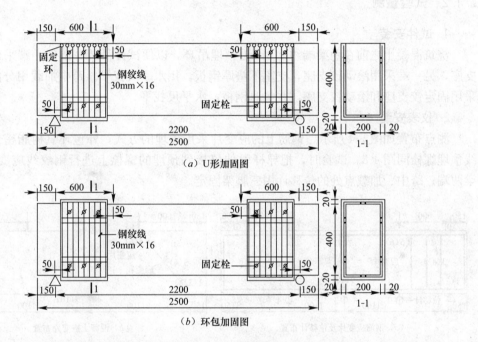

图 5-2 抗剪加固示意图（图中固定用膨胀螺栓数量见表5-1，尺寸单位：mm）

试件制作及养护在长安大学结构与抗震实验室完成。设计混凝土强度等级为C30，采用砾石、中砂、32.5级普通硅酸盐水泥；主筋采用Ⅲ级螺纹钢筋，箍筋采用Ⅰ级盘条钢筋。混凝土浇筑前在钢筋相应位置布置应变片，如图5-3所示。浇筑混凝土时预留混凝土立方体试块（150mm×150mm×150mm），并与试件采用同条件空气养护，即覆盖麻布浇水养护。

图 5-3 抗剪加固试件钢筋及应变片

实测混凝土和钢筋的材料强度如表 5-2 所示，高强不锈钢绞线和渗透性聚合物砂浆的材料强度见第二章相关内容。

抗剪加固试件材料强度   表 5-2

混凝土强度（MPa）	钢筋强度（MPa）					
	直径（mm）	屈服强度（MPa）	极限强度（MPa）	直径（mm）	屈服强度（MPa）	极限强度（MPa）
48.45	6	353.63	524.88	22	452.63	619.30

5.1.2 试验量测

1. 试件安装

浇筑混凝土之前在距梁端约 0.9m 处预埋吊环，以便试件吊装。试件一端采用固定铰支座，另一端采用滚动铰支座，支座下垫厚钢板，用水平尺找平。跨中加载用分配梁同样采用固定铰支座和滚动铰支座，并垫厚钢板，水平尺找平。

2. 仪表安装

测点布置如图 5-4 所示。钢筋上的应变片采用预埋的方式，外包环氧树脂密封。钢绞线预埋螺栓同图 4-8。试验时，把导杆引伸仪接到预埋的螺栓上进行钢绞线应变的测量。梁两端、跨中、加载点处的位移计用三脚架固定。

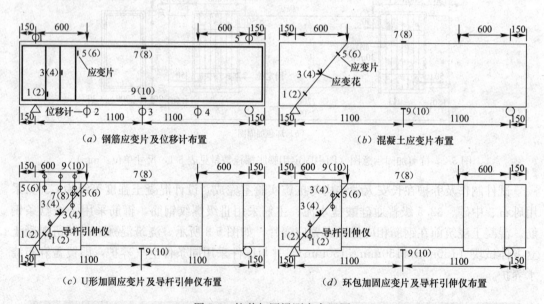

图 5-4 抗剪加固梁测点布置图

3. 加载方案

试件简支，跨中两点对称加载。纯弯段长度为 2m，由一台 200t 油压千斤顶加载，荷载通过与千斤顶相连的传感器量测。千斤顶施加的荷载由分配梁直接作用在混凝土梁上。试验加载装置如图 5-5 所示。试验采用单调加载，每增加一级荷载，持荷观测裂缝的发展形态，测量裂缝宽度。

图 5-5 抗剪加固梁试验装置

4. 数据采集

测点引线通过 DTS-602 数据采集系统连于计算机，试验数据除荷载值外全部由计算机自动采集，同图 4-11。试验过程中，通过计算机对试验梁的钢筋应变、混凝土应变、钢绞线应变等进行监控；通过人工对裂缝进行观测并随时记录裂缝宽度、裂缝开展情况等。

5.2 加固梁抗剪性能试验分析

抗剪加固主要试验结果见表 5-3。表中 V_{cr} 为剪弯段开裂荷载，RCBS-6～RCBS-8 中"/"前为未加固时的开裂荷载，"/"后为加固后砂浆层开裂荷载，由于加固层聚合物砂浆的收缩裂缝，使得一部分梁未获得开裂荷载；V_y 为箍筋屈服时的荷载；V_u 为极限承载力。由表中数据可见，加固后各梁的特征荷载均得到了不同程度的提高，高强钢绞线网-聚合物砂浆抗剪加固效果显著。

抗剪加固试验结果 表 5-3

试件编号	V_{cr} (kN)	V_{cr} 提高量（%）	V_y (kN)	V_y 提高量（%）	V_u (kN)	V_u 提高量（%）
RCBS-0	25.0	—	135	—	260	—
RCBS-1	40.0	60.0	165	22.2	344	32.3
RCBS-2	—	—	204	51.1	315	21.2
RCBS-3	36.5	46.0	224	65.9	384	47.7
RCBS-4	—	—	234	73.3	359	38.1
RCBS-5	—	—	269	99.3	384	47.7
RCBS-6	27.5/195	—	245	81.5	425	63.5
RCBS-7	30.5/195	—	170	25.9	370	42.3
RCBS-8	17.5/25.0	—30.0	245	81.5	318	22.3

5.2.1　抗剪加固梁破坏特征

所有试验梁剪切破坏均发生在箍筋疏区，为典型的剪压破坏。RCBS-0 为对比梁，加载至25kN时剪弯段发生开裂，随后裂缝逐步出现。加载至75kN时出现第一条斜裂缝，斜裂缝产生后，迅速向支座和加载点发展；当荷载为115kN时，裂缝宽度达 0.2mm；荷载加至130kN时，裂缝宽度达 0.3mm，随后裂缝不稳定扩展；荷载达到260kN时，加载点靠外一侧混凝土达极限强度被压碎，梁发生典型的剪压破坏。

RCBS-1 梁为 U 形加固，端部钢绞线通过 8 个膨胀螺栓固定，螺栓距梁顶60mm。加载至40kN时，剪弯段出现裂缝，随后裂缝逐步出现。加载至90kN时出现第一条斜裂缝，斜裂缝产生后，迅速向支座和加载点发展，并且逐步出现多条斜裂缝；当荷载为175kN时，裂缝宽度达 0.2mm；荷载加至195kN时，裂缝宽度达 0.3mm；荷载达到335kN时，沿螺栓部位出现水平贯通裂缝；加载至344kN时加固层从螺栓处往下剥离，同时发出巨响，加载点靠外一侧混凝土达到极限强度被压碎，梁发生典型的剪压破坏。

RCBS-2 梁为环包加固，距梁顶60mm处设置 4 个膨胀螺栓，挂住钢绞线。加载前，加固层砂浆存在初始收缩裂缝，故无法得出开裂荷载，并且在加固层边缘可见砂浆层与混凝土之间发生部分分层开裂。加载至109kN时出现第一条斜裂缝，斜裂缝产生后，迅速向支座和加载点发展，并且逐步出现多条斜裂缝；当荷载为184kN时，裂缝宽度达到 0.2mm；荷载加至194kN时，裂缝宽度达到 0.3mm；荷载达到314kN时，沿顶部和底部砂浆层出现水平贯通裂缝；加载至315kN时发出巨响，加载点靠外一侧混凝土达到极限强度被压碎，梁发生典型的剪压破坏。

RCBS-3 梁为 U 形加固，端部无膨胀螺栓固定，钢绞线两端通过铁丝将其绷紧并固定。加载至36.5kN时，剪弯段出现裂缝，随后裂缝逐步出现。加载至114kN时出现第一条斜裂缝，斜裂缝产生后，迅速向支座和加载点发展，并且逐步出现多条斜裂缝；当荷载为214kN时，裂缝宽度达 0.2mm；荷载加至239kN时，裂缝宽度达 0.3mm；荷载达到319kN时，梁顶部加固层与混凝土之间出现层间裂缝，并逐步向下发展；加载至384kN时加固层发生剥离，同时发出巨响，加载点靠外一侧混凝土达到极限强度被压碎，梁发生典型的剪压破坏。

RCBS-4 梁为 U 形加固，端部无膨胀螺栓固定，钢绞线两端通过铁丝将其绷紧并固定。加载至40kN时剪弯段出现裂缝，随后裂缝逐步出现。加载至114kN时出现第一条斜裂缝，斜裂缝产生后，迅速向支座和加载点发展，并且逐步出现多条斜裂缝；当荷载为214kN时，裂缝宽度达 0.2mm；荷载加至234kN时，裂缝宽度达 0.3mm；荷载达到259kN时，梁顶部加固层与混凝土之间出现层间裂缝，并逐步向下发展；加载至359kN时加固层发生剥离，同时发出巨响，加载点靠外一侧混凝土达到极限强度被压碎，梁发生典型的剪压破坏。

RCBS-5 梁为 U 形加固，距梁顶60mm处设置 4 个膨胀螺栓，挂住钢绞线，钢绞线两端通过铁丝将其绷紧并固定。加载前，加固层砂浆存在初始收缩裂缝，故无法得出开裂荷载。加载至129kN时出现第一条斜裂缝，斜裂缝产生后，迅速向支座和加载点发展，并且逐步出现多条斜裂缝；当荷载为184kN时，裂缝宽度达 0.2mm；荷载加至204kN时，裂缝宽度达 0.3mm；荷载达到309kN时，梁顶部加固层与混凝土之间出现层间裂缝，并逐步向下发展；加载至 384kN 时加固层发生剥离，同时发出巨响，加载点靠外一侧混凝土达到极限强度被压碎，梁发生典型的剪压破坏。

RCBS-6 梁为持载加固梁，加载采用裂缝和箍筋应变综合控制，加固前剪弯段斜裂缝宽度 0.2mm，中间箍筋应变 $406\mu\varepsilon$，荷载为 125kN。预加载完后，保持此荷载不变，进行加固。加固方式为 U 形加固，距梁顶 60mm 处设置 5 个膨胀螺栓，挂住钢绞线，钢绞线两端通过铁丝将其绷紧并固定。养护完后开始加载，当荷载为 195kN 时直接在砂浆层出现第一条斜裂缝，随荷载增加，斜裂缝迅速向支座和加载点发展，并且逐步出现多条斜裂缝；当荷载为 265kN 时，加固层裂缝宽度达 0.2mm；荷载加至 335kN 时，裂缝宽度达 0.3mm；荷载达到 385kN 时，梁顶部加固层与混凝土之间出现层间开裂，并逐步向下发展；加载至 430kN 时加固层发生剥离，同时发出巨响，加载点靠外一侧混凝土达到极限强度被压碎，梁发生典型的剪压破坏。

RCBS-7 梁为持载加固梁，加载采用裂缝和箍筋应变综合控制，加固前剪弯段斜裂缝宽度 0.25mm，中间箍筋应变 $1190\mu\varepsilon$，荷载为 150kN。预加载完后，保持此荷载不变，进行加固。加固方式为 U 形加固，端部无膨胀螺栓固定，钢绞线两端通过铁丝将其绷紧并固定。养护完后开始加载，当荷载为 195kN 时直接在砂浆层出现第一条斜裂缝，随荷载增加，斜裂缝迅速向支座和加载点发展，并且逐步出现多条斜裂缝；当荷载为 275kN 时，加固层裂缝宽度达 0.2mm；荷载加至 315kN 时，裂缝宽度达 0.3mm；荷载达到 315kN 时，梁顶部加固层与混凝土之间出现层间裂缝，并逐步向下发展；加载至 370kN 时加固层发生剥离，同时发出巨响，加载点靠外一侧混凝土达到极限强度被压碎，梁发生典型的剪压破坏。

RCBS-8 梁为对比梁 RCBS-0 破坏后的修复加固梁，加固前清理破坏后的混凝土碎屑，在主斜裂缝处灌入环氧砂浆作修复处理，处理完毕后进行加固。加固方式为环包加固，距梁顶 60mm 处设置 5 个膨胀螺栓，挂住钢绞线。养护完后开始加载，当荷载为 17.5kN 时砂浆层出现微裂缝，第一条斜裂缝出现在 75kN 时，随后逐步出现多条斜裂缝，并迅速向支座和加载点发展；当荷载为 125kN 时，裂缝宽度达 0.2mm；荷载加至 165kN 时，裂缝宽度达 0.3mm；荷载达到 265kN 时，梁顶面砂浆与侧面砂浆交接处产生水平裂缝；加载至 318kN 时加固层发生剥离，同时发出巨响，加载点靠外一侧混凝土达到极限强度被压碎，梁发生典型的剪压破坏。

抗剪加固梁箍筋疏区（破坏端）剪力-加载点挠度曲线如图 5-6 所示。总体来看，加固明显提高了梁的抗剪承载力和刚度。与抗弯加固相比，剪切破坏特性同样也可分为三个阶段，各阶段工作性能如下。

1. 弹性工作阶段

受荷初期，整个构件均处于较低应力状态，无论是纯弯段，还是剪弯段，聚合物砂浆和混凝土边缘的应变小于极限拉应变，构件基本上处于弹性工作阶段，荷载挠度曲线上表现为线性关系。对完整加固梁 RCBS-1～RCBS-5 来说，此阶段相当于剪弯段截面有所增大的钢筋混凝土梁，图 5-6 (a) 表明加固梁刚度要稍大于对比梁，端部固定钢绞线的膨胀螺栓数量及加固形式影响不明显；对持载加固的 RCBS-6～RCBS-7 来说，此阶段尚未加固，与对比梁几乎无差异，如图 5-6 (b) 所示；而 RCBS-8 为对比梁的修复加固梁，此阶段混凝土中存在裂缝，而加固层的存在弥补了微裂缝对抗剪刚度的损失，在图 5-6 (b) 上表现为曲线几乎重合。

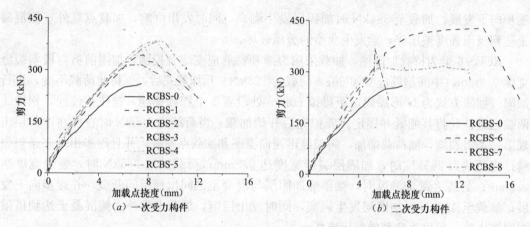

图 5-6   箍筋疏区（破坏端）剪力-加载点挠度曲线

2. 带裂缝工作阶段

随着荷载增加，首先在梁的跨中纯弯段出现受拉裂缝，且自下向上延伸；荷载继续增加，剪弯段内弯矩增大，相继出现受弯（拉）裂缝，在底部与纵筋轴线垂直，向上延伸时倾斜角逐渐减小，约与主压应力轨迹线一致，形成弯剪裂缝；并随荷载继续增加继而出现腹剪裂缝。由于加固的原因，部分梁的开裂荷载提高幅度在 $46\%\sim60\%$ 之间，除 8 号梁外，其他加固梁由于聚合物砂浆的初始收缩裂缝，开裂荷载无从考虑。由图 5-6 可见，此阶段对比梁 RCBS-0 荷载-挠度曲线出现明显转折，刚度减小，挠度增长加快；完整加固梁 RCBS-1～RCBS-5 荷载-挠度曲线的转折点不是很明显，曲线斜率比对比梁大得多，加固效果从曲线上进一步呈现出来，但从曲线上无法看出端部固定钢绞线的膨胀螺栓数量及加固形式的影响；而持载梁 RCBS-6～RCBS-7 在加固前与对比梁非常接近，曲线有明显转折，在加固养护完后，随荷载增加，挠度增长明显减缓，在荷载-挠度曲线上再次出现转折点，曲线斜率增大，持载程度对加固的影响在曲线上反映不是很明显；修复加固梁 RCBS-8 在曲线上表现为与持载加固梁类似。

3. 破坏阶段

随荷载进一步增加，箍筋屈服，试件受力进入第三阶段，试验曲线出现较大转折，挠度随荷载增大迅速增加，试件很快达到极限荷载。与抗弯破坏不同的是，剪切破坏呈明显的脆性特征，但与对比梁相比，可以发现加固梁在破坏时延性有很大改善。各梁屈服荷载、极限荷载及其提高幅度见表 5-3。总体上看，高强钢绞线网-聚合物砂浆加固大大提高了梁的特征荷载。由图 5-6 可见，对比梁 RCBS-0 荷载-挠度曲线转折点最明显，箍筋屈服后挠度快速增加，加载点外侧截面顶部压区混凝土面积逐步缩小，混凝土在正应力和剪应力的共同作用下很快达到抗压强度而发生剪压破坏。完整加固梁 RCBS-1～RCBS-5 荷载-挠度曲线的转折点很不明显，箍筋屈服后，腹剪裂缝和弯剪裂缝迅速发展，内部混凝土裂缝开展加快，加固层砂浆裂缝在钢绞线作用下开展较慢，加固层与本体梁之间变形出现不协调，在梁顶产生层间裂缝，且不断向下发展，荷载增加到一定值后加固层发生突然剥离，所承担的荷载瞬间全部传递给混凝土和箍筋，而箍筋屈服进入流幅阶段，基本上由混凝土承担加固层传递过来的荷载，从而出现瞬间剪切破坏。环包加固梁 RCBS-2 极限承载力要比其他加固梁低，主要是因为这批构件的第一个施工梁，抹灰质量较差，砂浆粘结强度低，剥离破坏发生的早，导致极限承载力提高幅度较低，仅为 21.2%；U 形加固梁 RCBS-1 极限荷载次之，分析剥离后混凝土的破坏形式可知，由于固定钢绞线的膨胀螺栓数量过多，从而对剪弯段混凝土产生较大损伤，引起抗剪强度下降，导致加固承载力提高幅度下降，为 32.3%；U 形加固梁 RCBS-3～RCBS-5 的极限承载力提高幅度较为接近，在 38.1%～47.7%之间，说明螺栓较少情况下对抗剪承载力影响不大，同时也说明螺栓在提高抗剪加固效果方面起的作用不大。持载加固梁 RCBS-6 极限承载力提高幅度较高，为 63.5%。由于 6 号梁持载幅度小于 7 号梁，其极限承载力提高幅度要大于 7 号梁的 42.3%，另外图中显示其延性也要大于 7 号梁，这说明持载幅度大小对加固有明显影响，加固中持载程度不宜过大。与完整加固梁相比，特征荷载相近，一定程度的持载对加固承载力的不利影响并不大。修复梁 RCBS-8 极限承载力较低，与对比梁相比提高幅度为 22.2%，说明高强钢绞线-聚合物砂浆加固能够修复损伤构件，但过大的初始损伤对抗剪加固有显著影响。

　　加固梁剪力-跨中纵筋拉应变曲线见图 5-7，由图可见对比梁的应变发展要快于加固梁，相同荷载作用下加固梁钢筋应变小于对比梁。由于加固使得承载力获得极大提高，部分梁的纵筋已经接近或发生屈服，梁破坏时的应变比对比梁大得多。

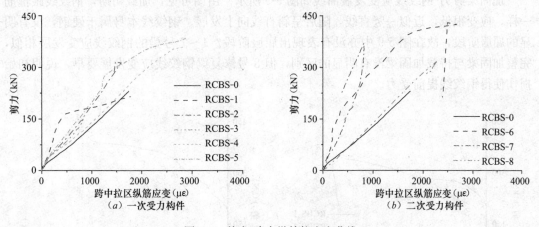

图 5-7　剪力-跨中纵筋拉应变曲线

　　加固梁剪力-箍筋应变曲线见图 5-8。由图可见，加载初期，箍筋应变很低，近似一竖直线。此阶段完整加固梁 RCBS-1～RCBS-5 的竖直段要比对比梁 RCBS-0 长，箍筋受力要比对比梁晚；持载加固梁 RCBS-6～RCBS-7 与完整加固梁有较大差异，由于加固前剪弯段混凝土开裂，箍筋已受力，其竖直段比完整加固梁短，而与对比梁相似。修复梁 RCBS-8 与对比梁也相似，但竖直段比对比梁略短，初始损伤降低了混凝土的抗剪承载力，箍筋受力要比其他加固梁早。

　　随荷载增加，剪弯段裂缝逐步出现、开展，箍筋受力增加。此阶段对比梁 RCBS-0 箍筋应变迅速增加，呈一水平段发展，直至屈服。完整加固梁箍筋应变随荷载增加而增加，速度要比对比梁慢，呈一倾斜曲线，至屈服处发生明显转折，进入屈服段后应变迅速增加，而荷载增加不大。持载加固梁在加固前应变发展与对比梁相似，箍筋应变迅速发展，

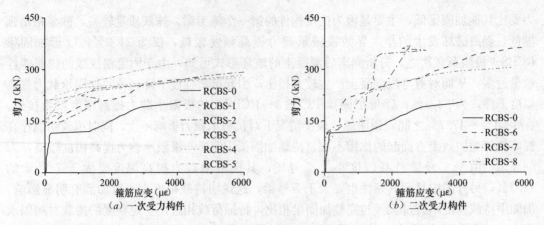

图 5-8　剪力-箍筋应变曲线

钢绞线受力后，箍筋所受荷载比例降低，增加的荷载由钢绞线承担，在曲线上出现台阶状转折，此后箍筋随荷载增加进入屈服阶段。由于 6 号梁持载程度低，转折点出现的要比 7 号梁早。而修复加固梁箍筋应变发展与完整加固梁类似，为一倾斜曲线，无台阶状转折点。

　　加固梁剪力-钢绞线应变发展曲线如图 5-9 所示。由图可见，加载初期，钢绞线跟箍筋一样，应变很低，近似一竖直线，随后呈斜直线向上发展。钢绞线本身属于硬钢，没有明显的屈服阶段，故在图 5-9 中亦没有表现出屈服阶段。1～7 号梁的钢绞线应变发展相似，完整加固梁与持载加固梁没有明显的区别，但 8 号修复梁钢绞线应变发展要早，说明初始损伤使得钢绞线提前受力。

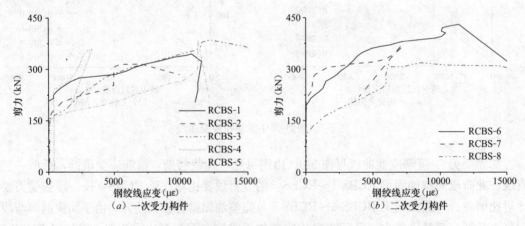

图 5-9　剪力-钢绞线应变曲线

　　试验过程中测试了加固层与本体梁之间的粘结-滑移破坏曲线，如图 5-10 所示。由图可见，加载初期并没有出现滑移，甚至箍筋进入屈服前都没有明显的滑移，只是在箍筋屈服进入流幅阶段后，混凝土剪切裂缝宽度增加，而当变形与加固层砂浆无法协调时，在梁顶部加固层粘结薄弱处形成界面裂缝，加固层产生滑移。随荷载增加，界面裂缝沿梁侧面由上向下发展，滑移也逐渐增加。当界面粘结力不能承受增加的荷载后，加固层发生剥离,同时构件无法承受加固层传递过来的荷载而发生突然破坏。由图可见,完整加固梁滑移段要比持载加固梁长,说明持载加固梁破坏时的脆性更高。

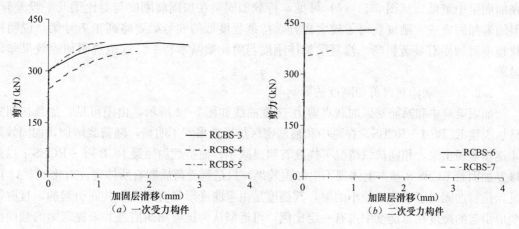

图 5-10　剪力-加固层顶部滑移曲线

5.2.2　抗剪加固梁刚度分析

5.2.2.1　加固对梁整体刚度的影响

对抗剪加固而言,其本身是不能直接提高梁的抗弯刚度的,而是通过提高加固段的截面剪切刚度来提高梁的整体刚度的。现引入 4.2.2 节截面刚度的定义,来分析加固对梁刚度方面的影响。加固梁整体刚度随跨中挠度的变化曲线如图 5-11 所示。

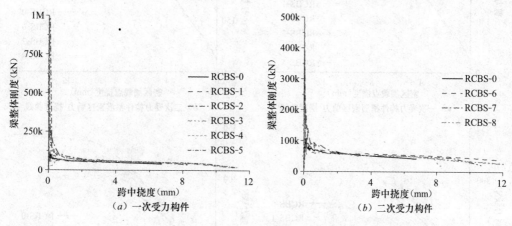

图 5-11　抗剪加固梁整体刚度-挠度曲线

从图 5-11 可以看出,所有加固梁整体刚度的发展趋势与对比梁相似。梁开裂以前,整体刚度很大,随跨中裂缝的出现,梁刚度逐渐衰减;弯曲裂缝出现后,梁整体刚度进一步下降,至箍筋屈服前或剪切裂缝较大以前,刚度下降幅度较慢;随箍筋屈服或剪切裂缝显著发展,整体刚度快速下降,之后进入平缓阶段。从图 5-11(a)可见,完整加固梁整体刚度比对比梁要高,但提升幅度不大,这说明高强钢绞线网-聚合物砂浆抗剪加固对梁整体刚度提高起到了一定作用。环包加固的 2 号梁初期刚度要略高于其他加固梁，后期则基本持平，而 1 号梁由于其顶部的固定螺栓过多造成较大的损伤，整体刚度在加固梁中最低。从图 5-11（b）可见，持载加固梁在加固前刚度与对比梁几乎没差异，但随着加固完成，刚度获得了较大提升，持载程度低的 6 号梁要略高于 7 号梁，说明持载程度对加固有显著影响。修复梁整体刚度与对比梁基本持平，这也说明加固效果非常显著。

5.2.2.2　加固对梁剪切刚度的影响

加固梁跨中和箍筋密区加载点剪力-挠度曲线如图 5-12 所示，由图可见，加载初期完整加固梁 RCBS-1～RCBS-5 在跨中和箍筋密区加固效果并不明显，随荷载增加，加固效果才逐步显现出来，相同荷载情况下挠度有明显减小；而持载加固梁 RCBS-6～RCBS-7 以及修复加固梁 RCBS-8 基本上体现不出加固效果，只是到受荷后期有所体现。对比图 5-12 可见，抗剪加固对于剪跨比较小的梁，其挠度是由弯曲变形和剪切变形共同引起的，且剪切变形引起的挠度在总挠度中占有一定比例，可近似认为抗剪加固措施并未提高梁的截面抗弯刚度，而是仅仅提高加固梁的截面剪切刚度[1-7]。所以在同一荷载水平下，箍筋疏区加固梁与对比梁挠度的差异较真实地反映了它们截面剪切刚度的变化。表 5-4 列出了疏区加载点在不同挠度水平下，9 根试验梁的对应剪力值。

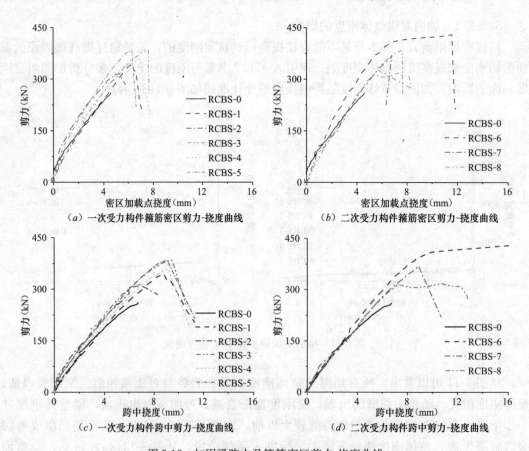

（a）一次受力构件箍筋密区剪力-挠度曲线　　　（b）二次受力构件箍筋密区剪力-挠度曲线

（c）一次受力构件跨中剪力-挠度曲线　　　（d）二次受力构件跨中剪力-挠度曲线

图 5-12　加固梁跨中及箍筋密区剪力-挠度曲线

抗剪加固梁使用阶段特征挠度对应的剪力值 表 5-4

挠度水平（mm）		2	4	6	8
剪力（kN）	RCBS-0	114.8	191.3	248.4	破坏
	RCBS-1	134.0/16.7%	227.8/19.1%	305.6/23.0%	325.7
	RCBS-2	154.9/34.9%	242.2/26.6%	306.0/23.2%	303.9
	RCBS-3	139.9/21.9%	244.8/30.0%	320.1/28.9%	371.7
	RCBS-4	143.2/24.7%	239.5/25.2%	317.4/27.8%	349.9
	RCBS-5	147.8/28.7%	244.3/27.7%	324.2/30.5%	379.4
	RCBS-6	121.7/6.0%	253.2/32.4%	348.1/40.1%	406.6
	RCBS-7	127.1/10.7%	233.4/22.0%	268.1/7.9%	破坏
	RCBS-8	126.6/10.3%	262.7/37.3%	313.3/26.1%	306.5

注：表中"/"后为该剪力与对比梁对应的剪力相比的提高幅度。

从表 5-4 可以看出，对完整加固梁而言，加固措施对挠度的影响随挠度的增大保持一个较均匀的水平。其中 1 号梁提高幅度较小，主要是梁顶面固定钢绞线的螺栓对梁的初始损伤过大，而削弱了梁的抗剪刚度；2 号梁提高幅度呈递减趋势，主要是施工质量较差，导致剥离破坏较早发生，但也说明环包加固同样存在剥离问题。3～5 号梁提高幅度相当，说明螺栓适量情况下对抗剪承载力影响不大，同时也说明螺栓在提高抗剪加固效果方面起的作用不大。持载加固梁初期由于尚未加固，剪切承载力相当，加固后承载力提高效果与完整加固梁相当，持载程度低的 6 号梁要比 7 号梁提高幅度大，且后期能够保持较好的承载力和延性，而 7 号梁后期效果则较差。修复梁早期刚度与对比梁相当，后期提高幅度与其他几根加固梁相当，说明修复加固效果良好。从加载全过程可以看出，同一挠度水平下，加固梁的剪力值相对于对比梁都有一定程度的提高，这说明加固措施提高了加固梁截面的剪切刚度。

高强钢绞线网-聚合物砂浆进行的抗剪加固之所以能够提高梁的剪切刚度，主要原因在于：一方面，加固梁两侧和梁底各加厚 20mm，相当于梁截面尺寸从 200mm×400mm增大到 240mm×420mm，截面积 A 的增大就相当于增大了截面的剪切刚度 GA；另一方面，斜裂缝出现后，加固的钢绞线网约束了斜裂缝的发展，从而提高了截面的剪切刚度。

5.2.3 抗剪加固梁裂缝分析

对比梁 RCBS-0 为典型的剪压破坏，破坏状态见图 5-13。临界斜裂缝向上延伸至加载板处，截面顶部混凝土被压碎破坏；向下延伸至支座处，在支座处成树根状发散；与水平向约成 34°角，两侧混凝土相对错动，发生剪压破坏。

完整加固梁 RCBS-1 破坏状态见图 5-14。加固层沿端部固定钢绞线的螺栓处出现水平贯通裂缝，加固层向下发生剥离，凿下高强钢绞线网-聚合物砂浆加固层后，可以看见内部混凝土形成两条主斜裂缝，在支座处也呈树根状，在加载点处混凝土被压碎，两侧混凝土相对错动而剪切破坏，混凝土临界斜裂

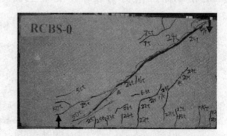

图 5-13 RCBS-0 破坏形态图

缝与水平向约成 40°角。由于钢绞线通过两侧距梁顶 60mm 处的 8 个螺栓固定，螺栓间距 40mm，孔径 6.5mm，过多的螺栓对原梁混凝土造成了极大损伤。用图 5-14（b）可见，加载点处混凝土破碎比其他梁严重，裂缝穿过距加载点最近的三个螺栓孔，反映在图 5-14（a）上为加固层斜裂缝开展不如其他加固梁充分。由表 5-3 的试验值可见，极限承载力也比其他加固梁低得多。

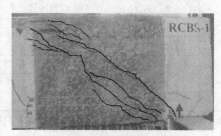

（a）加固破坏图　　　　　　　　　（b）凿除加固层后混凝土破坏图

图 5-14　RCBS-1 破坏形态图

完整加固梁 RCBS-2 破坏状态见图 5-15。由于采用环包加固，破坏时沿顶部和底部砂浆层出现水平贯通裂缝，砂浆层与混凝土之间同样发生了剥离。凿下加固层后，可以看见内部混凝土形成两条主斜裂缝，在支座处也呈树根状，在加载点处混凝土被压碎，主斜裂缝两侧混凝土相对错动而产生剪切破坏，两条混凝土临界斜裂缝与水平向约成 40°角和 34°角。

（a）加固破坏图　　　　　　　　　（b）凿除加固层后混凝土破坏图

图 5-15　RCBS-2 破坏形态图

完整加固梁 RCBS-3、RCBS-4 的破坏形态见图 5-16、图 5-17。加固时钢绞线端部均无螺栓固定，两根梁破坏情况相似。破坏时加固层向下发生剥离，内部混凝土形成一条或多条主斜裂缝，在支座处也呈树根状，在加载点处混凝土被压碎，主斜裂缝两侧混凝土相对错动而产生剪切破坏，混凝土临界斜裂缝与水平向约成 40°角。完整加固梁 RCBS-5 破

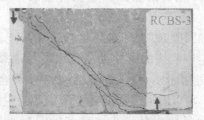

（a）加固破坏图　　　　　　　　　（b）凿除加固层后混凝土破坏图

图 5-16　RCBS-3 破坏形态图

（a）加固破坏图　　　　　　　（b）凿除加固层后混凝土破坏图

图 5-17　RCBS-4 破坏形态图

坏形态见图 5-18，虽然钢绞线端部设置了少量螺栓（间距 100mm），但对承载力及破坏形态影响不大，与 3 号和 4 号梁相似。

（a）加固破坏图　　　　　　　（b）凿除加固层后混凝土破坏图

图 5-18　RCBS-5 破坏形态图

　　持载加固梁 RCBS-6、RCBS-7 破坏形态如图 5-19、图 5-20 所示。破坏状态与 3～6 号梁相似，两条混凝土临界斜裂缝与水平向分别约成 34°角和 40°角，由于 6 号梁持载程度小于 7 号梁，裂缝发展要比 7 号梁充分，极限承载力也要比 7 号梁大。

（a）预加载裂缝　　　　　（b）加固破坏图　　　　　（c）凿除加固层后混凝土破坏图

图 5-19　RCBS-6 破坏形态图

  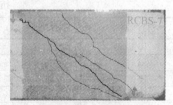

（a）预加载裂缝　　　　　（b）加固破坏图　　　　　（c）凿除加固层后混凝土破坏图

图 5-20　RCBS-7 破坏形态图

　　修复加固梁 RCBS-8 梁破坏形态如图 5-21 所示，该梁为对比梁 RCBS-0 破坏后的修复加固梁。加固前清理完混凝土碎屑后的初始破坏图见图 5-21（a）。加固层砂浆破坏状态与

2号梁相似，沿顶部和底部砂浆层出现水平贯通裂缝，砂浆层与混凝土之间发生剥离，见图 5-21 (b)。凿下加固层后，可以看见内部混凝土形成两条主斜裂缝，分别在环氧树脂处理过的原梁主裂缝两侧，大致与水平向成 34°角，加载点处修补的聚合物砂浆被压碎，支座处裂缝呈树根状，如图 5-21 (c) 所示。

 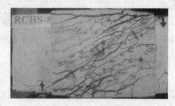 

(a) 预加载裂缝   (b) 加固破坏图   (c) 凿除加固层后混凝土破坏图

图 5-21   RCBS-8 破坏形态图

特征裂缝宽度处荷载水平见表 5-5，最大裂缝宽度随荷载发展曲线见图 5-22。综合以上试验梁破坏后裂缝分布图可见，抗剪加固对裂缝的影响表现在以下两个方面。一方面在裂缝分布上：加固后原混凝土临界斜裂缝条数增加，这从各梁破坏后凿除加固层的裂缝分布图上可以看出；环包加固梁砂浆层斜裂缝发展到一定阶段后宽度不再增加，而最后在梁上下边缘处形成水平临界裂缝，发生剥离破坏；U 形加固梁斜裂缝发展到一定阶段后宽度也不再增加，而是从加载点处首先在加固界面处形成层间裂缝，最后发展成剥离破坏。另一方面在裂缝开展宽度上：对比梁在裂缝产生后，宽度增加很快，表现在图 5-22 的曲线上为斜率比加固梁低，也就是说加固有效限制了裂缝的宽度、延迟了开展速度。表 5-5 中数据表明相同裂缝宽度下加固梁荷载得到了大幅度提升。完整加固梁中，1 号梁由于顶面过多螺栓而造成的损伤大大降低了抗剪承载力的提高幅度；2 号环包梁由于施工原因，加固效果稍差；3～5 号梁加固效果相当，说明螺栓适量对加固效果影响不大，同时也说明螺栓在提高抗剪加固效果方面起的作用不大；持载加固梁由于加固前梁的初始裂缝已经存在，6、7 号梁初始裂缝宽度分别为 0.2mm 和 0.25mm，加固砂浆在持载情况下与原混凝土裂缝开展上变形更易协调，同时由于先前已有较高的荷载，所以裂缝同宽度情况下荷载要更高，但是更宽的初始裂缝对加固不利，7 号梁的加固效果要比 6 号梁差，但与完整加固梁相当；而修复梁早期的裂缝开展与对比梁相当，加固效果只有到后期才显现出来，但也说明修复作用良好，加固是有效的。

抗剪加固梁特征裂缝宽度处荷载水平   表 5-5

试件编号	$V_{0.1}$ (kN)	$V_{0.20}$ (kN)	$V_{0.30}$ (kN)	$V_{0.50}$ (kN)
RCBS-0	110	115	130	155
RCBS-1	125 (13.6%)	175 (52.2%)	195 (50.0%)	275 (77.4%)
RCBS-2	154 (40.0%)	184 (60.0%)	194 (49.2%)	284 (83.3%)
RCBS-3	164 (49.1%)	214 (86.1%)	239 (83.8%)	299 (92.9%)
RCBS-4	144 (30.9%)	214 (86.1%)	234 (80.0%)	284 (83.3%)
RCBS-5	164 (49.1%)	184 (60.0%)	204 (56.9%)	314 (102.6%)
RCBS-6	225 (104.5%)	265 (130.4%)	335 (157.7%)	365 (135.5%)
RCBS-7	215 (95.5%)	275 (139.1%)	315 (142.3%)	335 (116.1%)
RCBS-8	105 (−4.5%)	125 (8.7%)	165 (26.9%)	205 (32.3%)

注：表中"/"后为该剪力与对比梁对应的剪力相比的提高幅度。

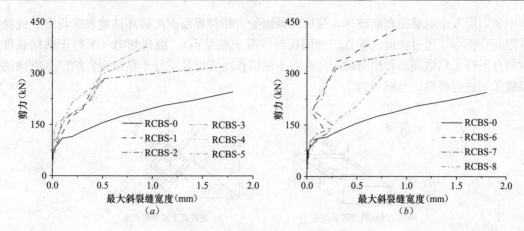

图 5-22 剪力-最大裂缝宽度曲线

此外，部分抗剪加固构件在试验前发现加固层表面存在收缩裂缝，裂缝最宽 0.15mm，如图 5-23 所示。试验过程中，在加载初期收缩裂缝保持稳定，箍筋屈服后才有所开展。试验中发现收缩裂缝产生与养护有关：完整加固梁 RCBS-1～RCBS-5 仅覆盖麻布养护，夜间由于水分蒸发，隔日早上麻布就已干燥，周而复始，以此养护的部分构件就产生收缩裂缝；而预裂加固构件 RCBS-6～RCBS-8 养护中在麻布外侧包裹塑料薄膜，最后发现没有出现收缩裂缝。对比抗弯加固梁，完整加固和预裂加固两类构件都仅覆盖麻布养护，存在同样的干燥潮湿循环过程，都出现收缩裂缝。因此建议施工中加强养护，减少施工造成的初期损伤。

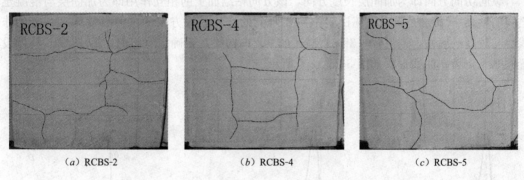

(*a*) RCBS-2   (*b*) RCBS-4   (*c*) RCBS-5

图 5-23 抗剪加固构件收缩裂缝示意图

5.3 加固梁抗剪性能有限元参数分析

在试验研究的基础上，采用 ANSYS 有限元程序对影响抗剪加固承载力的各因素进行参数分析，主要考虑混凝土强度、配箍率、钢绞线用量、加固方式、剪跨比等对抗剪加固的影响。

5.3.1 抗剪加固梁有限元模型

5.3.1.1 加固层粘结-滑移本构模型选取

聚合物砂浆加固层与混凝土的相互作用主要体现在粘结面上的相互作用。抗剪加固试验中加固层发生明显的剥离破坏，且加固界面受力相对界面剥离破坏试验复杂得多。此处有限元分析中，通过法向（垂直于加固层与混凝土粘结面）、纵向切向（平行于粘结长度方向且平行于粘结面）和横向切向（垂直于粘结长度方向且平行于粘结面）的三个方向的弹簧单元进行模拟，见图 5-24。

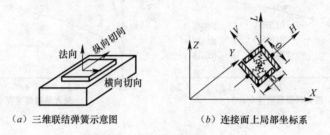

（a）三维联结弹簧示意图　　　　（b）连接面上局部坐标系

图 5-24　三维联结弹簧示意图

　　在 ANSYS 有限元分析中，加固层和混凝土连接面上的对应结点之间采用三个非线性弹簧单元（COMBIN39 单元）来模拟加固层与混凝土粘结面间的粘结-滑移现象，分别代表沿粘结面法向切向、纵向切向和横向切向的相互作用。每一个弹簧的长度为零。每一个弹簧的性能由弹簧的力-变形曲线（F-D 曲线）确定，其 F-D 曲线则又主要由各个方向的相互作用性能所确定。现就法向、横向切向和纵向切向三个方向粘结破坏区的受力性能分别进行描述，确定各自的 F-D 曲线。

1. 纵向切向

　　纵向切向方向即为加固层长度方向，该方向粘结面上的相互作用即为加固层与混凝土之间的粘结-滑移，是剥离破坏试验中主要研究的方向。该方向的抗剪刚度具有一定的非线性和较高的脆性，通过式（3-28）描述的 τ-s 本构关系来确定对应的 F-D 曲线。具体设置同 3.4.4 节，曲线形状如图 5-25（a）所示。

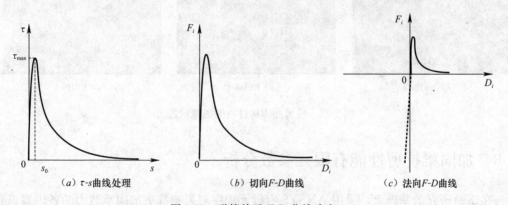

（a）τ-s曲线处理　　　　（b）切向F-D曲线　　　　（c）法向F-D曲线

图 5-25　弹簧单元 F-D 曲线确定

2. 横向切向

　　横向切向方向即为加固层宽度方向，关于该方向的抗剪性能试验资料目前未曾见到，而且相关的试验研究也很难实现，因此往往通过与纵向切向的比较，进行近似的确定[8,9]。对横向切向和纵向切向受力性能进行比较可知二者基本类似，因此，在没有试验资料的前提下可以假定横向切向和纵向切向的抗剪刚度相同，或采用与纵向切向成一定比例的某一定值。此处按横向切向和纵向切向的抗剪刚度相同进行处理，F-D 曲线形式同图 5-25 (b)。

3. 法向

加固层法向受力包括承受压力和拉力两方面。现有研究通常只关注加固层与本体之间的抗拉、抗剪性能，而认为抗压性能良好，不予关注。实际工程中的加固层粘结破坏，法向的变形相对纵向切向的变形要小得多，在承压情况下，可以将法向的相互作用简化为刚度很大的弹簧，即法向弹簧的抗压刚度可以取一个很大的值，文献［10］中建议取一个与混凝土弹性模量同数量级的大数。文献［11］对受拉情况下的研究表明，抗拉强度要比抗剪强度低，劈裂抗拉强度大约是抗剪强度的 0.68。结合本书第 2 章的正拉粘结强度试验和剪切粘结强度试验，由公式（3-5）和公式（3-11）之比可得：

$$\frac{f_{t,a}}{\tau_{p,a}} = \frac{a_t(0.56H+0.96)}{a_\tau(0.35H+2.00)} \tag{5-1}$$

由式（5-1），忽略修补方位的影响，粗糙度 H 在 0.2mm～1.3mm 范围内的比值为 0.52～0.69，取其均值可得：$f_{t,a}=0.6\tau_{p,a}$。现按 0.6 的比例关系，由纵向切向粘结-滑移本构关系来确定法向弹簧的抗拉刚度，F-D 曲线形式如图 5-25 (c)。

5.3.1.2 抗剪加固有限元模型建立

由于界面单元 COMBIN39 没有生死功能，所以此处仅对完整加固构件进行模拟。有限元模型对应加固梁编号 FEMS-J，模型单元及本构关系同 FEMF-J；加固钢绞线直径 $\phi3.2$，单元选择等同纵筋，应力应变关系曲线采用实测曲线，见图 2-7。通过与加固试验梁 RCBS-3、RCBS-4、RCBS-5 的对比，经多次试算，调整 β_t、β_c 二者取值，在 $\beta_t=0.015$，$\beta_c=0.3$ 时获得较为理想的计算结果。参数分析时，β_t 随钢绞线用量、加固方式等略有调整。建立的 1/4 有限元模型如图 5-26 和图 5-27 所示。

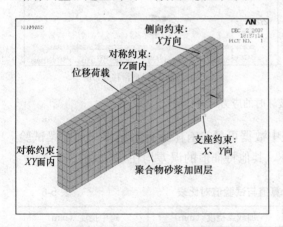

图 5-26 抗剪加固梁有限元模型

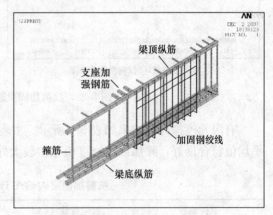

图 5-27 抗剪加固梁钢筋有限元模型

5.3.2 抗剪加固梁试验及有限元对比分析

抗剪加固 ANSYS 有限元模型最终加固层发生剥离，剪弯段加载点混凝土发生压碎而破坏。破坏时第三主应力云图如图 5-28 (a) 所示，剥离时弹簧位移如图 5-28 (b)、(c)、(d) 所示。由图 5-28 (a) 可见，破坏时加载点附近剪弯段混凝土达极限压应力。由图

5-28（*b*）、（*c*）、（*d*）可见，加固层在加载点附近区域首先发生滑移，最终整个加固层发生剥离，在 *X*、*Y* 和 *Z* 三个方向均发生较大滑移。这说明加固层的剥离破坏是受多个方向的应力复合作用导致，剥离应力较为复杂。试验中加固层同样在加载点附近首先发生剥离，产生层间裂缝，随裂缝向下发展而发生最终剥离，这与有限元计算是相符的。

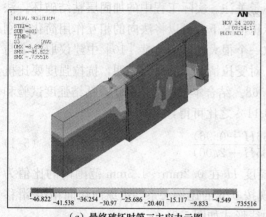

（*a*）最终破坏时第三主应力云图

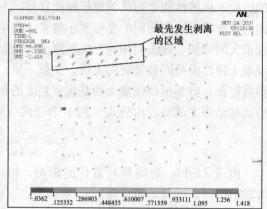

（*b*）最终破坏时Y向滑移分布图

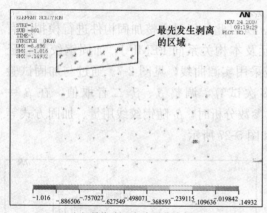

（*c*）最终破坏时Z向滑移分布图

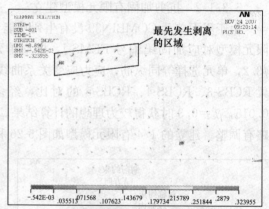

（*d*）最终破坏时X向滑移分布图

图 5-28 抗剪加固梁破坏时的应力、滑移图

有限元模拟计算结果如表 5-6 所示。由表中数据可见，有限元计算结果与加固梁试验平均值符合良好，除加载点挠度值相差较大外，其他特征值的误差均在 5％以内。

抗剪加固梁 ANSYS 计算值与试验值对比表　　　　　　　　表 5-6

试件编号	极限荷载（kN）	加载点挠度（mm）	跨中挠度（mm）
RCBS-3	384.00	8.97	9.48
RCBS-4	359.00	7.79	9.18
RCBS-5	384.00	8.60	9.12
FEMS-J	372.90	7.72	8.90
与试验均值的误差	0.74％	8.68％	3.89％

有限元计算曲线与试验曲线对比见图 5-29。由图可见，有限元计算的剪力-挠度曲线、

剪力-箍筋应变曲线、剪力-钢绞线应变曲线、剪力-跨中混凝土压应变曲线、剪力-跨中钢筋拉应变曲线与试验曲线均符合较好，有限元模型很好地反映了加固构件的受力破坏过程，计算结果可作为加固试验的有益补充，同时可用于抗剪加固的深入研究。

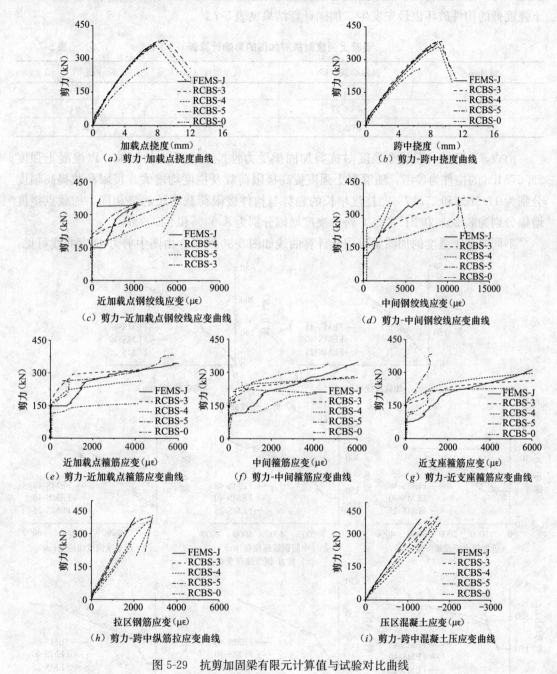

图 5-29　抗剪加固梁有限元计算值与试验对比曲线

5.3.3　混凝土强度对加固性能的影响

混凝土强度参数模型中的混凝土强度采用表 4-2 和表 5-2 测得的 25.57MPa、40.13MPa

以及 48.45MPa 三个强度等级,钢筋设置与试验梁完全相同,配箍率为 0.22%,钢绞线直径为 $\phi3.2$,剪跨比 1.6,U 形加固,跨中两点对称加载。有限元模型破坏时加载点附近混凝土压碎,加固层剥离,由于混凝土强度的降低,加固层界面粘结力同样降低,所以混凝土强度低的构件破坏也最先发生。加固计算结果见表 5-7。

混凝土强度对抗剪加固的影响计算表　　　　　　　　　　表 5-7

试件编号	极限荷载（kN）	加载点挠度（mm）	跨中挠度（mm）
FEMS-25	293.24	6.34	7.29
FEMS-40	343.57	6.86	7.94
FEMS-48	372.90	7.72	8.90

由表 5-7 可见,混凝土强度对抗剪加固梁受力性能有非常大的影响。以混凝土强度 25.57MPa 的构件为参考,随混凝土强度提高极限荷载及挠度均增大,极限荷载提高幅度分别为 17.16% 和 27.17%;挠度增长的趋势与构件极限荷载增长趋势相同,加载点挠度增幅分别为 8.20% 和 21.77%,跨中挠度增幅分别为 8.92% 和 22.09%。

不同混凝土强度的加固梁有限元计算曲线如图 5-30 所示。由图中剪力-挠度曲线可见:

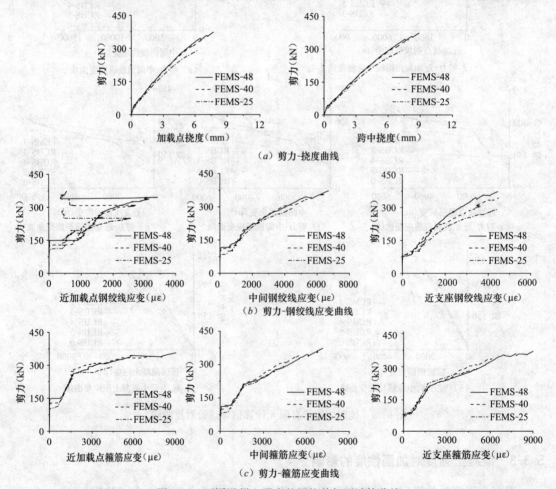

图 5-30 不同混凝土强度的梁抗剪加固计算曲线

随混凝土强度提高，抗剪加固构件的承载力和刚度均有较大提高，相同荷载作用下的挠度减小。同样，由图 5-30（b）、（c）可见，钢绞线和箍筋的应变发展趋势也基本一致，随混凝土强度提高，相同荷载作用下各自应变的增长减缓，混凝土强度高的构件发生破坏时箍筋和钢绞线应变发展越高，加固材料利用效率越高。

5.3.4　原梁配箍率对加固性能的影响

配箍率参数模型中混凝土强度采用表 5-2 中强度为 48.45MPa 的混凝土，配箍率分别为 0.22%、0.34%、0.57%，钢绞线直径为 $\phi3.2$，剪跨比 1.6，U 形加固，跨中两点对称加载。有限元模型破坏时加载点附近混凝土压碎，加固层剥离。有限元模型加固计算结果见表 5-8。

原梁配箍率对抗剪加固的影响计算表　　　　　　　表 5-8

试件编号	极限荷载（kN）	加载点挠度（mm）	跨中挠度（mm）
FEMS-0.22	372.90	7.72	8.90
FEMS-0.34	395.82	7.77	8.99
FEMS-0.57	455.57	9.43	11.45

由表 5-8 可见，配箍率对抗剪加固梁受力性能有非常大的影响。以配箍率为 0.22% 的构件为参考，随配箍率提高极限荷载增大，极限荷载提高幅度为 6.15% 和 22.17%；抗剪加固构件加载点挠度提高幅度分别为 0.65% 和 22.15%，跨中挠度提高分别为 1.01% 和 28.65%。

不同配箍率的加固梁有限元计算曲线如图 5-31 所示。由图中剪力-挠度曲线可见：随配箍率提高，抗剪加固构件的承载力和刚度均有较大提高，相同荷载作用下的挠度减小。

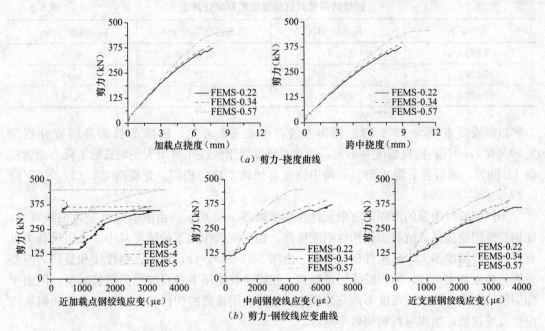

图 5-31　不同配箍率的梁抗剪加固计算曲线（一）

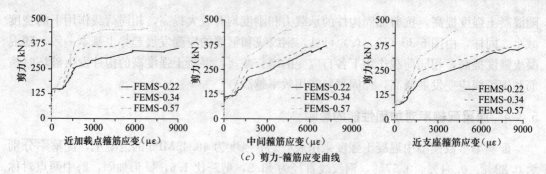

（c）剪力–箍筋应变曲线

图 5-31   不同配箍率的梁抗剪加固计算曲线（二）

同样，由图 5-31（b）、（c）可见，钢绞线和箍筋的应变发展趋势也基本一致，随配箍率提高，相同荷载作用下各自应变的增长减缓。由于加固层的剥离，钢绞线强度不能充分利用，配箍率高的构件发生破坏时箍筋和钢绞线应变发展有降低趋势，加固材料利用效率将会降低。由于配箍率的提高，以及加固钢绞线的作用，FEMS-0.57 的破坏处于剪切破坏和弯曲破坏的临界状态，由剪力–挠度曲线可见其有很强的弯曲破坏特征。

5.3.5 钢绞线用量对加固性能的影响

钢绞线用量参数模型中混凝土强度采用表 5-2 中强度为 48.45MPa 的混凝土，配箍率为 0.22%，钢绞线直径分别为 $\phi2.4$、$\phi3.2$、$\phi4.8$，剪跨比 1.6，U 形加固，跨中两点对称加载。有限元模型破坏时加载点附近混凝土压碎，加固层剥离，$\phi3.2$ 直径的模型破坏形态见图 5-28。有限元模型加固计算结果见表 5-9。

钢绞线用量对抗剪加固的影响计算表   表 5-9

试件编号	极限荷载（kN）	加载点挠度（mm）	跨中挠度（mm）
FEMS-2.4	358.60	6.95	8.05
FEMS-3.2	372.90	7.72	8.90
FEMS-4.8	385.86	6.77	7.94

以钢绞线直径为 $\phi2.4$ 的构件为参考，由表 5-9 可见，极限荷载提高幅度分别为 3.99% 和 7.60%，提高幅度并不大；加载点挠度随钢绞线用量增大先增长后下降，前者提高 11.08%，而后者下降 2.59%；跨中挠度与加载点趋势相同，先提高 10.56%，后下降 1.37%。

不同钢绞线用量的加固梁有限元计算曲线如图 5-32 所示。由图中剪力–挠度曲线可见：随钢绞线用量提高，抗剪加固构件刚度提高，相同荷载作用下的挠度减小，极限承载力虽有提高，但幅度不大，且构件延性变差。由图 5-32（b）、（c）可见，钢绞线和箍筋的应变发展趋势也基本一致，随钢绞线用量提高，相同荷载作用下各自应变的增长减缓。但由于加固层的剥离，钢绞线强度不能充分利用，钢绞线用量高的构件发生破坏时箍筋和钢绞线应变发展越低，加固材料利用效率越低。

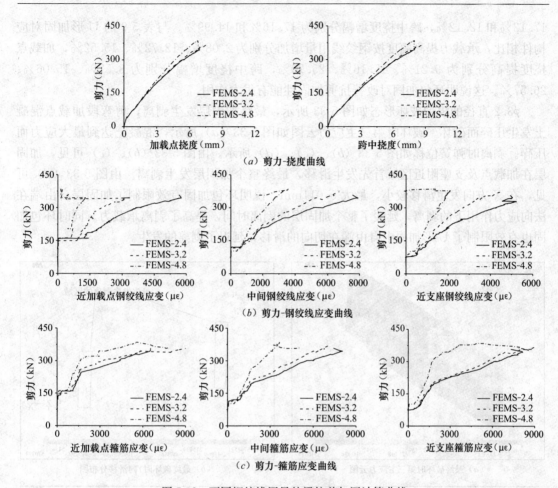

(a) 剪力-挠度曲线

(b) 剪力-钢绞线应变曲线

(c) 剪力-箍筋应变曲线

图 5-32　不同钢绞线用量的梁抗剪加固计算曲线

5.3.6　加固方式对加固性能的影响

　　此处采用环包加固方式，与 5.3.5 对应模型形成对比。模型中混凝土强度采用表 5-2 中立方体强度为 48.45MPa 的混凝土，配箍率为 0.22%，钢绞线直径分别为 $\phi2.4$、$\phi3.2$、$\phi4.8$，剪跨比 1.6，跨中两点对称加载。有限元模型破坏时加载点附近混凝土压碎，加固层剥离。有限元模型加固计算结果见表 5-10。

加固方式对抗剪加固的影响计算表　　　　　　　　表 5-10

试件编号	极限荷载（kN）	加载点挠度（mm）	跨中挠度（mm）
FEMS-B2.4	366.05	7.59	8.74
FEMS-B3.2	420.35	8.89	10.24
FEMS-B4.8	445.76	8.51	10.05

　　由于采用环包加固，延迟了剥离破坏的发生，随钢绞线用量的增加，极限承载力提高，以钢绞线直径为 $\phi2.4$ 的构件为参考，由表 5-10 可见，极限荷载提高幅度为 14.83%、21.78%；挠度增长趋势与极限荷载相同，随钢绞线用量增大构件挠度增大，但直径为 4.8mm 的要低于直径 3.2mm 的构件，说明构件的延性有所降低，加载点挠度提高分别为

17.13％和12.12％，跨中挠度增幅分别为17.16％和14.99％。与表5-9的U形加固对应构件相比，承载力提高幅度按钢绞线用量增加分别为2.08％、12.72％、15.52％，加载点挠度提高分别为9.21％、15.16％、25.70％，跨中挠度增幅分别为8.57％、15.06％、26.57％。这说明环包加固对改善抗剪加固性能有很大作用。

$\phi 3.2$ 直径的模型破坏形态如图5-33所示，最终加固层发生剥离，剪弯段加载点混凝土发生压碎而破坏。破坏时第三主应力云图如图5-33（a）所示，混凝土达到最大应力而压碎。剥离时弹簧位移如图5-33（b）、（c）、（d）所示。由图5-33（b）、（c）可见，加固层在加载点及支座附近区域首先发生滑移，最终整个加固层发生剥离。由图5-33（d）可见，在X方向发生滑移较小，最大0.011mm，说明环包加固有效限制了加固层自由端在法向应力作用下的剥离，延缓了整个加固层的剥离时间，提高了剥离承载力。同时环包加固也有效限制了U形加固中自由端在切向的滑移，延迟了剥离的发生。

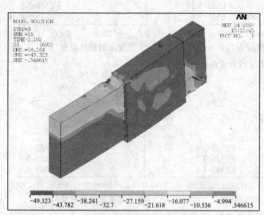

（a）最终破坏时第三主应力云图

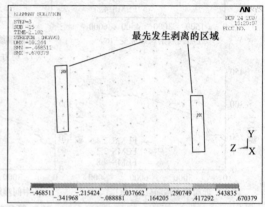

（b）最终破坏时Y向滑移分布图

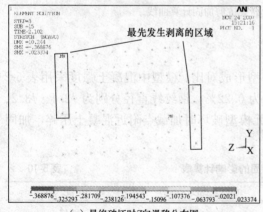

（c）最终破坏时Z向滑移分布图

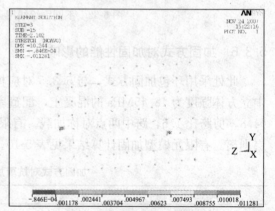

（d）最终破坏时X向滑移分布图

图5-33 环包加固梁破坏时的应力、滑移图

不同加固方式的加固梁有限元计算曲线如图5-34所示。由图中剪力-挠度曲线可见：随钢绞线用量提高，抗剪加固构件极限承载力和刚度提高，相同荷载作用下的挠度减小。由图5-34（b）、（c）可见，钢绞线和箍筋的应变发展趋势也基本一致，随钢绞线用量提高，相同荷载作用下各自应变的增长减缓。但由于加固层的剥离，钢绞线强度不能充分利

用，钢绞线用量高的构件发生破坏时箍筋和钢绞线应变发展越低，加固材料利用效率越低。与图 5-32 相比，环包加固的梁抗剪加固性能有很大改善，加固材料的利用率提高，但由于剥离的存在，加固材料的强度仍不能得到充分利用。

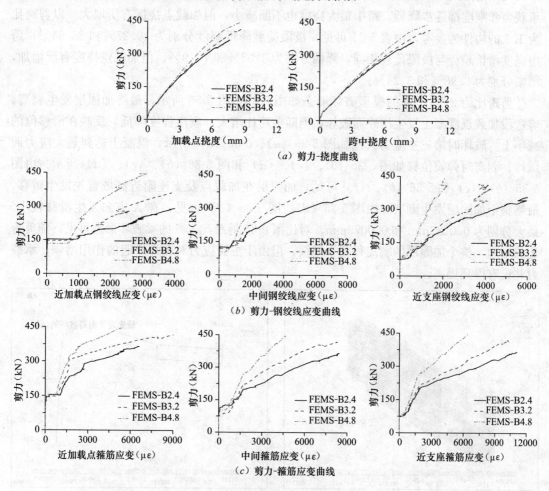

图 5-34 不同加固方式的梁抗剪加固计算曲线

5.3.7 剪跨比对加固性能的影响

剪跨比参数模型中混凝土强度采用表 5-2 中立方体强度 48.45MPa 的混凝土，配箍率为 0.22%，钢绞线直径为 $\phi3.2$，剪跨比分别为 1.6、2.0、2.4，U 形加固，跨中两点对称加载。有限元模型破坏时加载点附近混凝土压碎，加固层部分剥离，$\phi3.2$ 直径的模型破坏形态见图 5-28。有限元模型加固计算结果见表 5-11。

剪跨比对抗剪加固的影响计算表　　　　　　　　　　　　　　　　表 5-11

试件编号	极限荷载（kN）	加载点挠度（mm）	跨中挠度（mm）
FEMS-1.6	372.90	7.72	8.90
FEMS-2.0	334.59	7.95	8.63
FEMS-2.4	284.74	7.97	8.26

　　随着剪跨比的增加，钢筋混凝土梁由斜压、剪压状态向斜拉形态逐渐过渡，破坏也由梁腹中部斜向受压破坏向主拉应力控制的混凝土拉断破坏发展。此处计算剪跨比由 1.6、2.0、2.4 依次增大，虽然均在剪压破坏范围，但主拉应力对破坏的贡献越来越大，抗剪承载力和刚度都逐步降低，跨中最大挠度也不断减小，但加载点挠度有所增大。以剪跨比为 1.6 的构件为参考，由表 5-11 可见，极限荷载降低幅度分别为 10.27％和 23.64％；跨中挠度增长趋势与极限荷载相同，降幅分别为 3.03％和 7.19％。但加载点挠度有所增加，增幅分别为 2.98％和 3.24％。

　　剪跨比为 2.0、2.4 的模型破坏形态如图 5-35、图 5-36 所示，最终加固层发生剥离，剪弯段加载点混凝土发生压碎而破坏，但随剪跨比增大，剥离程度降低，反映在滑移值的减小上。破坏时第三主应力云图如图 5-35（a）、5-36（a）所示，混凝土达到最大应力而压碎。剥离时弹簧位移如图 5-35（b）、（c）、（d）和图 5-36（b）、（c）、（d）所示。由图 5-35（b）、（c）和 5-36（b）、（c）可见，加固层在加载点及支座附近区域首先发生滑移，最终整个加固层发生剥离。由图 5-35（d）、图 5-36（d）可见，在 X 方向发生滑移较小，最大分别为 0.0283mm 和 0.0079mm。对比图 5-28 剪跨比 1.6 的梁破坏形态可见，随剪跨比的增加，整个加固层的剥离得到了延缓，但由于主拉应力对破坏所起的作用增强，承载力并没有得到提高。

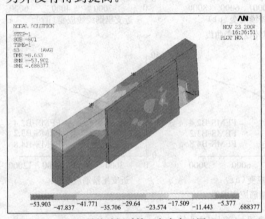

（a）最终破坏时第三主应力云图

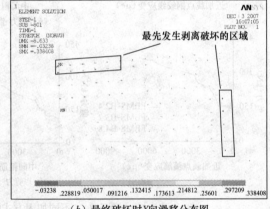

（b）最终破坏时 Y 向滑移分布图

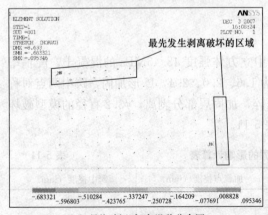

（c）最终破坏时 Z 向滑移分布图

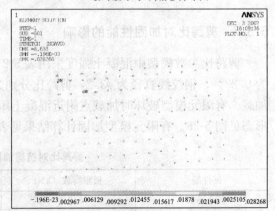

（d）最终破坏时 X 向滑移分布图

图 5-35　剪跨比 2.0 的加固梁破坏时应力、滑移图

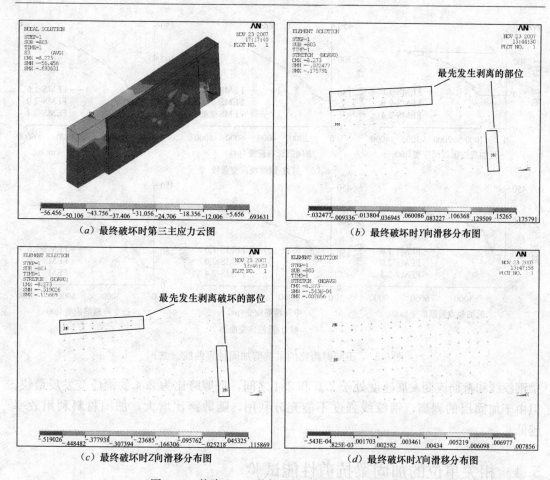

（a）最终破坏时第三主应力云图　　　（b）最终破坏时Y向滑移分布图

（c）最终破坏时Z向滑移分布图　　　（d）最终破坏时X向滑移分布图

图 5-36　剪跨比 2.4 的加固梁破坏时应力、滑移图

　　不同剪跨比的加固梁有限元计算曲线如图 5-37 所示。由图中剪力-挠度曲线可见：随剪跨比增大，抗剪加固构件极限承载力和刚度降低，相同荷载作用下的挠度增大。由图 5-37（b）、（c）可见，钢绞线和箍筋的应变发展趋势基本一致，但较为复杂。加载初期随剪跨比增大，箍筋和钢绞线参与受力越早，从加载点往支座方向应变发展随剪跨比增加而加快。随荷载增大，加载点处钢绞线和箍筋应变发展则随剪跨比增加而减缓；剪弯段中间钢绞线应变随剪跨比增大而加快，箍筋则基本保持相同的速度增加；支座处剪跨比 1.6 的

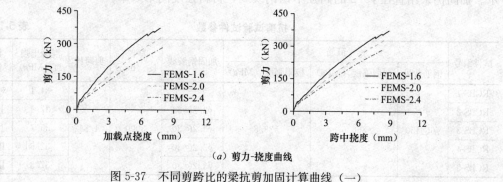

（a）剪力-挠度曲线

图 5-37　不同剪跨比的梁抗剪加固计算曲线（一）

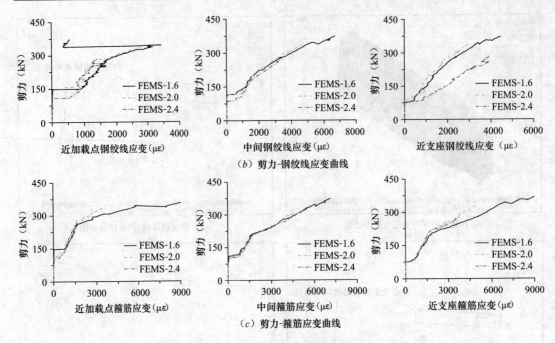

图 5-37 不同剪跨比的梁抗剪加固计算曲线（二）

梁钢绞线和箍筋应变发展速度处于 2.0 和 2.4 之间，且剪跨比为 2.4 的梁应变发展最快。但由于加固层的剥离，钢绞线强度不能充分利用，随剪跨比增大，加固材料利用效率越低。

5.4   相关单位的加固梁抗剪性能试验

国内相关单位对高强钢绞线网-渗透性聚合物砂浆加固梁的抗弯性能同样进行了试验研究与理论分析，主要有清华大学[2,3]、华东交通大学[12]等。

5.4.1   清华大学试验[2]

聂建国等[2]进行了高强不锈钢绞线网-聚合物砂浆抗剪加固梁的试验，设计了 RCBS-1～RCBS-5 共 5 根钢筋混凝土矩形梁，试件参数见表 5-12。梁截面尺寸及配筋如图 5-38 所示。加固仍采用直径 $\phi 3.2$ 的高强不锈钢绞线，材料强度同第 3 章。

抗剪试验试件参数[2]   表 5-12

试件编号	箍筋			加固钢绞线	净跨 L_0（mm）	剪跨比	混凝土强度（MPa）	试件类型
	钢筋数量	屈服强度（MPa）	极限强度（MPa）					
RCBS-1				—			34.1	对比梁
RCBS-2				$\phi 3.2@30$			37.4	Ⅰ类梁
RCBS-3	$\phi 6@150$	366.6	538.8	$\phi 3.2@30$	3000	1.84	35.7	Ⅰ类梁
RCBS-4				$\phi 3.2@30$			32.6	Ⅱ类梁
RCBS-5				$\phi 3.2@30$			37.3	Ⅱ类梁

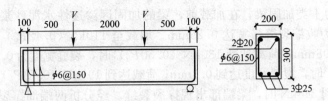

图 5-38　试件配筋图及截面尺寸

加载采用两点集中加载，如图 5-38 所示。为对不同工况下钢筋混凝土梁的加固效果进行对比研究，试验采用了不同的加载方式，具体如下。

（1）RCBS-1 为未加固的对比试件，试验时逐级加载直至试件最后发生破坏。

（2）RCBS-2、RCBS-3 为经过加固的一次受力试件（表 5-12 中的 I 类加固梁），试验前先对钢筋混凝土梁进行加固，在构件养护完成后进行试验，试验加载方式与 RCBS-1 相同，即逐级加载至试件破坏。

（3）RCBS-4、RCBS-5 为不卸载加固的二次受力试件（表 5-12 中的 II 类加固梁），在加固前首先对钢筋混凝土梁进行加载，在斜裂缝宽度达到 0.2mm 时保持荷载值不变，进行抗剪加固，待加固构件养护完成后继续加载直至试件最后破坏。

抗剪试验主要试验结果见表 5-13。表中 $V_{0.2}$、$V_{0.3}$、$V_{0.5}$ 表示裂缝宽度为 0.2mm、0.3mm、0.5mm 时对应的荷载，其他符号同表 5-3。

抗弯试验梁主要试验结果[2]　　　　　　　　　　　表 5-13

试件编号	V_{cr}（kN）	V_y（kN）	V_u（kN）	$V_{0.2}$（kN）	$V_{0.3}$（kN）	$V_{0.5}$（kN）
RCBS-1	66.6	120.5	183.7	79.4	98.0	117.5
RCBS-2	107.8/61.9%	197.6/64.0%	256.5/39.7%	130.0/63.7%	150.0/53.1%	187.1/59.2%
RCBS-3	107.8/61.9%	240.0/99.2%	276.2/50.4%	140.0/76.3%	160.0/63.3%	202.8/72.6%
RCBS-4	73.5	177.4/47.2%	236.6/28.8%	140.0/76.3%	156.0/59.2%	186.2/58.5%
RCBS-5	82.5	195.6/62.3%	252.4/37.4%	147.0/85.1%	180.0/83.7%	233.2/98.5%

注："/"后的数据为相比对比梁受剪承载力提高的百分比，由于 RCBS-4/5 在开裂后进行加固，因而表中无开裂荷载的提高百分比。

对比梁最终发生剪压破坏，加固试验梁其主筋的锚固情况与对比梁完全相同，进行抗剪加固后，由于抗剪承载力提高幅度较大，使得主筋的锚固长度相对不足，在临近极限荷载时发生主筋锚固破坏。因此对加固试验梁而言，若主筋锚固满足要求，则试验梁的极限抗剪承载力还会有进一步的提高，加固方式对试验梁的破坏过程有一定影响，具体破坏过程如下[3]。

梁 RCBS-1 为对比梁，加载至 68kN（$0.37P_u$，其中 P_u 为极限荷载）时受剪区一侧产生首条斜裂缝，宽度为 0.06mm，斜裂缝一产生，就迅速向支座和加载点处发展。最大裂缝宽度在荷载为 76kN（$0.41P_u$）时为 0.1mm，荷载为 81kN（$0.44P_u$）时为 0.2mm，荷载为 100kN（$0.55P_u$）时为 0.3mm，荷载为 120kN（$0.64P_u$）时达到 0.5mm。在荷载达到 187kN 时，梁发生典型的剪压破坏，加载点处靠近支座一侧混凝土达到极限强度被压碎。主要斜裂缝为 2～3 条，其中临界斜裂缝与水平约成 45°角，并且两侧的混凝土因为相对错动，相互挤压破碎。

梁 RCBS-2 为Ⅰ类加固梁,在加载前,梁的加固区渗透性水泥砂浆表面已有一些龟裂纹,这些裂纹为收缩裂缝最宽达 0.25mm。加载至 110kN($0.42P_u$)时,产生首条斜裂缝,宽度为 0.08mm;荷载达到 130kN($0.50P_u$)时,裂缝宽度为 0.2mm;荷载达到 150kN($0.57P_u$)时,裂缝宽度达到 0.3mm;荷载达到 191kN($0.73P_u$)时,裂缝宽度为 0.5mm;荷载达到 248kN 时,梁端部出现撑裂裂缝。经分析两端部撑裂裂缝为梁在进行抗剪加固后,抗剪承载力提高,使得梁的主筋锚固端长度不够,即在斜裂缝出现以后,该处梁底纵筋应力大增,主筋弯起处外测混凝土的约束不足,钢筋与混凝土之间发生相对滑动,由于梁底钢筋在端部向上弯起,受到弯起处内侧混凝土的约束,钢筋的弯起锚固端向梁外撑,将该处混凝土拉裂。此时荷载还可进一步增大,在荷载达到 262kN 时,一侧加载点处混凝土压溃,梁发生破坏。此时试验梁受剪区斜裂缝达 4～7 条,且有如下特点:①试验梁临界斜裂缝与水平约成 30°角,这与对比梁是明显不同的;②最外侧斜裂缝在梁底延伸到支座以外,与水平约成 20°角;③该裂缝是在加载后期产生的,发展也很快。研究者认为,这条斜裂缝产生后形成了混凝土压杆,其对梁端部撑裂裂缝的产生有直接的影响。

加固梁 RCBS-3 加载前也有收缩裂缝,这些裂缝在加载时没有太大发展。荷载为 40kN($0.14P_u$)时,宽度为 0.05mm;荷载为 51kN($0.18P_u$)时,宽度为 0.08mm;其后加载到 110kN($0.39P_u$),这些初始裂缝宽度都保持在 0.08mm,此时产生首条斜裂缝,裂缝宽度为 0.1mm;荷载为 130kN($0.46P_u$)时,最大斜裂缝宽度为 0.15mm;荷载为 140kN($0.50P_u$)时,裂缝宽度为 0.2mm;荷载为 160kN($0.57P_u$)时,裂缝宽度达到 0.3mm;荷载为 207kN($0.73P_u$)时,裂缝宽度达到 0.5mm;在荷载达到 270kN($0.96P_u$)时,梁端部发生撑裂破坏,荷载可以进一步增加,最大荷载 282kN,其后荷载无法进一步提高。

RCBS-4 梁预先加载至 80kN 时,最大斜裂缝宽度达 0.2mm,保持该荷载不变进行加固,然后进行抗剪试验。加载至 16kN 时,一侧抗剪加固层砂浆产生龟裂纹,宽度为 0.05mm;加载至 30kN($0.12P_u$)时,另一侧砂浆在仪表预留洞口处产生一条长约 50mm 的水平裂缝,这两处裂缝宽度均很小,而且直到斜裂缝出现以前,没有继续发展。当荷载达到 75kN($0.31P_u$)时,加固层砂浆产生首条斜裂缝,该裂缝与水平方向约成 40°角;荷载达到 84kN($0.35P_u$)时,裂缝宽度为 0.1mm;荷载为 140kN($0.58P_u$)时,裂缝宽度为 0.2mm;荷载为 156kN($0.64P_u$)时,裂缝宽度为 0.3mm;荷载为 190kN($0.79P_u$)时,裂缝宽度达到 0.5mm,随后裂缝发展速度加快,梁端部亦同样被钢筋锚固端撑裂,加载点混凝土没有被压溃。至试验结束,荷载最高达到 242kN。

RCBS-5 号梁预加载到 95kN,最大斜裂缝宽度为 0.25mm,随后利用地锚装置将预加荷载稳定后进行加固,并进行试验。加载到 110kN($0.44P_u$)时,裂缝宽度达到 0.1mm;荷载为 147kN($0.58P_u$)时,裂缝宽度为 0.2mm;荷载为 180kN($0.71P_u$)时,裂缝宽度达到 0.3mm;荷载加至 238kN($0.94P_u$)时,裂缝宽度达到 0.5mm。试件破坏情况与 4 号梁相似,梁端部混凝土被撑裂,受剪区出现多达 8～10 条斜裂缝。至试验结束,荷载最高达到 252kN。

5.4.2　华东交通大学试验[12]

卢长福等[3]进行了高强钢绞线网-聚合物砂浆加固的 8 根矩形简支梁抗剪试验,根据剪跨比的不同（λ＝2.0和λ＝2.8）依次分为Ⅰ、Ⅱ组，试件参数见表5-14。梁截面尺寸及配筋如图5-39所示。加固用钢绞线采用国产镀锌钢绞线，并按设计要求编织成钢绞线网，型号为6×7＋1WS，直径为3.05mm，最大抗拉强度为1540MPa，钢绞线弹性模量为$1.25×10^5$MPa。混凝土立方体抗压强度为31.06MPa；梁底纵筋采用2Φ25，屈服强度473.6MPa，极限强度592.7MPa；梁顶钢筋采用2Φ10；箍筋为$\phi6.5@150$，屈服强度319.6MPa，极限强度469.9MPa。加载采用一点集中加载（见图5-39），主要实验结果见表5-15。

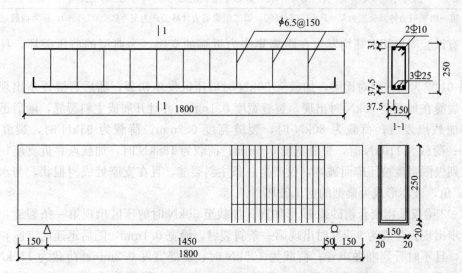

图5-39 试件配筋图及截面尺寸（尺寸单位：mm）

抗剪试验试件参数[12] 表5-14

试件编号	箍筋			加固钢绞线	剪跨比	加固类型
	钢筋数量	屈服强度（MPa）	极限强度（MPa）			
L1-01				—	2.0	对比梁
L1-02					2.0	聚合物砂浆
L1-03				$\phi3.05@50$	2.0	砂浆-钢绞线U形加固
L1-04				$\phi3.05@30$	2.0	砂浆-钢绞线U形加固
L2-01	$\phi6.5@150$	319.6	469.9	—	2.8	对比梁
L2-02					2.8	聚合物砂浆
L2-03				$\phi3.05@50$	2.8	砂浆-钢绞线U形加固
L2-04				$\phi3.05@30$	2.8	砂浆-钢绞线U形加固

抗剪试验主要试验结果见表5-15。表中$V_{0.2}$、$V_{0.3}$、$V_{0.5}$表示裂缝宽度为0.2mm、0.3mm、0.5mm时对应的荷载，其他符号同表5-3。

抗剪试验梁主要试验结果[12] 表5-15

试件编号	V_{cr}（kN）	V_y（kN）	V_u（kN）	$V_{0.2}$（kN）	$V_{0.3}$（kN）	$V_{0.5}$（kN）
L1-01	14.3	82.4	98.9	57.3	68.1	78.8
L1-02	21.5/50.0%	93.9/13.9%	108.6/9.8%	75.3/17.9%	82.4/14.3%	96.8/17.9%

续表

试件编号	V_{cr} (kN)	V_y (kN)	V_u (kN)	$V_{0.2}$ (kN)	$V_{0.3}$ (kN)	$V_{0.5}$ (kN)
L1-03	—	116.1/40.87%	143.2/44.8%	86.0/28.7%	96.8/28.7%	121.8/43.0%
L1-04	25.1/75.0%	125.4/52.2%	147.2/48.8%	82.4/25.1%	111.1/43.0%	129.0/50.2%
L2-01	12.1	75.7	89.1	45.2	60.3	69.4
L2-02	15.1/25.0%		75.3	60.3/15.1%	66.4/6.0%	69.4/0.0%
L2-03	21.1/75.0%	88.7/17.2%	117.9/32.4%	72.4/27.2%	93.5/33.2%	102.6/33.2%
L2-04	24.1/100.0%	93.5/23.6%	121.3/36.1%	81.5/36.2%	93.5/33.2%	108.6/39.2%

注：第一组梁剪力计算公式为 $V=P\times1075/1500$，第二组梁剪力计算公式为 $V=P\times905/1500$，P 为荷载记录值。

所有试验梁剪切破坏均发生在距离集中力近端的支座，为典型的剪压破坏，具体如下[12]。

L1-01 梁为第一组对比梁，加载至 20kN 时剪压区发生初裂，随后裂缝逐步出现。第一条斜裂缝在加载至 70kN 时出现，裂缝宽度 0.1mm，并且开展成主斜裂缝，随后迅速向支座和加载点发展；荷载为 80kN 时，裂缝宽度 0.2mm；荷载为 95kN 时，裂缝宽度 0.3mm；荷载为 110kN 时，裂缝宽度 0.5mm；荷载为 138kN 时，加载点靠近支座一侧混凝土达到极限强度被压碎而破坏，仅产生一条主斜裂缝，且在支座处成树根状，与水平向约成 32°角，破坏形式为典型的剪压破坏。

L1-02 梁仅采用聚合物砂浆 U 形加固。加载至 30kN 时剪压区出现第一条裂缝，随后裂缝逐步出现。荷载为 95kN 时出现第一条斜裂缝，缝宽 0.1mm，随后迅速向支座和加载点发展，且不时听到啪啪声音；荷载为 105kN 时，裂缝宽度 0.2mm；荷载为 115kN 时，听到一声巨响，斜裂缝迅速开展，裂缝宽度 0.3mm；荷载为 135kN 时，裂缝宽度 0.5mm；荷载达 151kN 时，加载点靠近支座一侧混凝土达到极限强度而发生压碎破坏，试件一侧靠近支座处聚合物砂浆加固层出现剥离现象。凿开加固层后，原梁混凝土与砂浆层均为一条主斜裂缝，且支座处也呈树根状，与水平向约成 39°角，破坏形式仍为典型的剪压破坏。

L1-03 试件为高强钢绞线网-聚合物砂浆 U 形加固试件。由于加固聚合物砂浆收缩裂缝，开裂荷载未观测到。第一条斜裂缝在 90kN 时出现，随后快速向支座和加载点开展，过程中不时听到啪啪声音；荷载为 100kN 时，裂缝宽度 0.1mm；荷载为 120kN 时，裂缝宽度 0.2mm；荷载为 135kN 时，裂缝宽度 0.3mm，此时响声特别大，斜裂缝迅速开展，加载值突然出现下降；荷载为 170kN 时，裂缝宽度 0.5mm；荷载达到 199kN 时，加载点靠近支座一侧混凝土达到极限强度被压碎，试件发生典型的剪压破坏。凿开加固层后，原梁混凝土和加固层形成主斜裂缝基本一致，都有两条主斜裂缝，且支座处也呈树根状，临界斜裂缝与水平向约成 42°角。

L1-04 试件同为高强钢绞线网—聚合物砂浆 U 形加固试件。加载至 35kN 时剪压区出现裂缝，此后裂缝不断出现，过程中不时听到啪啪声音；荷载为 90kN 时，裂缝宽度 0.1mm；荷载为 115kN 时，裂缝宽度 0.2mm；荷载为 135kN 时，出现第一条斜裂缝，随后快速向支座和加载点开展；荷载为 155kN 时，响声特别大，斜裂缝迅速开展，裂缝宽度 0.3mm；荷载为 180kN 时，裂缝宽度 0.5mm；荷载达到 205kN 时，加载点靠近支座一侧混凝土达到极限强度被压碎，试件发生典型的剪压破坏。凿开加固层后，内部混凝土与加固试件主斜裂缝基本一致,都有两条主斜裂缝,且支座处也呈树根状,临界斜裂缝与水平向约成 46 度角。

L2-01 试件为第二组对比梁,加载至 20kN 时剪压区发生开裂,随后裂缝逐步出现;荷载为 70kN 时,出现第一条斜裂缝,并迅速向支座和加载点发展,裂缝宽度 0.1mm;荷载为 75kN 时,试件另一侧出现第一条斜裂缝,裂缝宽度 0.2mm;荷载为 100kN 时,裂缝宽度 0.3mm;荷载为 115kN 时,裂缝宽度 0.5mm;荷载达到 147kN 时,加载点靠近支座一侧混凝土达到极限强度被压碎,仍为典型的剪压破坏。临界斜裂缝从加载点通向支座处,在支座处成树根状发散,与水平向约成 23°角。

L2-02 试件为聚合物砂浆 U 形加固试件。加载至 25kN 时剪压区出现裂缝,随后裂缝逐步出现,伴随啪啪声;荷载为 90kN 时,裂缝宽度 0.1mm;荷载为 100kN 时出现第一条斜裂缝,随后快速向支座和加载点开展,裂缝宽度达 0.2mm;荷载为 110kN 时,一声巨响,斜裂缝迅速开展,裂缝宽度 0.3mm;荷载为 115kN 时,裂缝宽度 0.5mm;荷载达到 124kN 时,加载点靠近支座一侧混凝土达到极限强度被压碎,发生典型的剪压破坏。凿开加固层后,内部混凝土与加固试件主斜裂缝基本一致,都有两条主斜裂缝,且支座处也呈树根状,临界斜裂缝与水平向约成 30°角。

L2-03 试件为高强钢绞线网-聚合物砂浆 U 形加固试件。加载至 35kN 时剪压区开裂,随后裂缝逐步出现,并伴随啪啪声。荷载为 95kN 时,出现第一条斜裂缝,随后快速向支座和加载点开展,裂缝宽度达 0.1mm;特别是加载到 120kN 的时候,响声特别大,斜裂缝迅速开展,裂缝宽度达 0.2mm;荷载为 155kN 时,裂缝宽度 0.3mm;荷载为 170 kN 时,裂缝宽度 0.5mm;荷载达到 195kN 时,加载点靠远支座一侧混凝土达到极限强度被压碎,发生典型的剪压破坏。凿开加固层后,内部混凝土与加固试件主斜裂缝基本一致,都有两条主斜裂缝,且支座处也呈树根状,临界斜裂缝与水平向约成 43°角。

L2-04 试件为高强钢绞线网—聚合物砂浆 U 形加固试件。加载至 40kN 时剪压区开裂,随后裂缝逐步出现,并伴随啪啪声;荷载为 100kN 时,裂缝宽度 0.1mm;荷载为 105kN 时,出现第一条斜裂缝,随后快速向支座和加载点开展;荷载为 135kN 时,响声特别大,斜裂缝迅速开展,裂缝宽度 0.2mm;荷载为 155kN 时,裂缝宽度 0.3mm;荷载为 180 kN 时,裂缝宽度 0.5mm;荷载达到 200kN 时,加载点靠远支座一侧混凝土达到极限强度被压碎,发生典型的剪压破坏。凿开加固层后,内部混凝土与加固试件主斜裂缝基本一致,都有两条主斜裂缝,且支座处也呈树根状,临界斜裂缝与水平向约成 44°角。

5.5 加固梁斜截面强度计算

5.5.1 抗剪加固斜截面强度理论分析

当钢筋混凝土梁的抗剪承载力不足,或抗弯加固后梁的抗剪承载力小于抗弯承载力时,就需要进行抗剪加固。高强钢绞线网-聚合物砂浆抗剪加固是钢筋混凝土梁加固的一个重要组成部分。

加固后的钢筋混凝土梁抗剪承载力主要成分由下列几部分组成:斜裂缝上端、靠梁顶部未开裂混凝土的抗剪力 V_c,沿斜裂缝的混凝土骨料咬合作用 V_i,纵筋的横向(销栓

力 V_d，箍筋和弯起钢筋的抗剪力 V_{sv}、V_b，加固聚合物砂浆的抗剪力 V_m，加固高强钢绞线的抗剪力 V_{sw} 等。这些抗剪成分的作用和相对比例，在构件的不同受力阶段随裂缝的形成和发展而不断地变化。构件极限状态的弯剪承载力是以上各部分的总和：

$$V_u = V_c + V_i + V_d + V_{sv} + V_b + V_m + V_{sw} \tag{5-2}$$

构件开裂之前几乎全部剪力由混凝土和加固砂浆承担，纵筋、腹筋和钢绞线的应力都很低。出现弯曲裂缝，并形成弯剪裂缝后，沿斜裂缝的骨料咬合作用和纵筋的销栓作用参与抗剪。腹剪裂缝的出现和发展相继地穿越箍筋、弯起钢筋和钢绞线，三者相应地发挥作用，承担的剪力逐渐增大，并有效地约束斜裂缝的开展。再增大荷载，斜裂缝继续发展，个别箍筋首先屈服，邻近箍筋、弯起钢筋也相继屈服，屈服后的箍筋和弯起钢筋承载力不再增长，而钢绞线的抗剪力增长较快。此时，斜裂缝开展较宽，骨料的咬合作用减小，而纵筋的销栓力以及顶部未开裂的混凝土、砂浆承担的剪力有所增长。最终，斜裂缝上的未开裂混凝土达到二轴强度而破坏，纵筋的销栓力往下撕脱梁端的混凝土保护层。

当抗剪加固层与混凝土界面粘结力不足时，箍筋、弯起钢筋相继屈服后，钢绞线的抗剪力增长较快，加固层界面传递不了钢绞线承担的剪力，沿粘结界面将逐渐产生层间裂缝。此时，斜裂缝开展较宽，骨料的咬合作用减小，进一步加剧了层间裂缝的发展。最终，加固层沿粘结面发生剥离，斜裂缝上的未开裂混凝土迅速达到二轴强度而瞬间破坏。这种情况下，斜裂缝的发展程度要比不发生加固层剥离破坏时低，加固构件延性更差，脆性加剧。因此必须采取措施避免此种破坏模式的发生。

加固梁的主要抗剪成分所承担的剪力比例，取决于混凝土的强度、腹筋、纵筋、弯起钢筋、聚合物砂浆、高强钢绞线的数量和布置方式等因素，在各受力阶段不断地发生变化。而且，荷载的位置（剪跨比）对梁的破坏形态也有很大影响。

迄今为止，国内外研究者提出了许多关于剪切破坏的理论模型，主要有桁架理论、极限平衡理论、塑性理论、压力场理论、软化桁架理论、桁架-拱理论、桁架拱理论等[13-17]。在各种破坏机理分析的基础上，国内外研究者建立了钢筋混凝土梁斜截面抗剪承载力的各种计算公式，但由于钢筋混凝土在复合受力状态下所牵扯的影响因素众多、破坏形态复杂，导致用混凝土强度理论还较难反映其抗剪承载力。

5.5.2　抗剪加固斜截面强度计算

我国与世界多数国家目前所采用的方法还是依靠试验研究，分析梁抗剪的一些主要影响因素，建立起半理论半经验的实用公式。下文依据《公路钢筋混凝土及预应力混凝土桥涵设计规范》（JTG D62—2004）[18]（下文简称《公路桥规》）和《混凝土结构设计规范》GB 50010—2010[19]（下文简称《混凝土规范》）中关于混凝土梁的抗剪计算推导实用的抗剪加固计算公式。

《公路桥规》关于受弯构件斜截面抗剪承载力计算采用如下公式：

$$V_u = V_{cs} + V_{sb} + V_{pb} \tag{5-3}$$

$$V_{cs} = \alpha_1 \alpha_2 \alpha_3 \cdot 0.45 \times 10^{-3} bh_0 \sqrt{(2 + 0.6P) \sqrt{f_{cu,k}} \rho_{sv} f_{sv}} \tag{5-4}$$

$$V_{sb} = 0.75 \times 10^{-3} f_{sd} \sum A_{sb} \sin\theta_s \tag{5-5}$$

$$V_{pb} = 0.75 \times 10^{-3} f_{pd} \sum A_{pb} \sin\theta_p \tag{5-6}$$

式中：V_u 为极限抗剪承载力；V_{cs} 为斜截面内混凝土和箍筋共同的抗剪承载力；V_{sb} 为与斜截面相交的普通弯起钢筋抗剪承载力；V_{pb} 为与斜截面相交的预应力弯起钢筋抗剪承载力；其他参数具体见《公路桥规》。

《混凝土规范》关于受弯构件斜截面抗剪承载力计算采用如下公式：

$$V_u = V_{cs} + V_p + 0.8 f_y A_{sb} \sin\alpha_s + 0.8 f_{py} A_{pb} \sin\alpha_p \tag{5-7}$$

非集中荷载作用下：

$$V_{cs} = 0.7 f_t b h_0 + 1.25 f_{yv} \frac{A_{sv}}{s} h_0 \tag{5-8}$$

集中荷载作用下：

$$V_{cs} = \frac{1.75}{\lambda + 1} f_t b h_0 + f_{yv} \frac{A_{sv}}{s} h_0 \tag{5-9}$$

$$V_p = 0.05 N_{p0} \tag{5-10}$$

式中：V_u 为极限抗剪承载力；V_{cs} 为斜截面内混凝土和箍筋共同的抗剪承载力；V_p 为预加力所提高的构件抗剪承载力；$0.8 f_y A_{sb} \sin\alpha_s$ 为与斜截面相交的普通弯起钢筋抗剪承载力；$0.8 f_{py} A_{pb} \sin\alpha_p$ 为与斜截面相交的预应力弯起钢筋抗剪承载力；其他参数具体见规范《混凝土规范》。

规范计算值对比表   表 5-16

试件编号	试验值（kN）	式（5-3）计算值（kN）	式（5-3）计算值/试验值	式（5-7）计算值（kN）	式（5-7）计算值/试验值
RCBS-0	260	147.31	1.765	233.37	1.114

以上规范结合各自所对应工程的特点，形成了自身计算构件斜截面承载力的设计公式。采用各自规范公式计算第三章对比梁 RCBS-0 抗剪承载力，计算结果见表 5-16。由表可见，试验值为《公路桥规》计算值的 1.765 倍，这是由桥梁结构的特点、服役环境等因素决定的，其抗剪计算取值一般偏低。按式（5-3）计算，构件在使用阶段的斜裂缝宽度一般可控制在 0.2mm 以内：一方面保证桥梁不会发生剪切破坏；另一方面保证其耐久性，防止过早出现碳化锈蚀等问题。《公路桥规》指出：50 根模型梁中矩形梁的试验值与公式计算值之比平均值为 1.67，这与此处的 1.765 也是较为接近的。而与《混凝土规范》计算值相比，试验值是其计算值的 1.114 倍，二者符合较好，且计算值有一定的安全储备。

规范计算公式与式（5-2）相比，高强钢绞线网-聚合物砂浆抗剪加固承载力设计主要要解决加固部分的抗剪承载力。众多对粘贴 FRP 抗剪加固的研究[20-27]也是采用在原梁抗剪承载力的基础上，加上 FRP 材料对抗剪承载力的贡献。因而建立起加固材料对抗剪承载力的贡献公式，即可解决加固构件抗剪承载力的计算问题。

现令高强钢绞线网-聚合物砂浆加固层对抗剪承载力的贡献为：

$$V_{mw} = V_m + V_{sw} \tag{5-11}$$

式中：V_{mw} 为加固层的抗剪承载力；V_m 为加固聚合物砂浆的抗剪承载力；V_{sw} 为加固高强钢绞线的抗剪承载力，分别由式（5-12）、式（5-13）计算。

$$V_{sw} = \beta_1 \zeta_1 \zeta_2 f_{sw} A_{sw} \frac{h_{sw}}{s} \tag{5-12}$$

$$V_m = 2\zeta_2 \frac{1.75}{\lambda + 1} f_{tm} t_m h_{sm} \tag{5-13}$$

式中：β_1 为加固方式影响系数；ζ_1 为钢绞线应力发挥综合系数，由于抗剪加固基本上发生剥离破坏，故其取值与抗弯加固有所差别，具体计算见式（5-14）；ζ_2 为加固体与本体梁之间共同工作系数，U 形加固取值同抗弯设计共同工作系数 η_2，环包加固在此基础上提高 0.1。

对加固方式影响系数 β_1，根据表 5-17 中抗剪加固破坏时高强钢绞线的平均应力，按直径由小到大，环包加固分别为 U 形加固的 1.135、1.167、1.132，均值为 1.145。故环包加固时取 $\beta_1 = 1.15$，U 形加固时取 $\beta_1 = 1.0$。

高强钢绞线平均应力   表 5-17

试件编号	FEMS-0.22	FEMS-0.34	FEMS-0.57	FEMS-25	FEMS-40	FEMS-2.4
平均应力（MPa）	766.70	736.84	586.35	565.17	653.47	843.37
试件编号	FEMS-4.8	FEMS-2.0	FEMS-2.4	FEMS-B2.4	FEMS-B3.2	FEMS-B4.8
平均应力（MPa）	451.37	616.03	490.59	957.65	894.39	533.15

对钢绞线应力发挥综合系数 ζ_1，由表 5-17 中数据分析可见，其与混凝土立方体抗压强度、钢绞线直径、剪跨比均有关系。而原梁配箍率的影响不大，配箍率 0.22% 和 0.34% 的梁承载力差值在 4.05%，而配筋率为 0.57% 时已具有很强的弯曲破坏特征，故此处不考虑其影响。ζ_1 可由式（5-14）表示。

$$\zeta_1 = \alpha_\lambda \alpha_d \alpha_{f_{cu}} \tag{5-14}$$

混凝土立方体抗压强度 f_{cu}、钢绞线直径 d、剪跨比 λ 的影响见图 5-40。图中拟合曲线分别为：

$$\alpha_\lambda = 0.96 - 0.25\lambda$$

$$\alpha_d = \frac{1.29}{1 + \exp(d - 4.92)} - 0.10$$

$$\alpha_{f_{cu}} = 0.677 + 0.009\exp(0.074 f_{cu})$$

以上三式的相关系数分别为 0.999、1、1。

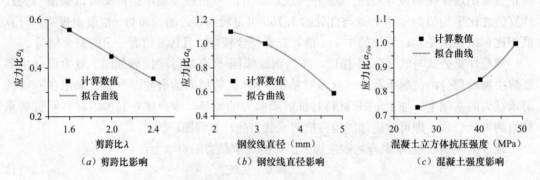

（a）剪跨比影响   （b）钢绞线直径影响   （c）混凝土强度影响

图 5-40 钢绞线应力发挥综合系数影响因素关系图

从而可得钢绞线应力发挥综合系数 ζ_1 的公式为：

$$\zeta_1 = (0.96 - 0.25\lambda)\left[0.677 + 0.009\exp(0.074 f_{cu})\right]\left[\frac{1.29}{1 + \exp(d - 4.92)} - 0.10\right]$$

$$\tag{5-15}$$

式（5-12）、（5-13）中，聚合物砂浆及高强钢绞线的有效高度 h_{sm}、h_{sw} 取值如图 5-41 所示。h_z 为加固层顶面至梁顶面的距离，d_z 为钢绞线顶端至砂浆层顶面距离，h 为梁高，h_f' 为翼缘高度，h_0 为钢筋有效高度，t_m 为加固层厚度。

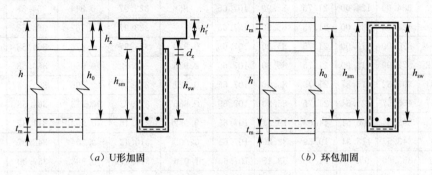

（a）U形加固　　　　　　　　　　（b）环包加固

图 5-41　加固层有效高度取值

对 U 形加固，由图 5-41 （<i>a</i>）可得如下关系：

$$h_{sm} = h_0 - h_z$$

$$h_{sw} = h_{sm} - d_z$$

对于矩形梁，有 $h_{sm}=h_0$；当 $d_z=0$ 时，有 $h_{sm}=h_{sw}=h_0$。

对环包加固，由图 5-41 （<i>b</i>）可得如下关系：$h_{sm}=h_0+t_m$。对于 h_{sw}，跟 h_{sm} 略有差异，可近似认为 $h_{sw}=h_{sm}$。

从而，对《公路桥规》而言，受弯构件斜截面抗剪承载力计算如下：

$$V_u = V_{cs} + V_{sb} + V_{pb} + V_{mw} \tag{5-16}$$

对《混凝土规范》而言，受弯构件斜截面抗剪承载力计算如下：

$$V_u = V_{cs} + V_p + V_{mv} + 0.8f_y A_{sb}\sin\alpha_s + 0.8f_{py}A_{pb}\sin\alpha_p \tag{5-17}$$

式（5-11）、式（5-16）、式（5-17）计算值与试验值对比见表 5-18。对 V_{mw} 值，式（5-11）计算值与试验值或数值试验值比值的均值为 0.952，方差为 0.080，离散系数为 0.084。由此可见，公式计算加固层提供的抗剪承载力是符合实际的，与试验符合良好，公式计算值偏于安全。式（5-16）按《公路桥规》计算值与试验值或数值试验值比值的均值为 0.802，方差为 0.088，离散系数为 0.110。由此可见，公式计算加固梁抗剪承载力是符合桥梁实际的，公式计算值偏于安全，试验值是计算值的 1.25 倍，已具备较高的安全储备。为达到 1.67 的安全储备，可将共同工作系数 ζ_2 取为 0.7 或更低的值，此时公式计算值将具有更大的安全储备。式（5-17）按《混凝土规范》计算值与试验值或数值试验值比值的均值为 0.967，方差为 0.063，离散系数为 0.065，表明计算值与试验值符合较好，公式计算值偏于安全，已具备一定的安全储备。

抗剪加固强度计算值与试验值对比表　　　　　　　　　　表 5-18

试件编号	V_{ut} (kN)	V_{mwt} (kN)	V_m (kN)	V_{sw} (kN)	V_{mw} (kN)	V_{mw}/V_{mwt}	式（5-16）V_u (kN)	式（5-16）V_u/V_{ut}	式（5-17）V_u (kN)	式（5-17）V_u/V_{ut}
RCBS-3	384.00	124.00	21.75	85.90	107.65	0.868	323.97	0.844	364.58	0.949
RCBS-4	359.00	99.00	21.75	85.90	107.65	1.087	323.97	0.902	364.58	1.016

续表

试件编号	V_{ut} (kN)	V_{mwt} (kN)	V_m (kN)	V_{sw} (kN)	V_{mw} (kN)	V_{mw}/V_{mwt}	式 (5-16) V_u (kN)	式 (5-16) V_u/V_{ut}	式 (5-17) V_u (kN)	式 (5-17) V_u/V_{ut}
RCBS-5	384.00	124.00	21.75	85.90	107.65	0.868	323.97	0.844	364.58	0.949
RCBS-6	425.00	165.00	21.75	85.90	107.65	—	323.97	0.762	364.58	0.858
RCBS-7	370.00	110.00	21.75	85.90	107.65	0.979	323.97	0.876	364.58	0.985
FEMS-0.22	372.90	112.90	21.75	85.90	107.65	0.953	242.52	0.650	364.58	0.978
FEMS-0.34	395.82	116.87	21.75	85.90	107.65	0.921	275.31	0.696	364.58	0.921
FEMS-0.57	455.57	121.54	21.75	85.90	107.65	0.886	324.73	0.713	364.58	0.800
FEMS-25	293.24	100.61	14.66	79.13	107.65	0.932	279.48	0.953	311.37	1.062
FEMS-40	343.57	113.31	19.69	82.89	107.65	0.905	310.42	0.904	348.07	1.013
FEMS-2.4	358.60	98.60	21.75	53.15	107.65	1.016	316.47	0.883	357.09	0.996
FEMS-4.8	385.86	125.86	21.75	120.03	107.65	1.085	352.88	0.915	393.50	1.020
FEMS-2.0	334.59	107.71	18.85	76.70	107.65	1.029	245.75	0.734	351.71	1.051
FEMS-2.4	284.74	80.60	16.63	67.49	107.65	1.044	218.99	0.769	312.63	1.098
FEMS-B2.4	366.05	106.05	23.03	63.64	107.65	0.937	242.20	0.662	364.34	0.995
FEMS-B3.2	420.35	160.35	23.03	104.59	107.65	0.926	291.34	0.693	413.48	0.984
FEMS-B4.8	445.76	185.76	23.03	139.80	107.65	0.877	305.63	0.686	427.77	0.960
RCBS-2*	256.5	72.8	14.03	63.82	77.85	1.069	194.89	0.760	239.15	0.932
RCBS-3*	276.2	92.5	14.03	76.10	90.13	0.974	193.13	0.699	238.75	0.864
RCBS-4*	236.6	—	14.03	62.77	76.80	—	189.87	0.803	238.10	1.006
RCBS-5*	252.4	68.7	14.03	60.80	74.83	1.089	194.79	0.772	239.13	0.947
L1-02&	108.6	9.7	9.08	—	9.08	0.936	91.22	0.840	106.50	0.981
L1-03&	143.2	44.3	9.08	31.73	40.80	0.921	122.95	0.859	138.23	0.965
L1-04&	147.2	48.3	9.08	31.73	40.80	0.845	122.95	0.835	138.23	0.939
L2-03&	117.9	28.8	7.16	25.93	28.80	0.900	107.25	0.910	112.71	0.956
L2-04&	121.3	32.2	7.16	25.93	32.20	0.805	107.25	0.884	112.71	0.929

注：表中试件编号带"＊"为清华大学试验数据，带"&"为华东交通大学试验数据；V_{ut}、V_{mwt} 为 V_u、V_{mw} 的试验值或数值试验值，式 (5-16) V_u 为式 (5-16) 计算值，式 (5-17) V_u 为式 (5-17) 计算值。

表 5-18 中的试验数据涵盖了混凝土强度、原梁配箍率、加固钢绞线用量、持载程度、剪跨比、加固方式等参数对加固的影响，公式 (5-16) 和公式 (5-17) 具有较好的适应性，可用于各自结构的抗剪加固承载力设计。

此外，对原梁抗剪承载力损伤较为严重的梁进行抗剪加固承载力计算时，须对原梁的承载力进行折减，此处引入原梁损伤系数 ζ_d，公式 (5-16) 和公式 (5-17) 变为：

$$V_u = \zeta_d V_{cs} + V_{sb} + V_{pb} + V_{mw} \tag{5-18}$$

$$V_u = \zeta_d V_{cs} + V_p + V_{mv} + 0.8 f_y A_{sb} \sin\alpha_s + 0.8 f_{py} A_{pb} \sin\alpha_p \tag{5-19}$$

对于锚固高强钢绞线网的螺栓过多造成的损伤，损伤系数 ζ_d 取 0.8；对于原梁损伤很大、箍筋已屈服的修复构件，如 RCBS-8，损伤系数 ζ_d 取 0.55 或者更低的值。损伤梁加固抗剪承载力试验值与计算值对比见表 5-19。由表中数据可见，计算结果有较大的安全储备，公式可用于工程设计。

试件编号	V_{ut} (kN)	V_{mwt} (kN)	V_m (kN)	V_{sw} (kN)	V_{mw} (kN)	V_{mw}/V_{mwt}	式 (5-18) V_u (kN)	式 (5-18) V_u/V_{ut}	式 (5-19) V_u (kN)	式 (5-19) V_u/V_{ut}
RCBS-1	344.00	123.00	29.89	86.05	115.94	0.943	233.79	0.680	302.64	0.880
RCBS-8	318.00	162.00	34.99	115.82	150.81	0.931	231.83	0.729	279.16	0.878

注：表中 V_{ut}、V_{mwt} 为 V_u、V_{mw} 的试验或数值试验值，式 (5-18) V_u 为式 (5-18) 计算值，式 (5-19) V_u 为式 (5-19) 计算值。

5.5.3 考虑剪切变形的挠度计算

我国规范规定，钢筋混凝土和预应力混凝土受弯构件，在正常使用极限状态下的挠度，可根据给定的构件刚度用结构力学的方法计算。结构力学关于弹性体位移的计算公式是根据变形体虚功原理推导的，荷载作用下平面杆系结构位移计算的一般公式[28]为：

$$\Delta = \sum \int \frac{\overline{M}M_P}{EI}\mathrm{d}x + \sum \int \frac{\overline{N}N_P}{EA}\mathrm{d}x + \sum \int \frac{k\overline{Q}Q_P}{GA}\mathrm{d}x \tag{5-20}$$

对于梁而言，轴向力 $N=0$，当梁的高跨比 h/l 较小时，剪切变形与总变形相比很小，可忽略不计。例如，矩形截面简支梁跨中作用集中荷载 P 时，用式 (5-20) 计算出剪切变形与弯曲变形的关系为 $\Delta_Q/\Delta_M=3.2(h/l)^2$。当 $h/l=1/10$ 时，$\Delta_Q/\Delta_M=3.2\%$；当 $h/l=1/5$ 时，$\Delta_Q/\Delta_M=12.8\%$。对于跨度相对较大的公路桥梁而言，h/l 基本上都大于 $1/10$，剪切变形对整个梁的挠度贡献非常微小，可以忽略其对挠度的影响。而对工业与民用建筑中常出现的小跨径梁，h/l 往往达不到 $1/10$，因而剪切变形引起的挠度在总挠度中占有一定比例，忽略剪切变形引起的挠度将带来较大误差，使结构偏于不安全。

为考虑斜裂缝和构件非弹性工作使梁变形增大，郑晓燕[29]等取挠度计算公式如下：

$$\Delta = \Delta_M + \Delta_Q = \Delta_M + \sum \int \frac{k\overline{Q}Q_P}{GA_{01}}\beta(x)\mathrm{d}x \tag{5-21}$$

$$\frac{1}{2}bx_2 - \alpha_s A_s(h_0 - x) = 0 \tag{5-22}$$

式中：Δ_M 为按《混凝土规范》计算的梁跨中挠度；$\beta(x)$ 为考虑斜裂缝和构件非弹性工作使梁变形增大的放大参数，根据试验结果，无裂缝构件取 1，有裂缝构件取 4.8；A_{01} 表示有效受剪截面面积（不考虑受拉开裂混凝土的作用）。对矩形截面取 $A_{01}=bx+\alpha_s A_s$，x 可根据开裂截面换算面积对中性轴的面积矩为零，由 (5-22) 解出。聂建国等[2]根据其抗剪加固试验，考虑加固方式对加固截面剪切刚度的影响，对放大参数 $\beta(x)$ 的取值进行了修正，取短期荷载作用下放大参数 $\beta(x)=2(1+\alpha)$，α 为初始应力水平系数。长期荷载作用下放大参数取短期荷载作用下的 2 倍。

由于高强钢绞线网-聚合物砂浆抗剪加固方式的不同，本文对 $\beta(x)$ 的取值作进一步的修正。U 形加固在自由端常常产生层间裂缝，使得共同工作性能下降，并且不像环包加固那样，梁顶面有砂浆参与受力，从而进一步提高原梁抗剪强度。因此，根据本文的试验结果，$\beta(x)$ 取值见式 (5-23)。混凝土剪切模量可取 $G_c=0.42E_c$[30]，Δ_M 按《混凝土规范》。计算结果见表 5-20。

$$\beta(x) = \begin{cases} 1 & \text{无斜裂缝构件} \\ 3 & \text{环包加固构件} \\ 5 & \text{未加固或 U 形加固构件} \\ 7 & \text{二次受力加固(持载、卸载加固)构件} \end{cases} \tag{5-23}$$

考虑剪切变形的抗剪加固梁跨中挠度计算值与试验值对比表　　　　表 5-20

试件编号	$V_{0.2}$ (kN)	$\Delta_{0.2t}$ (mm)	$\Delta_{0.2c}$ (mm)	$\Delta_{0.2c}/\Delta_{0.2t}$	$V_{0.3}$ (kN)	$\Delta_{0.3t}$ (mm)	$\Delta_{0.3c}$ (mm)	$\Delta_{0.3c}/\Delta_{0.3t}$
RCBS-0	115	1.971	2.043	1.036	130	2.445	2.475	1.021
RCBS-1	175	3.572	3.560	0.997	195	4.178	3.967	0.949
RCBS-2	184	3.187	2.970	0.932	194	3.440	3.132	0.910
RCBS-3	214	3.768	4.073	1.081	239	4.343	4.549	1.048
RCBS-4	214	4.303	4.073	0.947	234	4.848	4.454	0.919
RCBS-5	184	3.293	3.743	1.137	204	3.780	3.883	1.027
RCBS-6	265	5.196	5.702	1.097	335	6.962	7.208	1.035
RCBS-7	275	5.895	5.953	1.010	315	7.064	6.819	0.965
RCBS-8	125	2.421	2.520	1.041	165	3.385	3.326	0.983
RCBS-2*	130	6.719	6.358	0.946	150	7.997	7.336	0.917
RCBS-3*	140	6.596	6.864	1.041	160	7.840	7.844	1.001
RCBS-4*	140	7.920	7.293	0.921	156	8.917	8.127	0.911
RCBS-5*	147	8.152	7.593	0.931	180	10.29	9.297	0.904
L1-01[&]	57.3	1.320	1.213	0.945	78.8	1.990	1.865	0.937
L1-02[&]	75.3	1.761	1.970	1.108	96.8	2.645	2.814	1.064
L1-03[&]	86.0	2.395	2.250	0.939	121.8	3.181	3.317	1.043
L1-04[&]	82.4	2.179	2.155	0.989	129.0	3.362	3.512	1.045
L2-01[&]	45.3	1.663	1.717	1.033	69.4	2.815	2.698	0.958
L2-02[&]	60.3	2.331	2.286	0.981	69.4	2.733	2.698	0.987
L2-03[&]	72.4	3.027	2.744	0.907	102.6	4.443	3.988	0.898
L2-04[&]	81.5	3.223	3.089	0.959	108.6	4.645	4.222	0.909

注：表中带"*"为清华大学试验数据，带"&"为华东交通大学试验数据，由于华东交通大学试验未给出 $V_{0.3}$ 时的挠度值，所以表中为 $V_{0.5}$ 时的挠度值；V 为剪力，Δ 为挠度，下脚标 0.2、0.3 分别表示斜裂缝宽度 0.2mm 和 0.3mm，t、c 分别表示试验测试值和公式计算值。

　　表中斜裂缝宽度为 0.2mm 时，跨中挠度的计算值与试验值比值的平均值为 0.999，方差为 0.066，离散系数为 0.066；斜裂缝宽度为 0.3mm 时，跨中挠度的计算值与试验值比值的平均值为 0.973，方差为 0.055，离散系数为 0.057。计算数据偏于安全，并且与试验符合良好，说明以上 $\beta(x)$ 的取值是合理的。

5.5.4　抗剪加固斜裂缝宽度计算

5.5.4.1　现有斜裂缝宽度计算模型

　　斜裂缝宽度的计算主要是针对结构中常见的弯剪裂缝和腹剪裂缝。目前，不论在《公路桥规》中还是《混凝土规范》中均没有明确给出钢筋混凝土构件受剪斜裂缝宽度的计算公式。国内外关于受剪斜裂缝宽度的计算大多是半理论半经验公式，现介绍如下。

大连理工大学赵国藩教授等[31]在以下两个假定基础上，将计算垂直裂缝宽度的公式引申到斜裂缝宽度的计算领域。

1. 斜裂缝的倾角为 45°，则斜裂缝的投影长度 $c_v = h_0$；

2. 与斜裂缝相交的箍筋应力是均匀的。

斜裂缝宽度的计算公式为：

$$\omega_{max} = 0.85 \times C \times \sigma_{sv} \times 10^{-3} \tag{5-24}$$

其中：C 为考虑荷载作用时间的影响系数，短期静力荷载作用下 $C=1.0$，荷载长期作用下或多次反复作用时取 $C = 1 + 0.5V_{ck}/V_k$，V_{ck} 为长期或多次重复荷载作用下的剪力，V_k 为全部荷载作用下的剪力；σ_{sv} 为箍筋应力。

清华大学聂建国、沈聚敏教授[32]对 10 根剪跨比为 2.5 的两点对称集中加载量梁的试验结果，提出了最大斜裂缝的计算公式见式（5-25），该公式适用于两点对称集中加载方式下的受剪斜裂缝宽度的计算。

$$\omega_{max} = 1.7 \frac{V - V_{cr}}{A_{sv}E_{sv}}(0.2s + 60)\sin\alpha_{sv} - 0.1\sin(\alpha_{sv} - 45°) \tag{5-25}$$

其中：V 为工作剪力；V_{cr} 为梁的开裂剪力；s 为箍筋间距；α_{sv} 为箍筋与梁轴线方向的夹角；A_{sv} 为箍筋截面积；E_{sv} 为箍筋弹性模量。

前苏联规范 CHИII-21-75 的计算方法主要采用经验公式[33]：

$$\omega = C_d K(h_0 + 30d_{max}) \frac{\alpha}{\rho_v} \cdot \frac{\tau^2}{E_s^2} \tag{5-26}$$

其中：C_d 为荷载影响系数，对长期和多次重复荷载，取为 1.5，对短期荷载，取为 1.0；α 为箍筋外形系数，对热轧变形钢筋取为 1.0，热轧光面钢筋取为 1.3，刻痕钢丝取为 1.3，光面钢丝取为 1.4；d_{max} 为箍筋和弯起钢筋中的最大直径；E_s 为钢筋的弹性模量；ρ_v 为箍筋配筋率；τ 为名义剪应力，$\tau = V/bh_0$；系数 $K = (120 - 1200\rho_v) \times 10^3 \geqslant 8 \times 10^3$。

CEB-FIP（MC78）规范[34]计算斜裂缝宽度的方法也是假设箍筋应力均匀分布及裂缝倾角为 45°，把垂直裂缝宽度的计算模式引入到斜裂缝宽度的计算中。其对垂直裂缝宽度的修正主要有两点：一是引入箍筋倾斜角度影响系数 k_ω，二是用箍筋应力代替纵筋应力。其公式如下：

$$\omega_k = 1.7k_\omega\omega_m \tag{5-27}$$

$$\omega_m = s_{rm}\varepsilon_{smr} \tag{5-28}$$

其中：ω_k 为最大斜裂缝宽度；ω_m 为平均斜裂缝宽度；k_ω 考虑箍筋倾斜角度影响的系数，箍筋垂直（$\alpha_{sv} = 90°$）时，$k_\omega = 1.2$，箍筋倾斜（$\alpha_{sv} = 45° \sim 60°$）时，$k_\omega = 0.8$；$s_{rm}$ 为平均斜裂缝间距；ε_{smr} 为箍筋与混凝土之间的平均应变差。

河北工业大学李艳艳[35]通过 8 根梁的抗剪试验验证了上述 4 个计算模型，认为对于所有的试验梁，赵国藩教授的计算方法最为接近，其次为前苏联的计算方法。就集中荷载作用下的试验梁而言，聂建国教授的计算方法和前苏联的计算方法比较接近，但都很保守，与实测的裂缝宽度有着明显的差异。

5.5.4.2　抗剪加固最大斜裂缝宽度计算公式

根据上文分析，在赵国藩教授的计算模型基础上建立适合高强钢绞线网-聚合物砂浆抗剪加固斜裂缝宽度的计算方法。现作如下假定：（1）弯起钢筋与斜裂缝相互垂直；

（2）与斜裂缝相交的高强钢绞线、箍筋、弯起钢筋各自应力均相等，它们在竖直方向具有相同的应变；（3）加固层砂浆与混凝土抗拉强度相等。

由以上假定可得如下关系：

$$\varepsilon_{s,m} = \varepsilon_{sw} = \varepsilon_{sv} = \varepsilon_{sb}\cos\theta \tag{5-29}$$

$$f_t = f_{t,m} \tag{5-30}$$

式中：$\varepsilon_{s,m}$为箍筋、高强钢绞线、弯起钢筋平均应变；ε_{sv}、ε_{sw}、ε_{sb}分别为箍筋、高强钢绞线、弯起钢筋的平均应变；f_t、$f_{t,m}$分别为混凝土、聚合物砂浆抗拉强度。

高强钢绞线网-聚合物砂浆抗剪加固斜截面抗剪作用如图5-42所示。图中T为纵筋拉力，F_c为混凝土压应力合力，c_v为斜裂缝在水平方向的投影长度，z_v为斜截面受拉钢筋合力作用点至剪压区混凝土压应力合力作用点的距离，θ为斜裂缝与水平方向的夹角，其他参数同式（5-2）。由图中竖向力平衡关系可得方程如下：

$$V_u = V_{sv} + V_{sw} + V_b\cos\theta + V_c + V_m + V_d + V_i\sin\theta \tag{5-31}$$

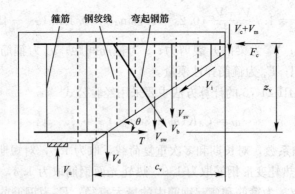

图 5-42 加固梁斜截面抗剪作用

现令下两式成立：

$$V_s = V_{sv} + V_{sw} + V_b\cos\theta \tag{5-32}$$

$$V_\Sigma = V_c + V_m + V_d + V_i\sin\theta \tag{5-33}$$

式中：V_s包括箍筋、高强钢绞线、弯起钢筋三部分承担的剪力；V_Σ包括剪弯段混凝土承担的剪力、聚合物砂浆承担的剪力、纵筋的销栓作用和骨料的咬合力，这主要与截面尺寸、混凝土强度、聚合物砂浆强度、纵筋配筋率有关。根据赵国藩等的计算公式，对V_Σ的值进行调整，计算式如下：

$$V_\Sigma = \kappa f_t\left(\frac{0.85}{\lambda} + 2\rho\right)(b + 2t_m)h_0 \tag{5-34}$$

式中：ρ为纵筋配筋率；t_m为加固层砂浆厚度；剪跨比$\lambda > 3$时取3，$\lambda < 1.5$时取1.5，均布荷载作用时取1.5；κ为各部分承担剪力的调整系数，主要考虑二次受力、加固方式、固定高强钢绞线用膨胀螺栓对混凝土梁造成的损伤等的影响。κ其取值如下：

$$\kappa = \begin{cases} 1 & \text{U形加固} \\ 1.15 & \text{环包加固} \\ 0.8 & \text{螺栓过密造成损伤时} \\ 0.55 & \text{二次受力加固（持载加固、开裂后卸载加固）} \end{cases} \tag{5-35}$$

式中：1.15 主要是根据上文抗剪承载力计算中的加固方式系数而来；0.8 和 0.55 均是考虑损伤对原混凝土抗剪承载力的降低，也是参照抗剪承载力的计算取值。

根据规范，垂直裂缝宽度大小取决于纵筋应力，当把箍筋应力取代纵筋应力时，就可把垂直裂缝公式引入斜裂缝宽度计算中[31]。因此，有下式成立：

$$\beta_l V_u - V_\Sigma = \varepsilon_{s,m} \left(E_{sw} A_{sw} \frac{c_v}{s_{sw}} + E_{sv} A_{sv} \frac{c_v}{s_{sv}} + E_{sb} A_{sb} \cos\theta \right) \tag{5-36}$$

$$\varepsilon_{s,m} = \frac{\beta_l V_u - V_\Sigma}{E_{sw} A_{sw} \dfrac{c_v}{s_{sw}} + E_{sv} A_{sv} \dfrac{c_v}{s_{sv}} + E_{sb} A_{sb} \cos\theta} \tag{5-37}$$

式中：β_l 为加载方式的影响系数，集中力作用下取 1.0，均布荷载作用下取 0.75；其他参数同上文。斜裂缝 θ 角主要发生 $30° \sim 50°$ 之间[36]，一般 $M/V_u h_0 \geqslant 2.5$ 时可取 $40°$，$M/V_u h_0 < 2.5$ 时可取 $35°$。本文根据试验所得 θ 角取 $37°$，故斜裂缝在水平方向的投影长度 c_v 取 $1.3h_0$。

剪力 V_u 的取值如下：

$$V_u = \begin{cases} V_0 \\ V_0 - V_p \end{cases} \tag{5-38}$$

式中：V_0 为加固梁所受剪力；V_p 为持载加固梁的预加荷载。

斜裂缝平均宽度 W_{vm} 为垂直于斜裂缝方向、长度为 $z_v/\cos\theta$ 范围内箍筋与混凝土的拉应变之差，计算公式如下：

$$W_{vm} = (\varepsilon_{s,m} \cos\theta - \varepsilon_c) z_v/\cos\theta \tag{5-39}$$

式中：$\varepsilon_{s,m}$、ε_c 分别为抗剪钢筋、混凝土在 $z_v/\cos\theta$ 长度内的平均应变，考虑到箍筋、钢绞线、弯起钢筋等的应变沿长度方向分布不均匀，引入应变不均匀系数 ζ。

$$W_{vm} = \zeta(\varepsilon_{s,m} \cos\theta - \varepsilon_c) z_v/\cos\theta = \zeta\varepsilon_{s,m} z_v \left(1 - \frac{\varepsilon_c}{\varepsilon_{s,m} \cos\theta} \right) \tag{5-40}$$

考虑到剪弯段混凝土和纵向受拉钢筋对斜裂缝发展的约束作用、弯曲变形对斜裂缝的宽度的影响以及最大斜裂缝宽度 W_{vmax} 出现的随机性和偶然性，假设平均裂缝宽度增大系数为 φ，则钢筋混凝土梁斜裂缝最大宽度理论计算公式为：

$$W_{vmax} = \zeta\varphi\varepsilon_{s,m} z_v \left(1 - \frac{\varepsilon_c}{\varepsilon_{s,m} \cos\theta} \right) \tag{5-41}$$

令

$$\psi = \zeta z_v \left(1 - \frac{\varepsilon_c}{\varepsilon_{s,m} \cos\theta} \right) \tag{5-42}$$

则得斜裂缝最大宽度计算公式：

$$W_{vmax} = \varphi\psi\varepsilon_{s,m} \tag{5-43}$$

对平均裂缝宽度增大系数 φ，根据本文的试验观测以及李艳艳[35]、王铁成[37]等的研究，取 $\varphi = 1.25$。

对于系数 ψ，根据式（5-43），有 $\psi = W_{vmax}/\varphi\varepsilon_{s,m}$，根据试验裂缝宽度及抗剪钢筋平均应变按式（5-37）的计算值，关系曲线见图 5-43。此时相关系数 0.887，远远大于置信度 0.01 时的相关系数 0.550，可见图中方程非常显著，故可得系数 $\psi = 166$。最大斜裂缝宽度计算式如下：

$$W_{vmax} = \varphi\left(\psi\varepsilon_{s,m} + \frac{0.1}{\varphi}\right) \tag{5-44}$$

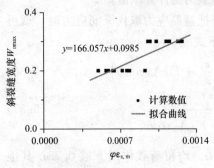

图 5-43 W_{vmax} 与 $\varphi\varepsilon_{s,m}$ 关系曲线

根据上式计算最大斜裂缝宽度如表 5-21 所示。表中斜裂缝宽度 0.2mm 时计算值与试验值比值的均值为 0.970，方差为 0.063，离散系数 0.065；斜裂缝宽度 0.3mm 时计算值与试验值比值的均值为 0.932，方差为 0.070，离散系数 0.075。二者计算值略低于试验值，但与试验值符合较好，以上公式可用于计算加固构件斜裂缝最大宽度。由于梁的抗剪机理本身非常复杂，影响因素也比较多，对这方面的研究，有待进行更多的试验探讨。

最大斜裂缝宽度计算值与试验值对比表   表 5-21

试件编号	$V_{0.2}$ (kN)	$\varepsilon_{s,m\,0.2c}$ ($\mu\varepsilon$)	$W_{vmax\,0.2c}$ (mm)	$W_{vmax\,0.2c}/0.2$	$V_{0.3}$ (kN)	$\varepsilon_{s,m\,0.3c}$ ($\mu\varepsilon$)	$W_{vmax\,0.3c}$ (mm)	$W_{vmax\,0.3c}/0.3$
RCBS-1	175	468	0.197	0.986	195	879	0.282	0.941
RCBS-2	184	504	0.205	1.023	194	864	0.279	0.931
RCBS-3	214	511	0.206	1.030	239	900	0.287	0.956
RCBS-4	214	511	0.206	1.030	234	822	0.271	0.902
RCBS-5	184	467	0.197	0.985	204	919	0.291	0.969
RCBS-6	265	533	0.211	1.053	335	1718	—	—
RCBS-7	275	395	0.182	0.910	315	1018	0.311	1.037
RCBS-8	125	395	0.182	0.910	165	1018	0.311	1.037
RCBS-2*	130	502	0.204	1.021	150	983	0.304	1.013
RCBS-3*	140	543	0.213	1.063	160	1223	—	—
RCBS-4*	140	573	0.219	1.094	156	957	0.299	0.995
RCBS-5*	147	452	0.194	0.969	180	1005	0.309	1.028
L1-01&	57.3	344	0.185	0.925	68.1	574	0.271	0.903
L1-02&	75.3	402	0.183	0.917	82.4	773	0.260	0.868
L1-03&	86.0	369	0.177	0.883	96.8	673	0.240	0.799
L1-04&	82.4	433	0.189	0.946	111.1	703	0.246	0.820
L2-01&	45.3	366	0.176	0.880	60.3	873	0.281	0.937
L2-02&	60.3	384	0.180	0.898	66.4	823	0.271	0.903
L2-03&	72.4	413	0.186	0.928	93.5	792	0.264	0.881
L2-04&	81.5	423	0.188	0.939	93.5	763	0.258	0.861

注：表中带"*"为清华大学试验数据，带"&"为华东交通大学试验数据，V 为剪力，下脚标 0.2、0.3 分别表示斜裂缝宽度 0.2mm 和 0.3mm，t、c 分别表示试验测试值和公式计算值。

5.6 本章小结

本章通过对 9 根矩形梁抗剪加固的试验研究和数值分析，结合相关单位的试验研究，对高强钢绞线网-聚合物砂浆抗剪加固 RC 梁的加固效果、受力机理、承载力计算等问题进行分析，得出如下结论与建议：

1. 高强钢绞线网-聚合物砂浆抗剪加固 RC 梁效果显著，加固构件抗剪承载能力刚度和延性得到了大幅提高，剪切裂缝开展得到了很好延迟。

2. U 形加固与环包加固对抗剪承载力有一定影响，最终加固层都发生剥离破坏；同时原梁在瞬间传递过来的强大荷载作用下发生剪压破坏。抗剪加固钢绞线高强性能没有得到充分发挥，界面粘结性能有待进一步改善或降低钢绞线用量。

3. 钢绞线固定用螺栓数量对抗剪加固承载力有明显影响：螺栓间距 40mm 时，对梁抗剪截面刚度造成了较大损伤，承载力提高幅度比其他梁低 1/3～1/2；而螺栓间距 100mm 时其影响不大，可不考虑其影响。建议加固施工中钢绞线端部锚固螺栓间距需大于 100mm，以 150mm 为宜。

4. 持载加固与完整加固梁抗剪承载力差距不大，加固完成后加固层即发挥作用，破坏过程与完整梁相似，但加固层发生剥离破坏的突然性较完整加固梁更大，脆性破坏更强。持载程度对抗剪承载力有显著影响，持载程度高，初始裂缝宽度大，加固承载力提高幅度低，其刚度和延性都差，但与对比梁相比仍有大幅提高。

5. 修复加固梁的抗剪加固效果显著，抗剪承载力、刚度、延性在加载初期都得到了恢复，箍筋屈服后加固效果非常明显，从荷载-挠度曲线上来看与持载加固梁相似，极限荷载提高幅度可达到完整加固梁的一半左右。

6. 在 9 根矩形梁抗剪加固试验及有限元分析基础上，结合相关单位的抗剪加固试验研究，提出抗剪加固承载力计算公式（5-16）～公式（5-19），所依据的试验数据涵盖了混凝土强度、原梁配箍率、加固钢绞线用量、持载程度、剪跨比、加固方式等参数对加固的影响，公式具有良好的适应性，可用于相关工程结构的加固设计。

7. 依据以上抗剪加固试验研究及数值分析，提出了抗剪加固梁考虑剪切变形影响的挠度计算公式（5-21）、最大斜裂缝宽度计算公式（5-44），计算公式同样具有良好的适应性，可用于相关工程结构的加固设计。

参考文献

[1] 王寒冰. 高强不锈钢绞线网-聚合砂浆加固 RC 梁的试验研究 [D]. 北京：清华大学，2003.

[2] 聂建国，蔡奇，等. 高强不锈钢绞线网-渗透性聚合砂浆抗剪加固的试验研究 [J]. 建筑结构学报，2005，26（2）：10-17.

[3] 蔡奇. 高强不锈钢绞线加固钢筋混凝土梁刚度裂缝的研究 [D]. 北京：清华大学，2003.

[4] 张自荣，张素梅，石桂梅. 纤维加固钢筋混凝土梁抗剪性能试验研究 [J]. 哈尔滨工业大学学报，2004，36（3）：366-369.

[5] Chaallal Omar, Shahawy Mohsen, Hassan Munzer. Performance of reinforced concrete T-girders strengthened in shear with carbon fiber-reinforced polymer fabric [J]. ACI Structural Journal, 2002, V99（3）：335-343.

[6] Deniaud Christophe, Cheng, J J Roger. Shear behavior of reinforced concrete T-beams with externally bonded fiber-reinforced polymer sheets [J]. ACI Structural Journal, 2001, V98（3）：386-394.

[7] Rizkalla Sami, Hassan Tarek. Effectiveness of FRP for strengthening concrete bridges [J]. Structural Engineering International：Journal of the International Association for Bridge and Structural En-

gineering（IABSE），2002，V12（2）：89-95.

[8]　杨勇，郭子雄，聂建国，等. 型钢混凝土结构 ANSYS 数值模拟技术研究［J］. 工程力学，2006，27（4）：79-85+57.

[9]　杨勇，赵鸿铁，薛建阳，等. 型钢混凝土基准粘结滑移本构关系试验研究［J］. 西安建筑科技大学学报（自然科学版），2005，37（4）：445-449+467.

[10]　朱伯芳. 有限单元法原理与应用［M］. 北京：中国水利水电出版社，1998.

[11]　曹俊. 高强不锈钢绞线网-聚合砂浆粘结锚固性能的试验研究［D］. 北京：清华大学，2004.

[12]　卢长福. 高强钢绞线网－聚合物砂浆加固钢筋混凝土梁抗剪性能试验研究［D］. 南昌：华东交通大学，2011.

[13]　曾令宏. 高性能复合砂浆钢筋（网）加固混凝土梁实验研究与理论分析［D］. 长沙：湖南大学，2006.

[14]　AA 格沃兹杰夫，等. 钢筋混凝土强度问题新论［M］. 北京：中国建筑工业出版社，1982：123-161.

[15]　Frank J Vecchio，Michael P Collins. The modified compression-field theory for reinforced concrete elements subjected to shear［J］. ACI Structure Journal，1986，V83（2）：297-312.

[16]　T ICHINOSE. A shear design equation for ductile R/C members［J］. Earthquake Engineering and Structural Dynamics，1992，V21（3）：187-198.

[17]　刘立新. 钢筋混凝土深梁、短梁和浅梁受剪承载力的统一计算方法［J］. 建筑结构学报，1995，16（4）：13-22.

[18]　JTG D62—2004. 公路钢筋混凝土及预应力混凝土桥涵设计规范［S］. 北京：人民交通出版社，2004.

[19]　GB 50010—2002. 混凝土结构设计规范［S］. 北京：中国建筑工业出版社，2002.

[20]　Chaallal O，Nollet M J，Perraton D. Strengthening of reinforced concrete beams with externally bonded fibre-reinforced-plastic plates：design guidelines for shear and flexure［J］. Canadian Journal of Civil Engineering，1998，V25（4）：692-704.

[21]　Chen J F，Teng J G. Shear capacity of FRP strengthened RC beams：fibre reinforced polymer rupture［J］. Journal of Structural Engineering，ASCE，2003，V129（5）：615-625.

[22]　Chen J F，Teng J G. Shear capacity of FRP strengthened RC beams：FRP debonding［J］. Construction and Building Materials，2003，V17（1）：27-41.

[23]　Gergely I，Pantelides C P，Nuismer P J，et al. Bridge pier retrofit using fibre-reinforced plastic composites［J］. Journal of Composites for Construction，ASCE，1998，V2（4）：165-174.

[24]　Triantafillou T C. Composites：a new possibility for the shear strengthening of concrete，masonry and wood［J］. Composites Science and Technology，1998，V58（8）：1285-1295.

[25]　Michael J chajes. Shear strengthening of reinforced concrete beams using externally applied composite fabrics［J］. ACI Structure Journal，1995，V92（3）：336-249.

[26]　Amir M Malek. Prediction of failure load of R/C beams strengthened with FRP plate due to stress concentration at the plate end［J］. ACI Structure Journal，1998，V95（2）：135-151.

[27]　Marco Arduini. Parametric study of beams with externally bonded FRP reinforcement［J］. ACI Structure Journal，1997，94（5）：465-482.

[28]　龙驭球，包世华. 结构力学［M］. 北京：高等教育出版社，1996.

[29]　郑晓燕，翟爱良. 剪切变形及斜裂缝影响的钢筋混凝土梁挠度计算［J］. 青岛建筑工程学院学报，1998（3）：20-22.

[30]　施士昇. 混凝土的抗剪强度、剪切模量和弹性模量［J］. 土木工程学报，1999，32（2）：47-52.

[31] 赵国藩，李树瑶，廖婉卿. 钢筋混凝土结构的裂缝控制［M］. 北京：海洋出版社，1991.

[32] 聂建国，沈聚敏. 钢筋混凝土梁的斜裂缝宽度［J］. 建筑结构，1994，15（6）：33-36.

[33] CHИII-21-75，苏联钢筋混凝土结构设计规范［S］. 中国建筑科学研究院建筑结构研究所，1982.

[34] MC78. CEB-FIP 钢筋混凝土结构标准规范［S］. 中国建筑科学研究院建筑结构研究所，1980.

[35] 李艳艳. HRB400 钢筋混凝土梁受剪斜裂缝宽度的试验研究［D］. 天津：河北工业大学，2005.

[36] 郑建岚，钱在兹. 协调析架模型在抗剪承载力中的应用［J］. 浙江大学学报，1998，5（32）：635-642.

[37] 王铁成，董春敏，王菘. 配高强箍筋的 T 形截面混凝土梁的斜裂缝宽度试验研究［J］. 吉林大学学报（工学版），2006，36（4）：451-455.

6　高强钢绞线网-聚合物砂浆加固梁剥离机理

6.1　剥离破坏现象

现有试验表明，高强钢绞线网-聚合物砂浆加固层与混凝土粘结界面之间存在剥离破坏的事实[1-13]。剥离破坏的存在，使得高强钢绞线的高强性能得不到充分发挥，并且剥离破坏属于脆性破坏，对加固结构的使用性能造成了很大伤害。湖南大学尚守平、曾令宏等[14-22]在研究钢筋网加固混凝土构件时，同样遇到了加固层剥离破坏的问题，他们采用增设抗剪连接件的办法来提高界面粘结性能。但由于加固层较薄（在15mm～25mm之间），给加固施工带来一定麻烦，本文的抗剪试验也证实，过多的锚固螺栓会对原构件造成较大的初始损伤，因此如何解决粘结界面剥离是一个迫切需要解决的问题。本章从抗弯和抗剪加固中存在的不同剥离破坏模式着手，建立相应的承载力计算公式。

6.2　抗弯加固剥离破坏研究

6.2.1　抗弯加固破坏模式

对现有的抗弯加固试验分析表明，抗弯加固梁的剥离破坏主要有两种模式，如图6-1所示（图片取自文献［7］的加固梁试验）。一种是端部锚固长度不够，在应力高度集中的情况下发生锚固破坏，此时剥离正应力和粘结剪应力起着同样重要的作用。另一种是中部弯曲裂缝引起的剥离破坏，这种情况下，由于混凝土材料强度的离散性和施工缺陷等各种因素，在构件薄弱部位存在应力集中而产生最初的微裂缝，进而随荷载增加，相邻裂缝间形成相对位移、裂缝发展高度等差异，使得加固层钢绞线存在应力差。当弯曲主裂缝处的应力差达到临界值时，粘结界面中出现一条水平裂缝，从弯曲主裂缝的位置向加固层端部发展。

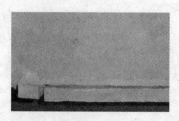
（a）端部锚固剥离

（b）中部弯曲裂缝引起的剥离

（c）b图剥离破坏的放大

图6-1　抗弯加固梁的剥离破坏

另外，根据 FRP 加固的试验研究，中部弯剪裂缝同样会造成剥离破坏，如图 6-2（a）所示，但在高强钢绞线网-聚合物砂浆加固中尚未发现。对于图 6-2（b）所示的混凝土保护层剥离破坏在目前的研究中也未曾发现，主要是由于聚合物砂浆与混凝土粘结界面之间"粘结破坏区"的存在，界面粘结强度一般小于原构件混凝土及加固砂浆的强度，使得发生此类剥离破坏的可能性降低。图 6-2（c）～图 6-2（e）所示的另外三种破坏模式均不是由于加固层界面剥离导致的破坏，本章不做详细分析。

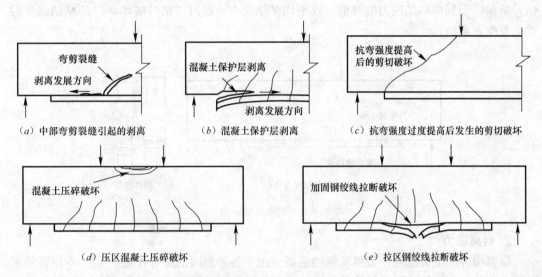

（a）中部弯剪裂缝引起的剥离　　（b）混凝土保护层剥离　　（c）抗弯强度过度提高后发生的剪切破坏

（d）压区混凝土压碎破坏　　　　　　　　（e）拉区钢绞线拉断破坏

图 6-2　抗弯加固混凝土梁破坏模式

6.2.2 剥离破坏区域应力状态

由于聚合物砂浆与混凝土界面之间"粘结破坏区"的存在，对粘结强度造成了很大削弱，粘结强度要低于原混凝土和砂浆各自本身的强度，所以剥离破坏基本发生在"粘结破坏区"。剥离面由原构件混凝土和聚合物砂浆及界面材料共同组成，由于剥离界面组成材料的复杂性及界面的分形特征，界面上的应力处于复杂应力状态。为便于研究，将加固层材料与混凝土粘结局部区域的应力分为以下几种。

1. 粘结剪应力

根据试验观测，加固材料与混凝土的锚固和粘结与钢筋在混凝土中的锚固和粘结十分相似，粘结应力沿梁长度方向是变化的，其值主要与裂缝分布、荷载效应、粘结锚固面积、材料性质等因素有关。

加固构件发生开裂之前，加固材料与原混凝土共同受力。加固构件产生裂缝后粘结应力局部形态发生变化，加固层与原混凝土之间存在两个传力过程。第一个是钢绞线与聚合物砂浆之间的传力：裂缝处砂浆与混凝土均发生开裂而不再承担拉力（弯矩作用），而钢绞线承担的拉力（弯矩作用）有一个突然的增长；随着沿该裂缝向两侧距离的增加，由于钢绞线与砂浆共同工作的结果，砂浆承担的荷载（弯矩）在粘结应力的作用下逐渐积累增加，而钢绞线承担的荷载（弯矩）又逐渐降低到构件开裂前二者共同受力的水平；这一传力过程与混凝土和钢筋之间的传力过程相同，通常认为钢绞线与加固层砂浆之间粘结良好，不会发生粘结破坏。第二个是聚合物砂浆与混凝土之间的传力：砂浆把钢绞线传递过来的荷载通过粘结应力传给混凝土，同样随着沿该裂缝向两侧距离的增加，粘结应力在一定长度范围内积累增加；这两个传力过程可以使混凝土或聚合物砂浆承担的拉应力达到各自的抗拉强度，而产生新的裂缝；由于钢绞线对加固构件的变形约束，加固构件中裂缝的宽度较普通混凝土梁中的裂缝宽度要小，裂缝间距也要小一些。在分析剥离破坏时我们主要考虑加固层材料端部和裂缝处"粘结破坏区"的局部粘结应力，其分布大致如图 6-3（a）所示，当局部粘结应力的峰值（或平均粘结应力）超过"粘结破坏区"的粘结强度时就会发生剥离。

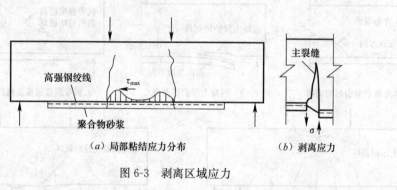

（a）局部粘结应力分布   （b）剥离应力

图 6-3 剥离区域应力

2. 剥离应力

加固构件产生裂缝后，裂缝两侧的混凝土由于各种原因的综合作用产生了不相等的相对竖向位移，而钢绞线要想保持其连续性，则必然在裂缝两侧承担垂直于加固层材料平面的应力，这种应力在加固层材料与混凝土沿粘结界面纵向剥离时是局部平衡的，如图 6-3（b）所示。但裂缝某一侧的这种应力作用效果使得加固层材料产生离开混凝土的趋势，即加固层材料剥离的趋势，我们把产生剥离作用效果的应力称为加固层材料与混凝土之间的剥离应力。已有研究成果表明，剥离应力的存在对加固层材料的剥离有着极其重要的影响，其数值大小与许多因素有关。

3. 试件剪应力

梁中剪弯段都存在着荷载作用产生的剪应力，加固层与混凝土粘结部位的这种剪应力是垂直于加固层平面的，对加固层材料来说其作用效应实际上是类似于剥离应力，同样使加固层产生离开混凝土而剥离的趋势，其大小主要与外荷载大小、作用部位等有关，可以用材料力学的方法计算出来。必须注意的是，上述剪应力与剥离应力对加固层的剥离来说是两种不同的应力，前者由构件所受外荷载产生，而后者是由于裂缝导致的相对错位引起的，但对加固层的剥离起到了相同的作用。当裂缝处的剪应力与剥离应力叠加后，一旦超过"粘结破坏区"的粘结强度时就会发生剥离，在研究剥离破坏过程中，通常把这两种应力合并称为剥离正应力。

在加固构件不同位置，高强钢绞线网-聚合物砂浆与混凝土粘结界面的受力状态不同，剥离发生的应力条件不同，在实际分析时必须分别考虑各种应力的综合作用效应。

6.2.3 端部锚固剥离破坏分析

国内外针对高强钢绞线网-聚合物砂浆加固混凝土剥离破坏的研究几乎空白，目前唯一报道的研究是清华大学的曹俊[1]，他通过 9 根钢筋混凝土梁的抗弯加固试验，对端部锚固长度进行了研究，建议加固层锚固段与混凝土的基本粘结长度应大于等于 300mm，同时提出了端部剥离破坏的解析解。由于加固层与混凝土之间"粘结破坏区"的存在，进一步降低了剥离承载力，但曹俊的解析解忽略了"粘结破坏区"对剥离承载力的削弱作用，计算结果偏于不安全（见表 6-1）。同样，曾令宏[22]、卜良桃[23]等在研究钢筋网加固混凝土的过程中也忽略了"粘结破坏区"的影响，结果同样趋于不安全。下文在曹俊、卜良桃等人研究的基础上，考虑"粘结破坏区"的作用，推导更为合理的端部剥离承载力计算公式。

试件编号	最大粘结剪应力 $\tau_{dp.max}$（MPa）	最大剥离正应力 $\sigma_{dp.max}$（MPa）	剥离荷载（kN）		
			计算值	试验值	差值（%）
RCL-3	1.133	2.983	64.43	60.00	7.38
RCL-4	1.113	2.930	62.55	62.90	−0.56
RCL-5	1.072	2.822	68.19	63.20	7.90
RCL-6	1.219	3.209	77.12	64.50	19.57
RCL-7	1.165	3.067	93.96	—	—
RCL-8	1.166	3.070	94.37	—	—

加固层端部剥离应力及剥离荷载[1]　　　　　　　　　　表 6-1

6.2.3.1　粘结剪应力分析

根据李庚英[24]等人的研究，"粘结破坏区"由渗透层、强效应层、弱效应层三部分组成，其厚度非常微小，考虑到加固界面的凿毛处理，"粘结破坏区"的分布是以凹凸不平的粗糙面为界面的。现将该凹凸界面的最高点及最低点平面内所有材料组成"粘结破坏层"这一宏观材料层，剥离破坏将发生在这一层材料中取任意荷载作用下高强钢绞线网-聚合物砂浆加固梁单元如图 6-4 所示，梁截面宽度为 b，高度为 h，加固层与梁同宽，厚度为 t_m。发生剥离破坏时，加固层砂浆与混凝土均发生开裂，忽略二者的拉应力。由加固层微元体水平方向受力平衡可得：

$$\tau_{dp}(x) = \frac{A_{sw}}{b} \cdot \frac{d\sigma_{sw}(x)}{dx} \qquad (6-1)$$

式中：$\tau_{dp}(x)$ 为"粘结破坏层"剪应力，即粘结剪应力；$\sigma_{sw}(x)$ 为钢绞线应力；A_{sw} 为加固钢绞线截面积。

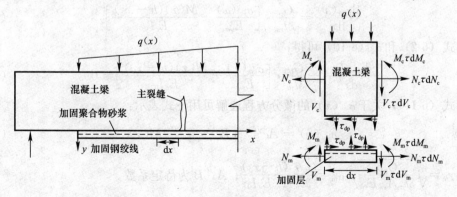

图 6-4　剥离破坏单元受力图

对式（6-1）微分可得：

$$\frac{d\tau_{dp}(x)}{dx} = \frac{A_{sw}}{b} \cdot \frac{d^2\sigma_{sw}(x)}{dx^2} \tag{6-2}$$

高强钢绞线网以上加固层的剪切变形与剪应力的关系为：

$$\tau_{dp}(x) = \frac{G_p}{3t_m} \cdot u(x, y) \tag{6-3}$$

其中：G_p 为"粘结破坏区"的剪切模量（MPa）；$u(x, y)$ 为加固层沿 x 方向的水平位移。

$$u(x, y) = u_2(x) - u_1(x) \tag{6-4}$$

其中：$u_1(x)$ 为"粘结破坏层"上边缘的水平位移，也即混凝土梁下边缘的水平位移；$u_2(x)$ 为"粘结破坏层"下边缘的水平位移，也即加固层上边缘的水平位移。

将式（6-4）代入式（6-3），求微分，可得：

$$\frac{d\tau_{dp}(x)}{dx} = \frac{G_p}{3t_m} \cdot \left[\varepsilon_2(x) - \varepsilon_1(x)\right] \tag{6-5}$$

其中：$\varepsilon_1(x)$ 为"粘结破坏层"上边缘的应变，也即混凝土梁下边缘的应变；$\varepsilon_2(x)$ 为"粘结破坏层"下边缘的应变，也即加固层上边缘的应变。

由平截面假定计算混凝土截面受拉边缘应变为：

$$\varepsilon_1(x) = \frac{M(x)(h - x_0)}{E_c I_0} \tag{6-6}$$

由于砂浆与钢绞线共同受力、变形，则

$$\varepsilon_2(x) = \frac{\sigma_{sw}(x)}{E_{sw}} \tag{6-7}$$

式中：x_0 为截面受压区高度，由下式计算。

$$\beta b x_0^2 + (\alpha_w A_{sw} + \alpha_s A_s + \alpha'_s A'_s)x_0 - \alpha_w A_{sw} h_{sw} - \alpha_s A_s h_0 - \alpha'_s A'_s a' = 0 \tag{6-8}$$

式中：截面受压区矩形应力图高度与实际受压区高度的比值 β 取为 0.8；$\alpha_w = E_{sw}/E_c$；$\alpha_s = E_s/E_c$；$\alpha'_s = E'_s/E_c$；E_{sw} 为加固高强钢绞线弹性模量；E_s 为拉区钢筋弹性模量；E'_s 为压区钢筋弹性模量；E_c 为混凝土弹性模量；h_0 为拉区钢筋对应的有效高度；h_{sw} 为钢绞线对应的有效高度；I_0 为加固后梁的截面惯性矩，由下式计算。

$$I_0 = \frac{1}{3}b x_0^3 + \alpha_w A_{sw}(h_{sw} - x_0)^2 + \alpha_s A_s(h_0 - x_0)^2 + (\alpha'_s - 1)A'_s(x_0 - a')^2 \tag{6-9}$$

将式（6-7）、式（6-8）代入式（6-5），可得：

$$\frac{d\tau_{dp}(x)}{dx} = \frac{G_p}{3t_m} \cdot \left[\frac{\sigma_{sw}(x)}{E_{sw}} - \frac{M(x)(h - x_0)}{E_c I_0}\right] \tag{6-10}$$

由式（6-2）和式（6-10）可得：

$$\frac{d^2\sigma_{sw}(x)}{dx^2} - \frac{G_p}{3t_m} \cdot \left[\frac{\sigma_{sw}(x)}{E_{sw}} - \frac{M(x)(h - x_0)}{E_c I_0}\right] = 0 \tag{6-11}$$

由式（6-11），关于 $\sigma_{sw}(x)$ 的微分方程通解可用下式表示：

$$\sigma_{sw}(x) = A e^{\gamma_m x} + B e^{-\gamma_m x} + \frac{\alpha_m}{\gamma_m^2}M(x) \tag{6-12}$$

式中：$\gamma_m = \sqrt{\dfrac{G_p b}{3t_m A_{sw} E_{sw}}}$；$\alpha_m = \dfrac{G_p b}{3t_m A_{sw} E_c I_0}(h - x_0)$；$A$，$B$ 为待定系数。

将式（6-11）、式（6-12）代入式（6-1），可得端部剥离破坏剪应力：

$$\tau_{dp}(x) = Ce^{\gamma_m x} + De^{-\gamma_m x} + \frac{\alpha_m A_{sw}}{\gamma_m^2 b}V(x) \tag{6-13}$$

式中：$C = \gamma_m \dfrac{A_{sw}}{b}A$；$D = -\gamma_m \dfrac{A_{sw}}{b}B$。

1. 当荷载为两点对称集中荷载时，由边界条件：

(1) 加固层端部：$\sigma_{sw}(0) = 0$；

(2) 跨中：$\tau_{dp}\left(\dfrac{L_m}{2} - a\right) = 0$；

(3) 加载点连续：$\sigma_{sw}^-(l_0) = \sigma_{sw}^+(l_0)$，$\tau_{dp}^-(l_0) = \tau_{dp}^+(l_0)$；

(4) 不考虑加固层承受弯矩，即 $M_m(0) = 0$，且认为加固层端部弯矩、剪力已知，分别为 $M_c(x) = M(0)$、$V_c(x) = V(0)$。

可求得：

$$\tau_{dp}(x) = \begin{cases} \dfrac{\alpha_m A_{sw} M(0)}{\gamma_m b}e^{-\gamma_m x} + \dfrac{\alpha_m A_{sw}}{\gamma_m^2 b}V(x) & 0 \leqslant x \leqslant l_0 \\[3mm] \dfrac{\alpha_m A_{sw} M(0)}{\gamma_m b}e^{-\gamma_m x} + \dfrac{\alpha_m A_{sw}}{2\gamma_m^2 b}V(0)e^{\gamma_m l_0}e^{-\gamma_m x} & l_0 < x \leqslant \dfrac{L_m}{2} - a \end{cases} \tag{6-14}$$

其中：a 为剪跨；l_0 为加载点至加固层端部长度，即锚固长度；L_m 为加固层长度。

加固层端部最大应力：

$$\tau_{dp,max} = \frac{\alpha_m A_{sw} M(0)}{\gamma_m b} + \frac{\alpha_m A_{sw}}{\gamma_m^2 b}V(0) \tag{6-15}$$

2. 当荷载为均布荷载时，由边界条件：

(1) 加固层端部：$\sigma_{sw}(0) = 0$；

(2) 跨中：$\tau_{dp}\left(\dfrac{L_m}{2} - a\right) = 0$，$V\left(\dfrac{L_m}{2} - a\right) = 0$；

(3) 不考虑加固层承受弯矩，即 $M_m(0) = 0$，且认为加固层端部弯矩、剪力已知，分别为 $M_c(x) = M(0)$、$V_c(x) = V(0)$。

可求得：

$$\tau_{dp}(x) = \frac{\alpha_m A_{sw} M(0)}{\gamma_m b}e^{-\gamma_m x} + \frac{\alpha_m A_{sw}}{\gamma_m^2 b}V(x) \tag{6-16}$$

加固层端部最大应力同式 (6-15)。

6.2.3.2 剥离正应力分析

由材料力学的定义，"粘结破坏层"正应力为：

$$\sigma_{dp}(x) = \frac{E_p}{t_m} \cdot [v_m(x) - v_c(x)] \tag{6-17}$$

式中：E_p 为"粘结破坏层"弹性模量；$v_c(x)$ 为"粘结破坏层"上边缘的竖向位移，也即混凝土梁下边缘的竖向位移；$v_m(x)$ 为"粘结破坏层"下边缘的竖向位移，也即加固层上边缘的竖向位移。

由挠度微分方程：

$$\begin{cases} \dfrac{d^2 v_m(x)}{dx^2} = \dfrac{M_m(x)}{E_m I_m} \\[3mm] \dfrac{d^2 v_c(x)}{dx^2} = \dfrac{M_c(x)}{E_c I_c} \end{cases} \tag{6-18}$$

式中：E_m 为聚合物砂浆弹性模量；I_m 为加固层截面惯性矩；I_c 为未加固混凝土梁截面惯性矩，分别由下式计算。

$$I_m = \frac{1}{12}bt_m^3 \tag{6-19}$$

$$I_c = \frac{1}{3}bx_0^3 + \alpha_s A_s (h_0 - x_0)^2 + (\alpha_s' - 1)A_s'(x_0 - a')^2 \tag{6-20}$$

由竖直方向力平衡关系得：

$$\begin{cases} \dfrac{dM_m(x)}{dx} = V_m(x) + \dfrac{1}{2}\sigma_{dp}(x)bdx - \dfrac{1}{2}bt_m\tau_{dp}(x) \\[2mm] \dfrac{dM_c(x)}{dx} = V_c(x) - \dfrac{1}{2}\sigma_{dp}(x)bdx - b\tau_{dp}(x)(h - x_0) - \dfrac{1}{2}q(x)bdx \\[2mm] \dfrac{dv_m(x)}{dx} = b\sigma_{dp}(x) \\[2mm] \dfrac{dv_c(x)}{dx} = -b\sigma_{dp}(x) - q(x)b \end{cases} \tag{6-21}$$

对式（6-17）求导：

$$\frac{d^4\sigma_{dp}(x)}{dx^4} = \frac{E_p}{t_m}\left[\frac{d^4v_m(x)}{dx^4} - \frac{d^4v_c(x)}{dx^4}\right] \tag{6-22}$$

将式（6-18）、式（6-21）代入式（6-22），整理得：

$$\frac{d^4\sigma_{dp}(x)}{dx^4} + \frac{E_p b}{t_m}\left[\frac{1}{E_m I_m} + \frac{1}{E_c I_c}\right]\sigma_{dp}(x) = \frac{E_p q(x)}{t_m E_c I_c} \tag{6-23}$$

由式（6-23），关于 $\sigma_{dp}(x)$ 的微分方程通解可用下式表示：

$$\sigma_{dp}(x) = E \cdot \sin(\lambda_m x) + F \cdot \cos(\lambda_m x) + Ge^{\lambda_m x} + He^{-\lambda_m x} + \frac{q(x)E_p E_m I_m}{bt_m E_c I_c} \tag{6-24}$$

式中：$\lambda_m^4 = \dfrac{E_p b}{4t_m}\left[\dfrac{1}{E_m I_m} + \dfrac{1}{E_c I_c}\right]$；$E$、$F$、$G$、$H$ 为待定系数。

1. 当荷载为两点对称集中荷载时，由边界条件：

（1）加固层端部：$\sigma_{sw}(0) = 0$；

（2）跨中：$\tau_{dp}\left(\dfrac{L_m}{2} - a\right) = 0$；

（3）加载点连续：$\sigma_{sw}^-(l_0) = \sigma_{sw}^+(l_0)$；$\tau_{dp}^-(l_0) = \tau_{dp}^+(l_0)$；

（4）不考虑加固层承受弯矩，即 $M_m(0) = 0$，且认为加固层端部弯矩、剪力已知，分别为 $M_c(x) = M(0)$、$V_c(x) = V(0)$、$V_m(x) = V_m(0) = bt_m\tau_{dp,max}$。

可求得：

$$\sigma_{dp}(x) = \frac{E_p}{2\lambda_m^3 t_m}\left[\left(\frac{V_m(x)}{E_m I_m} - \frac{V_c(x) + \lambda_m M(x)}{E_c I_c}\right) \cdot \cos(\lambda_m x) + \frac{\lambda_m M(x)}{E_c I_c} \cdot \sin(\lambda_m x)\right] \tag{6-25}$$

加固层端部最大应力：

$$\sigma_{dp,max} = \frac{E_p}{2\lambda_m^4 t_m}\left(\frac{V_m(0)}{E_m I_m} - \frac{V(0) + \lambda_m M(0)}{E_c I_c}\right) \tag{6-26}$$

2. 当荷载为均布荷载时，由边界条件：

(1) 加固层端部：$\sigma_{sw}(0)=0$；

(2) 跨中：$\tau_{dp}\left(\dfrac{L_m}{2}-a\right)=0$，$V\left(\dfrac{L_m}{2}-a\right)=0$；

(3) 不考虑加固层承受弯矩，即 $M_m(0)=0$，且认为加固层端部弯矩、剪力已知，为 $M_c(x)=M(0)$、$V_c(x)=V(0)$，$V_m(x)=V_m(0)=bt_m\tau_{dp,max}$。

可求得：

$$\sigma_{dp}(x)=\frac{E_p}{2\lambda_m^3 t_m}\left[\left(\frac{V_m(x)}{E_m I_m}-\frac{V_c(x)+\lambda_m M(x)}{E_c I_c}\right)\cdot\cos(\lambda_m x)+\frac{\lambda_m M(x)}{E_c I_c}\cdot\sin(\lambda_m x)\right]$$
$$+\frac{q(x)E_p E_m I_m}{bt_m E_c I_c} \tag{6-27}$$

加固层端部最大应力为：

$$\sigma_{dp,max}=\frac{E_p}{2\lambda_m^3 t_m}\left(\frac{V_m(0)}{E_m I_m}-\frac{V(0)+\lambda_m M(0)}{E_c I_c}\right)+\frac{q(x)E_p E_m I_m}{bt_m E_c I_c} \tag{6-28}$$

由于测试困难，"粘结破坏层"弹性模量 E_p 由 $\tau_{p,a}=0.39f_{cu}^{0.57}$ 和 $E_c=\dfrac{10^5}{2.2+34.7/f_{cu,k}}$ 两式确定，$\tau_{p,a}$ 为剪切粘结强度；"粘结破坏层"剪切模量 $G_p=0.42E_p$[24]。

6.2.3.3 端部剥离破坏准则

第 3 章对聚合物砂浆与混凝土的界面粘结性能试验及分析表明，"粘结破坏区"的存在，将大大降低加固层的剥离承载力，剥离破坏基本在"粘结破坏层"发生。此处定义高强钢绞线网-聚合物砂浆加固钢筋混凝土结构剥离破坏准则为：高强钢绞线网-聚合物砂浆加固层与混凝土粘结界面的应力达到其最大粘结强度。对应下列三种具体情况：

准则 1：高强钢绞线网-聚合物砂浆加固层与混凝土粘结界面的粘结剪应力达到其剪切粘结强度。对应承载力方程为：

$$\tau_{dp,max}=\tau_{p,a} \tag{6-29}$$

其中，剪切粘结强度 $\tau_{p,a}$ 由公式（3-12）计算。

准则 2：高强钢绞线网-聚合物砂浆加固层与混凝土粘结界面的剥离正应力达到其正拉粘结强度。对应承载力方程为：

$$\sigma_{dp,max}=f_{t,a} \tag{6-30}$$

其中，正拉粘结强度 $f_{t,a}$ 由公式（3-5）计算。

准则 3：高强钢绞线网-聚合物砂浆加固层与混凝土粘结界面上粘结剪应力和剥离正应力的耦合应力达到其粘结强度，对应承载力方程为：

$$\sqrt{\left(\frac{\sigma_{dp,max}}{f_{t,a}}\right)^2+\left(\frac{\tau_{dp,max}}{\tau_{t,a}}\right)^2}=1 \tag{6-31}$$

对高强钢绞线网-聚合物砂浆加固钢筋混凝土梁端部剥离破坏，根据试验分析，端部钢绞线通过膨胀螺栓固定，破坏时钢绞线被从固定环内拔出，而螺栓完好，没有被拔出的痕迹，如图 6-5 及图 6-1（a）所示。端部剥离破坏主要受粘结面剪应力控制，因而以剥离破坏准则 1 来判断剥离破坏较为合适。根据公式（6-15）得端部剥离破坏荷载计算公式如下：

$$P=\frac{\tau_{p,a}}{\dfrac{\alpha_m A_{sw}(a-l_0)}{\gamma_m b}+\dfrac{\alpha_m A_{sw}}{\gamma_m^2 b}} \tag{6-32}$$

式中：P 为两点对称集中加载处一端的荷载值；$\tau_{p,a}$ 为剪切粘结强度。

（a）抗弯加固端部固定

（b）抗弯加固端部剥离

（c）抗剪加固端部剥离

图 6-5   钢绞线端部固定及剥离破坏示意图

由本文推导的公式（6-15）和公式（6-26）计算所得曹俊的试验结果对比见表 6-2。由表可见，按剥离破坏准则 1 来判断，本文计算公式符合较好，而文献［1］计算所得粘结剪应力明显偏低，可见忽略"剥离破坏区"是非常不安全的。同样由于忽略"剥离破坏区"，文献［1］计算所得剥离正应力明显偏低。由于公式（6-26）忽略端部固定钢绞线用膨胀螺栓的作用，剥离正应力计算结果明显大于剥离破坏准则 2，因而端部剥离以准则 1 作为破坏标准是可行的。文献［1］计算剥离荷载值普遍大于试验值，按其公式计算结果偏于不安全。而公式（6-32）对剥离破坏荷载的计算明显要好于文献［1］，不但与试验符合很好，而且偏于保守，因此式（6-32）可用于计算两点加载梁端部剥离破坏极限荷载。

加固层端部应力及剥离荷载对比计算表   表 6-2

试件编号	最大粘结剪应力 $\tau_{dp,max}$（MPa）		最大剥离正应力 $\sigma_{dp,max}$（MPa）		剥离荷载（kN）			剥离荷载计算差值（%）	
	文献［1］	式（6-15）	文献［1］	式（6-26）	试验值	文献［1］	式（6-32）	文献［1］	式（6-32）
RCL-2	—	2.640	—	3.817	52.5	—	52.07	—	−0.82
RCL-3	1.133	2.379	2.983	3.435	60.00	64.43	57.78	7.38	−3.7
RCL-4	1.113	2.379	2.930	3.435	62.90	62.55	57.78	−0.56	−8.14
RCL-5	1.072	2.118	2.822	3.052	63.20	68.19	64.88	7.90	2.66
RCL-6	1.219	2.118	3.209	3.052	64.50	77.12	64.88	19.57	0.59
RCL-7	1.165	1.701	3.067	2.442		93.96	80.79	—	—
RCL-8	1.166	1.701	3.070	2.442		94.37	80.79	—	—
$\tau_{p,a}$（MPa）			2.291		$f_{t,a}$（MPa）			1.185	

6.2.3.4   端部剥离破坏简化计算

由于解析解计算公式复杂，不便于工程设计人员使用，现推导更为简洁的剥离荷载计算公式。

对粘贴 FRP 加固和粘钢加固的端部剥离破坏研究表明，端部剥离破坏同样是影响加固承载力提高程度的重要原因。为避免早期剥离破坏的发生，研究者提出了众多计算模型，这些模型主要可以分为三类：基于受剪承载力的模型、混凝土齿状模型和基于界面应力的模型。Smith and Teng 等[25,26]收集 14 项研究的 59 个数据点，对现有模型进行全面分析评价，认为 Oehlers[27]、Ziraba et al. 模型 II[28]、Jansze[29]、Raoof and Zhang 下限值[30]和 Raoof and Hassanen 两个模型的下限值[31]较好，同时建立了更为简洁精确的端部剥离承载力模型，公式如下：

$$\begin{cases} V_{db,end} = \eta V_c \\ M_{db,end}/M_u \leqslant 0.67 \end{cases} \quad (6\text{-}33)$$

式中：V_c 为梁中混凝土的受剪承载力，按澳大利亚混凝土结构设计规范计算，公式如下：

$$V_c = [1.4 - (h_0/2000)]b_c h_0 [\rho_s f_c']^{\frac{1}{3}} \quad (6\text{-}34)$$

其中 $[1.4-(h_0/2000)] \geqslant 1.1$；受拉钢筋配筋率 $\rho = A_s/b_c h_0$；f_c' 为混凝土圆柱体抗压强度（MPa）；A_s 为受拉钢筋面积（mm^2）；b_c 为截面宽度（mm）；h_0 为截面有效高度（mm）。

端部剥离承载力模型中，当 $\eta=1.5$ 时，具有 95.6%保证率的下限值；$\eta=1.4$ 时，具有 94.2%保证率的下限值；设计中由于不能确定混凝土保护层剥离是否为最终的破坏形态，故 Smith and Teng 建议取 $\eta=1.4$。

现以文献 [1] 所做 8 根锚固试验梁为基础，验算 Smith and Teng 模型。该试验采用两点对称集中加载，加固梁有效跨长 1600mm，纯弯段长度 500mm，两侧剪跨段各 550mm。加固层锚固长度，实测剪力 $V_{db,end}$，实测弯矩 M_u 以及破坏状态见表 6-3。依据公式（6-33）～公式（6-35），计算各相关数据，列于表 6-3。由表可见，在高强钢绞线网-聚合物砂浆加固钢筋混凝土结构中，η 平均值为 1.44，在 1.4 与 1.5 之间。根据试验破坏模式，发生跨中钢绞线拉断破坏的试验梁 $M_{db,end}/M_u$ 值最小，且该比值有随端部锚固长度增加而减小的趋势。将试验数据比值绘成图 6-6，由图可见，高强钢绞线网-聚合物砂浆端部剥离破坏与 $M_{db,end}/M_u$ 具有很明显的关系。因而 Smith and Teng 模型可用于高强钢绞线网-聚合物砂浆端部剥离破坏计算。

加固层端部剥离荷载对比计算表　　　　　　　　　　　表 6-3

试件编号	$V_{db,end}$ (kN)	V_c (kN)	$V_{db,end}/V_c$	$M_{db,end}$ (kN·m)	M_u (kN·m)	$M_{db,end}/M_u$	$\tau_{dp,max}$ (MPa)	破坏模式
RCL-1	28.80	21.41	1.35	11.52	15.84	0.73	2.379	端部剥离破坏；跨中混凝土未压坏、钢绞线未屈服
RCL-2	27.90	21.69	1.28	12.56	15.35	0.82	2.640	端部剥离破坏；跨中混凝土未压坏、钢绞线未屈服
RCL-3	30.75	21.56	1.43	11.99	16.91	0.71	2.379	端部剥离破坏；跨中混凝土未压坏、钢绞线未屈服
RCL-4	31.45	21.32	1.48	12.42	17.30	0.72	2.379	端部剥离破坏；跨中混凝土未压坏、钢绞线未屈服
RCL-5	31.85	20.86	1.53	11.08	17.52	0.63	2.118	端部剥离破坏，跨中混凝土接近压碎、钢绞线屈服
RCL-6	33.65	22.54	1.49	11.78	18.51	0.64	2.118	端部剥离破坏，跨中混凝土接近压碎、钢绞线屈服
RCL-7	33.15	21.94	1.51	9.05	18.23	0.50	1.701	跨中混凝土接近压碎、钢绞线拉断
RCL-8	32.15	21.88	1.47	8.71	17.68	0.49	1.701	跨中混凝土压碎、钢绞线接近拉断

由于试验基于两点对称集中加载下的抗弯加固梁，设加载点荷载 P，则有公式（6-35）成立。现将式（6-15）作如下改动，得式（6-36）。对比式（6-36）和（6-35）可见，在已确定的外荷载 P 作用下，决定式（6-36）中 $\tau_{dp,max}$ 大小的是 l_0 值，而与 $V_{db,end}$ 值无关，且随锚固长度 l_0 值增大而减小。

$$\begin{cases} V_{db,end} = P \\ M_{db,end} = P(a - l_0) \end{cases} \quad (6\text{-}35)$$

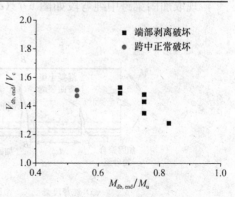

图 6-6　剥离模型与试验数据对比

$$\tau_{dp,max} = \frac{\alpha_m A_{sw} V_{dp,end}}{\gamma_m^2 b} \left[\gamma_m(a-l_0)+1 \right] \tag{6-36}$$

结合图 6-6 数据可见，采用 $M_{db,end}/M_u$ 的比值建立端部剥离破坏模型是合理的。现建立如下简化模型：

$$\begin{cases} V_{db,end} = \eta V_c \\ M_{db,end}/M_u \leqslant 0.57 \end{cases} \tag{6-37}$$

其中，$\eta=1.44$；而 $M_{db,end}/M_u$ 的上限值为 0.57，主要是考虑以下几个原因：

1. 由表 6-2 计算值可见，RCL-5、RCL-6 的 $\tau_{dp,max}$ 值已小于 $\tau_{p,a}$，且端部剥离破坏荷载均值与发生跨中钢绞线拉断的 RCL-7、RCL-8 均值之比为 1.003，说明 RCL-5、RCL-6 即将发生跨中钢绞线拉断的正常破坏，其 $M_{db,end}/M_u$ 比值接近临界状态。

2. Smith and Teng 模型中 $M_{db,end}/M_u$ 的上限值为 0.67，与 RCL-5、RCL-6 梁 $M_{db,end}/M_u$ 的比值相近。

3. 由于高强钢绞线网-聚合物砂浆加固梁端部剥离破坏试验数据点少，为安全考虑，本文模型中 $M_{db,end}/M_u$ 的上限值取 RCL-5～RCL-8 的均值 0.57。

公式（6-37）已包含了端部锚固长度的限制，为设计安全，现结合本书第 3 章拉剪试验确定的有效锚固长度及文献［1］的试验，对端部锚固长度作出限制见式（6-38），以完善端部剥离承载力的计算。

$$l_0 \geqslant 2L_e \tag{6-38}$$

6.2.4 中部弯曲裂缝引起的剥离破坏分析

目前国内外对高强钢绞线网-聚合物砂浆加固钢筋混凝土结构中部剥离破坏的研究较少，并且研究者对粘贴 FRP 加固混凝土结构中部裂缝引起的剥离破坏原理存在不同观点。一部分研究者[32]认为是由于裂缝两侧混凝土的不相等竖向位移产生的剥离正应力导致的；而另一部分研究者[33]认为中部裂缝端的应力集中，产生了很大的界面剪应力和垂直压应力，压应力对粘结破坏不起作用，主要是剪应力使破坏发生。现结合文献［34］对 FRP 剥离破坏的研究，同时考虑剥离正应力和粘结剪应力对剥离的影响，提出更为合适的高强钢绞线网-聚合物砂浆加固梁跨中弯曲裂缝引起的剥离破坏。

6.2.4.1 中部剥离破坏应力分析

现取加固梁跨中纯弯段如图 6-7（a）所示，由于混凝土材料强度的离散性和施工缺陷

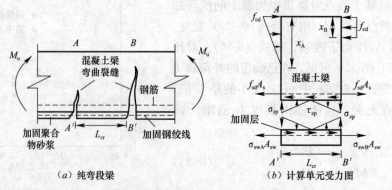

（a）纯弯段梁　　　　　　　　　　（b）计算单元受力图

图 6-7 跨中弯曲裂缝剥离单元图

等各种因素，造成相邻裂缝相对位移、裂缝发展高度等差异，从而使得加固层钢绞线存在应力差，"粘结破坏层"处于粘结剪应力和剥离正应力共同作用下的复杂受力状态。当二者达到"粘结破坏层"极限承载力时便发生跨中剥离破坏。

现取图 6-7（b）所示两裂缝之间的钢筋混凝土梁为计算单元体。假定极限弯矩 M_u 作用下，裂缝发展高的 BB' 截面压区混凝土达到极限受压状态，混凝土压应力分布为矩形；而裂缝发展较低的 AA' 截面压区混凝土刚达到抗压强度，但截面仍处于弹性阶段，混凝土受压区应力分布为三角形，内力分布如图 6-7（a）所示；两截面原梁钢筋已达屈服，则高强钢绞线应力差最大。而事实上裂缝截面压区混凝土达极限状态，在裂缝间距范围内的另一侧截面混凝土压应力不可能正好处于弹性状态，计算应力差将偏大，从而计算剥离应力偏大。

由 AA' 截面受力平衡，得：

$$\begin{cases} \sigma_{swA}A_{sw} + f_{sd}A_s = \dfrac{1}{2}f_{cd}x_A b \\ M_u = \sigma_{swA}A_{sw}\left(h_{sw} - \dfrac{1}{3}x_A\right) + f_{sd}A_s\left(h_0 - \dfrac{1}{3}x_A\right) \end{cases} \tag{6-39}$$

整理可得 AA' 截面高强钢绞线应力 σ_{swA} 的控制方程如下：

$$\frac{2A_{sw}^2}{3f_{cd}b}\sigma_{swA}^2 - \sigma_{swA}A_{sw}\left(h_{sw} - \frac{4f_{sd}A_s}{3f_{cd}b}\right) - f_{sd}A_s\left(h_0 - \frac{2f_{sd}A_s}{3f_{cd}b}\right) + M_u = 0 \tag{6-40}$$

式中：A_{sw} 为加固高强钢绞线截面积；h_{sw} 为加固截面钢绞线的有效高度；A_s 为原梁钢筋截面积；h_0 为加固截面钢筋的有效高度；f_{cd} 为混凝土抗压强度；f_{sd} 为钢筋屈服强度；b 为梁宽度；h 为梁高度。通过式（6-40）可求得 σ_{swA} 值。

由 BB' 截面受力平衡，得：

$$\begin{cases} \sigma_{swB}A_{sw} + f_{sd}A_s = f_{cd}x_B b \\ M_u = \sigma_{swB}A_{sw}\left(h_{sw} - \dfrac{1}{2}x_B\right) + f_{sd}A_s\left(h_0 - \dfrac{1}{2}x_B\right) \end{cases} \tag{6-41}$$

整理可得 BB' 截面高强钢绞线应力 σ_{swB} 的控制方程如下：

$$\frac{A_{sw}^2}{2f_{cd}b}\sigma_{swB}^2 - \sigma_{swB}A_{sw}\left(h_{sw} - \frac{f_{sd}A_s}{f_{cd}b}\right) - f_{sd}A_s\left(h_0 - \frac{f_{sd}A_s}{2f_{cd}b}\right) + M_u = 0 \tag{6-42}$$

通过式（6-42）可求得 σ_{swB} 值。

设裂缝平均间距 l_{cr} 根据混凝土规范[35]中相关公式计算，计算公式如下：

$$l_{cr} = \beta\left(1.9c + 0.08\frac{d}{\rho_{te}}\right) \tag{6-43}$$

式中各参数见文献 [35]。

取加固层为隔离体，近似为悬臂梁，并作弹性分析，可得"粘结破坏层"最大拉应力 $\sigma_{zp,max}$ 为：

$$\sigma_{zp,max} = \frac{6(\sigma_{swA} - \sigma_{swB})A_{sw}t'_m}{bl_{cr}^2} \tag{6-44}$$

式中：t'_m 为"粘结破坏层"上表面到高强钢绞线之间的厚度，无特殊说明可取 10mm。

由加固层隔离体水平方向受力平衡，可得"粘结破坏层"最大剪应力 $\tau_{zp,max}$ 为：

$$\tau_{zp,max} = \frac{(\sigma_{swA} - \sigma_{swB})A_{sw}}{bl_{cr}} \tag{6-45}$$

由于计算单元体为两裂缝之间的钢筋混凝土梁，$\tau_{zp,max}$ 实际上为一均值，当 $l_{cr} > L_e$ 时，$\tau_{zp,max}$ 将很小，与实际剪应力大小不符，故要求 $l_{cr} > L_e$ 时，取 $l_{cr} = L_e$。

6.2.4.2　中部剥离破坏准则

加固层隔离体处于拉剪复合受力状态，参考文献 [36]、[37] 对 FRP 剥离破坏的研究，建立如下破坏准则：

$$\sqrt{\sigma_{zp,max}^2 + 4\tau_{zp,max}^2} = \tau_{b,u} \tag{6-46}$$

式中：$\tau_{b,u}$ 为第三章剥离破坏试验确定的剥离破坏剪应力，由式（3-17）计算。

由于目前尚未发现针对高强钢绞线网-聚合物砂浆加固混凝土梁弯曲剥离破坏的专项试验研究，现以文献 [4] 抗弯加固的部分试验数据来验证公式。

文献 [4] 进行了 RCBF-1～RCBF-7 共 7 根钢筋混凝土梁的高强钢绞线网-聚合物砂浆抗弯加固。其中 1 号为对比梁；2 号梁，当加载至 49.0kN 时，纯弯段加固层与原梁本体之间产生水平裂缝，该梁的屈服荷载为 47.6kN；最终钢绞线拉断，极限荷载 62.4kN，裂缝平均间距 130mm；3 号梁加载前加固层与原梁本体之间即存在裂缝，最后加载点外侧从梁端头剥落而破坏；4、5 号梁试验前加固层与原梁本体之间同样存在水平裂缝，最终加固层跨中剥离，钢绞线拉断；6、7 号梁由于增大了原梁配筋，减小了钢绞线用量，最终混凝土压碎破坏。

由于文献 [4] 的试验过程中没有专门记录剥离特征荷载，现以 RCBF-2 梁试验结果来计算跨中剥离应力，结果见表 6-4。由表可见，跨中弯曲裂缝引起的剥离破坏是由于粘结剪应力和剥离正应力共同作用下的剥离破坏。由于裂缝两侧高强钢绞线的应力差，粘结剪应力竟大于剥离正应力，其作用不可忽视；同样，此处剥离正应力并非垂直压应力，对剥离破坏的发生同样起着重要作用。虽然剥离耦合应力小于剥离破坏剪应力 $\tau_{b,u}$，一方面是由于极限弯矩取值偏小，为刚出现水平裂缝时的弯矩值；另一方面二者差值仅为 3.77%，说明公式计算符合较好，剥离应力分析是合理的。因此必须对跨中弯曲剥离破坏作更为深入的试验研究。

加固层跨中剥离荷载对比计算表　　　　　　　　　　表 6-4

试件编号	$\sigma_{zp,max}$(MPa)	$\tau_{zp,max}$(MPa)	$\sqrt{\sigma_{zp,max}^2 + 4\tau_{zp,max}^2}$(MPa)	$\tau_{b,u}$(MPa)	二者差值（%）
RCBF-2	0.115	0.249	0.511	0.531	3.77

对跨中弯剪裂缝引起的剥离破坏，在目前的研究和工程应用中尚未发现。对粘贴 FRP 加固的研究[38]认为这两种剥离破坏存在一定差别，但可按弯曲裂缝引起的剥离破坏进行计算，本文暂作相同处理。

6.3　抗剪加固破坏模式

6.3.1　抗剪加固破坏模式

剪切破坏跟弯曲破坏一样，是普通钢筋混凝土梁的主要破坏模式之一。由于弯曲破坏为延性破坏，而剪切破坏为脆性破坏，因而作为控制强度的破坏模式，弯曲破坏更为可取。当钢筋混凝土梁的抗剪承载力不足，或抗弯加固后梁的抗剪承载力小于抗弯承载力时，就需要进行抗剪加固。

现有高强钢绞线网-聚合物砂浆加固梁抗剪试验研究中，加固方式主要有 U 形加固和环包加固两种，最终均沿加固界面发生剥离破坏，如图 6-8 所示。对于侧面粘贴加固，其粘结性能更差，且端部钢绞线固定困难，通常不建议采用。依据本文试验，U 形加固破坏时，首先在自由端处出现沿粘结界面向下发展的界面裂缝，在荷载不断增大的情况下，裂缝向下发展，达到极限剥离承载力后，加固层发生剥离，所承担的荷载瞬间传递给原梁，原梁承受不了加固层失效而传递过来的荷载，最终发生剪压破坏。从加固层剥离到原梁剪压破坏这一过程是在瞬间完成的，具有极强的脆性。而环包加固破坏时，沿梁上下表面转角处产生水平裂缝，随着裂缝宽度增大，出现界面裂缝，进而加固层发生剥离，直至原梁剪压破坏，该过程同样为一脆性破坏。其他破坏模式还有如图 6-9 (a)、(b) 所示的钢绞线拉断破坏，但试验中尚未出现，另外斜裂缝处的加固层剥离破坏也未在试验中发现。对于由于抗剪强度提高过大而发生的弯曲破坏，反而是实际工程中期望出现的，此处不作讨论。

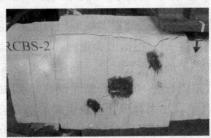

(a) U形加固剥离破坏　　　　　　　　　　(b) 环包加固剥离破坏

图 6-8　抗剪加固梁的剥离破坏

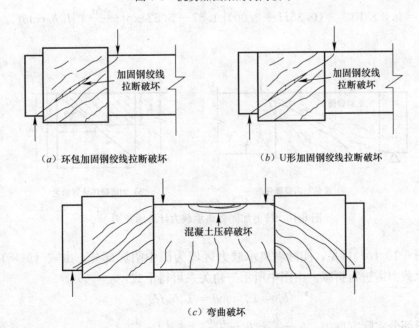

(a) 环包加固钢绞线拉断破坏　　　　　　(b) U形加固钢绞线拉断破坏

(c) 弯曲破坏

图 6-9　抗剪加固混凝土梁破坏模式

6.3.2 抗剪加固剥离承载力计算

根据本书第 5 章抗剪加固试验以及有限元参数分析结果，高强钢绞线网-聚合物砂浆抗剪加固最终均以加固层发生剥离破坏而告终，现根据试验研究及数值分析来确定抗剪加固剥离承载力的计算模型，以供设计参考。

根据 3.4 节对剥离破坏强度的分析，现以式（3-15）为基础，建立如下抗剪加固剥离承载力计算公式：

$$P_{vb} = 2\beta_1\beta_2\beta_3 P_{b,u} \tag{6-47}$$

式中：P_{vb} 为抗剪加固剥离承载力（kN）；$P_{b,u}$ 为剥离破坏强度（kN）；β_1 为加固方式修正系数，考虑 U 形加固和环包加固对剥离强度的影响；β_2 为有效长度修正系数；β_3 为钢绞线直径修正系数。

现根据试验及有限元数值计算来确定式（6-47）中各参数的取值。

由式（3-15），可得 $P_{b,u} = 5.8 \times 10^{-6} \times (0.35H + 2.00)\left[1.57 - 5.52\exp\left(-\dfrac{5t}{3t_0}\right)\right]L_m b_m f_{cu,e}$，由于沿梁长方向斜裂缝以上加固层长度 L_m 从支座到加载点逐渐减小，为简化计算统一取有效锚固长度 L_e。根据试验观测：对 U 形加固，层间裂缝最先从加载点产生，沿梁长逐步发生水平扩展和垂直扩展，同样剥离破坏最先发生于加载点，瞬间扩展到全部加固层。结合有效锚固长度的概念，加固计算宽度取加固宽度是不合理的。由斜裂缝的分布（见图 6-10a）可见，加固计算宽度取主斜裂缝所在的加固区段较为合理。设主斜裂缝与水平方向夹角为 θ，根据图 6-10（b）取计算宽度为 $b_m = h_0/\tan\theta$，h_0 为纵筋有效高度。因此在抗剪加固中，剥离破坏承载力 $P_{b,u}$ 计算见式（6-48）。对于加固宽度小于 $h_0/\tan\theta$ 时，直接取加固宽度作为加固计算宽度。

$$P_{b,u} = 5.8 \times 10^{-6} \times (0.35H + 2.00)\left[1.57 - 5.52\exp\left(-\frac{5t}{3t_0}\right)\right]L_e h_0 \cot\theta f_{cu,e} \tag{6-48}$$

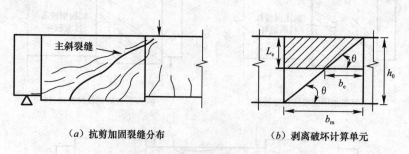

（a）抗剪加固裂缝分布　　　　　　（b）剥离破坏计算单元

图 6-10　抗剪加固剥离承载力计算示意图

根据图 6-10（b）可见，实际剥离承载力区域为图中阴影部分，由式（6-48）计算的剥离破坏承载力需进行折减。由图中所示三角关系可得下式：

$$b_e = L_e/\tan\theta = L_e b_m/h_0 \tag{6-49}$$

因而，阴影部分实际宽度为：$b_m - \dfrac{b_e}{2} = b_m - \dfrac{L_e b_m}{2h_0} = b_m\left(1 - \dfrac{L_e}{2h_0}\right)$

则有：
$$\beta_{21} = \frac{b_m - \dfrac{b_e}{2}}{b_m} = 1 - \frac{L_e}{2h_0} \tag{6-50}$$

另外，由表 6-5 中剥离承载力可见，剪跨比 λ 的增大，将对剥离荷载产生不利影响，根据表中数据，以 $\lambda = 1.6$ 的梁为参考，可得如下关系：
$$\beta_{22} = 1.6 - 0.36\lambda \tag{6-51}$$

抗剪加固剥离承载力计算表 表 6-5

试件编号	V_u（kN）	P_{vb}试验值（kN）	P_{vb}计算值（kN）	计算值/试验值
RCBS-0	260.00	—	—	—
RCBS-3	384.00	124.00	118.12	0.953
RCBS-4	359.00	99.00	118.12	1.193
RCBS-5	384.00	124.00	118.12	0.953
RCBS-6	425.00	165.00	118.12	0.716
RCBS-7	370.00	110.00	118.12	1.074
FEMS-0.22	372.90	112.90	118.12	1.045
FEMS-0.34	395.82	116.87	118.12	1.011
FEMS-25	293.24	100.61	90.49	0.899
FEMS-40	343.57	113.31	108.07	0.953
FEMS-2.4	358.60	98.60	103.12	1.046
FEMS-4.8	385.86	125.86	131.70	1.046
FEMS-2.0	334.59	107.71	101.51	0.942
FEMS-2.4	284.74	80.60	84.90	1.053
FEMS-B2.4	366.05	106.05	137.14	1.293
FEMS-B3.2	420.35	160.35	157.09	0.980
FEMS-B4.8	445.76	185.76	175.16	0.943

将剪跨比 λ 对剥离荷载的不利影响并入有效长度修正系数，可得 β_2 计算公式，见式（6-52）。对于环包加固，相当于在梁上下表面增设了锚固措施，因此宜适当提高 β_2 值，可取公式计算值与 0.9 的较大值。

$$\beta_2 = (1.6 - 0.36\lambda)\left(1 - \frac{L_e}{2h_0}\right) \tag{6-52}$$

由表 6-5 中数据可见，钢绞线直径增大，剥离承载力也将增大。这主要是因为直径增大，二者之间粘结力增大，对聚合物砂浆裂缝开展以及内部应力均匀分布起到有利作用。根据表中数据拟合可得钢绞线直径修正系数 β_3 计算式（6-53），d 为钢绞线直径。

$$\beta_3 = 1.166 - 5.56\exp(-1.1d) \tag{6-53}$$

对加固方式修正系数 β_1，由于环包加固不仅提高了锚固长度，而且顶部砂浆自身参与抗剪，故其不能仅通过此处的承载力进行简单拟合，而是由 5.5 节对钢绞线应力发挥的差异进行分析得出，取为 $\beta_1 = 1.15$。

根据 5.2.7 的分析，试验中 θ 在 $34° \sim 40°$ 之间，取其均值 $37°$，剥离承载力公式计算值与试验值及数值分析对比见表 6-5。表中，计算值与试验值和数值分析的比值均值为 1.006，方差为 0.127，离散系数为 0.126。由此可见，计算值与试验值符合较好，可通过式（6-47）估算抗剪加固构件剥离承载力。实际使用时，可对式（6-47）乘以 0.85 的系数进行折减，以提高安全储备。乘以折减系数后式（6-47）变为下式：

$$P_{\text{vb}} = 1.7\beta_1\beta_2\beta_3 P_{\text{b,u}} \tag{6-54}$$

6.4 本章总结

本章具体分析了高强钢绞线网-聚合物砂浆加固钢筋混凝土梁破坏模式，着重对加固层界面剥离破坏受力机理进行了深入研究，得出如下结论：

1. 分析了抗弯加固梁端部剥离破坏机理，从加固界面"粘结破坏区"出发，引出"粘结破坏层"概念，建立基于"粘结破坏层"的端部剥离破坏剪应力解析解（见式（6-14）～式（6-16））和正应力解析解（见式（6-25）～式（6-28））。

2. 基于本章分析并结合第 3 章相关试验研究，提出端部剥离破坏准则。在此基础上通过试验数据验算端部剥离承载力解析解，得出的相关结论表明解析解及破坏准则是可信的，可用于实际计算。

3. 基于端部剥离破坏试验值，在解析分析的基础上提出端部剥离承载力简化计算公式（6-37），与解析解相比，简化计算公式简洁、计算工作量小，可用于实际计算。

4. 分析了抗弯加固梁中部剥离破坏机理，建立基于"粘结破坏层"的中部弯曲裂缝引起的剥离破坏承载力计算公式（6-44）和公式（6-45），并建立了相关破坏准则，在此基础上与试验结果进行了比较。

5. 分析了抗剪加固剥离破坏受力机理，基于抗剪加固试验和数值分析结果，从"粘结破坏层"的角度出发，建立了剥离承载力计算公式（6-47），并与试验结果进行了对比分析。公式可用于抗剪加固层剥离承载力计算。

参考文献

[1] 曹俊. 高强不锈钢绞线网-聚合砂浆粘结锚固性能的试验研究 [D]. 北京：清华大学，2004.

[2] 金成勋，金明观，刘成权，等. 高强不锈钢绞线网-渗透性聚合砂浆加固钢筋混凝土板的延性评估 [R]. 韩国汉城产业大学，2000.

[3] 王寒冰. 高强不锈钢绞线网-聚合砂浆加固 RC 梁的试验研究 [D]. 北京：清华大学，2003.

[4] 蔡奇. 高强不锈钢绞线加固钢筋混凝土梁刚度裂缝的研究 [D]. 北京：清华大学，2003.

[5] 聂建国，王寒冰，张天申，等. 高强不锈钢绞线网-渗透性聚合砂浆抗弯加固的试验研究 [J]. 建筑结构学报，2005，26（2）：1-9.

[6] 聂建国，蔡奇，张天申，等. 高强不锈钢绞线网-渗透性聚合砂浆抗剪加固的试验研究 [J]. 建筑结构学报，2005，26（2）：10-17.

[7] 胡舒新. 高强不锈钢绞线网用于混凝土抗弯疲劳性能的试验研究 [D]. 北京：清华大学，2004.

[8] 周孙基，聂建国，张天申. 高强不锈钢绞线网－高性能砂浆加固板的刚度分析 [A]. 全国抗震加固改造技术第一届学术交流会论文集. 昆明：云南大学出版社，2004：50-56.

[9] 周孙基. 高强不锈钢绞线加固钢筋混凝土板的研究 [D]. 北京：清华大学，2004.

[10] 林秋峰. 高强钢丝网聚合物砂浆加固混凝土梁抗弯试验研究 [D] 福州：福州大学，2005.

[11] 林于东，林秋峰，王绍平，等. 高强钢绞线网聚合物砂浆加固钢筋混凝土板抗弯试验研究 [J].

福州大学学报（自然科学版），2006，34（2）：254-259.

[12] 董梁. 钢绞线防腐砂浆加固混凝土梁的研究 [D]. 河北：河北工业大学，2006.

[13] 张盼吉. 钢绞线加固钢筋混凝土板的试验研究 [D]. 河北：河北工业大学，2006.

[14] 曾令宏. 高性能复合砂浆钢筋（丝）网加固混凝土梁试验研究与理论分析 [D]. 长沙：湖南大学，2006.

[15] 尚守平，曾令宏，陈大川，等. 钢丝网复合砂浆加固 RC 梁的受弯试验研究 [A]. 第六届全国建筑物鉴定与加固改造学术会议论文集. 长沙：湖南大学出版社，2002：727-732.

[16] 尚守平，曾令宏，彭晖，等. 复合砂浆钢丝网加固 RC 受弯构件的试验研究 [J]. 建筑结构学报，2003，24（6）：87-91.

[17] 尚守平，曾令宏，彭晖. 钢丝网复合砂浆加固混凝土受弯构件非线性分析 [J]. 工程力学，2005，22（3）：118-125.

[18] 尚守平，曾令宏，戴睿. 钢丝网复合砂浆加固 RC 梁二次受力受弯试验研究 [J]. 建筑结构学报，2005，26（5）：74-80.

[19] 戴睿. 钢丝（筋）网复合砂浆加固混凝土梁的受弯试验研究 [D]. 长沙：湖南大学，2004.

[20] 龙凌霄. 高性能复合砂浆钢筋网加固 RC 梁受弯承载力研究 [D]. 长沙：湖南大学，2005.

[21] 尚守平，龙凌霄，曾令宏. 销钉在钢筋网复合砂浆加固混凝土构件中的性能研究 [J]. 建筑结构，2006，36（3）：10-12.

[22] 曾令宏. 钢丝网复合砂浆加固混凝土受弯构件的试验研究 [D]. 长沙：湖南大学，2003.

[23] 卜良桃. 高性能复合砂浆钢筋网（HPF）加固混凝土结构新技术 [M]. 北京：中国建筑工业出版社，2007.

[24] 施士昇. 混凝土的抗剪强度、剪切模量和弹性模量 [J]. 土木工程学报，1999，32（2）：47-52.

[25] Smith S T, Teng J G. FRP-strengthened RC beams-I: review of debonding strength models [J]. Engineering Structures，2002，V24（4）：385-395.

[26] Smith S T, Teng J G. FRP-strengthened RC beams-II: assessment of debonding strength models [J]. Engineering Structures，2002，V24（4）：397-417.

[27] Oehlers DJ. Reinforced concrete beams with plates glued to their soffits [J]. Journal of Structural Engineering，ASCE，1992，V118（8）：2023-2038.

[28] Ziraba YN, Baluch MH, Basunbul IA, et al. Guidelines towards the design of reinforced concrete beams with external plates [J]. ACI Structural Journal，1994，V91（6）：639-646.

[29] Jansze W. Strengthening of RC members in bending by externally bonded steel plates [D]. PhD Thesis，Delft University of Technology，Delft，1997.

[30] Raoof M, Zhang S. An insight into the structural behaviour of reinforced concrete beams with externally bonded plates [A]. Proceedings of the Institution of Civil Engineers: Structures and Buildings. 1997，477-492.

[31] Raoof M, Hassanen MAH. Peeling failure of reinforced concrete beams with fibre-reinforced plastic or steel plates glued to their soffits [A]. Proceedings of the Institution of Civil Engineers: Structures and Buildings. 2000，291-305.

[32] Teng J G, Chen J F, Smith S T, et al. FRP: Strengthened RC Structures [M]. New York: John Wiley & Sons, Ltd, 2002.

[33] Sebastian W M. Significance of midspan debonding failure in FRP-plated concrete beams [J]. Journal of Structural Engineering，2001，V127（7）：792-798.

[34] 杨奇飞，熊光晶. 关于 FRP 加固钢筋混凝土梁跨中剥离应力计算方法的讨论 [J]. 四川建筑科学研究，2005，31（4）：59-61.

[35] GB 50010—2010. 混凝土结构设计规范 [S]. 北京：中国建筑工业出版社，2010.

[36] 杨永新，岳清瑞，叶列平. 碳纤维布加固钢筋混凝土梁受弯剥离承载力计算 [J]. 土木工程学报，2004，37 (2)：23-27＋32.

[37] 杨永新，岳清瑞，叶列平，等. 碳纤维布加固混凝土梁的剥离破坏 [J]. 工程力学，2004，21 (5)：150-156.

[38] Teng J G, Smith S T, Yao J, et al. Strength model for intermediate flexural crack induced debonding in RC beams and Slabs [A]. Proceeding, International Conference on FRP Composites in Civil Engineering, Hong Kong. China，2001：579-587.

7　高强钢绞线网-聚合物砂浆加固案例及施工要点

7.1　加固设计流程

7.1.1　抗弯加固设计流程及计算示例

7.1.1.1　抗弯加固设计流程

对钢筋混凝土梁进行高强钢绞线网-聚合物砂浆抗弯加固设计，应遵循以下两个步骤：

1. 抗弯承载力设计

首先根据加固目的进行荷载组合，得到所需承载力。然后根据第4章相关公式进行正截面强度计算，并验算高强钢绞线网界限用量、跨中挠度和裂缝宽度。最后验算抗剪承载力，确定抗弯加固后的抗剪承载力是否满足要求，对不满足抗剪强度的梁需进行抗剪加固。

2. 剥离破坏验算

根据第6章相关公式进行端部剥离破坏、中部剥离破坏、锚固长度等的验算。如果在可能的锚固长度范围内不满足剥离强度要求，则需进行锚固设计。对端部、中部剥离均可采用U形锚固，有条件的情况下可采用环包封闭锚固，锚固后强度可按第6章抗剪加固剥离破坏相关公式计算。

抗弯加固及锚固布置如图7-1所示。图7-1（a）为三面U形加固，可以有效地防止跨

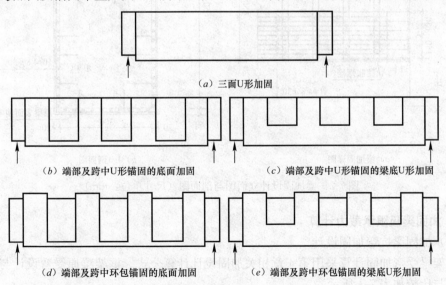

（a）三面U形加固

（b）端部及跨中U形锚固的底面加固　　　　　（c）端部及跨中U形锚固的梁底U形加固

（d）端部及跨中环包锚固的底面加固　　　　　（e）端部及跨中环包锚固的梁底U形加固

图 7-1　抗弯加固形式

中剥离，但由于侧面砂浆与混凝土之间的强度差异，在梁跨中压区会发生剥离，且端部也会发生剥离，钢绞线用量偏高，该种加固方式并不值得提倡。图 7-1（b）为端部及跨中 U 形锚固的底面加固，钢绞线网仅在底部布置即满足承载力要求的可采用该加固布置方式，端部及跨中剥离均可得到一定程度的控制。当底部钢绞线满足不了承载力要求时，可采用图 7-1（c）的加固方式。在条件允许的情况下，可采用图 7-1（d）、（e）的加固方式。

7.1.1.2   抗弯加固计算示例

某框架结构综合楼，由于抗震规范调整，抗震设防等级提高，设计最不利荷载效应由 352.6kN·m 提高到 443.8kN·m，原梁设计条件如下：$h=750mm$、$b=300mm$、$b_f'=600mm$、$h_f'=100mm$；实测原梁混凝土强度 $f_c=13.8MPa$；钢筋未锈蚀，屈服强度 $f_y=300MPa$，$A_s=1963mm^2$，$\varepsilon_y=0.0015u\varepsilon$，$E_s=2\times10^5MPa$。采用高强钢绞线网-聚合物砂浆加固，加固层厚度为 20mm，采用 U 形加固，高强钢绞线设计强度 $f_{ym}=1100MPa$，$\varepsilon_y=0.0087u\varepsilon$，钢绞线截面积 11.61mm²，$E_{sw}=1.26\times10^5MPa$。

1. 加固方案设计

采用高强钢绞线网三面 U 形加固，加固钢绞线网格纵向间距：梁底为 10φ4.8@30，梁两侧中轴以下为 10φ4.8@30。聚合物砂浆设计强度比原梁混凝土强度高一个强度等级，加固层厚度为 20mm，梁加固设计详图如图 7-2 所示。

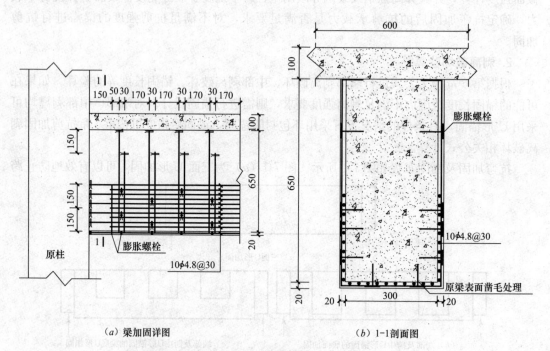

（a）梁加固详图   （b）1-1 剖面图

图 7-2   梁加固设计立面图与剖面图（尺寸单位：mm）

2. 加固梁极限承载力计算

（1）加固梁抗弯加固设计

框架梁受弯加固计算采用第 4 章相关加固设计计算公式。框架梁原受弯设计与加固受弯设计与比较如表 7-1 所示。

框架梁受弯设计计算比较表 表 7-1

	纵向受力钢筋设计及计算面积（mm²）	设计最不利效应（kN·m）	极限承载力 M_u（kN·m）	加固极限承载力提高幅度
原设计梁	$4\phi25$（1963）	352.6	385.1	
加固梁	$\phi4.8@30\times30$（348.3）	443.8	567.97	47.5%

（2）设计已知条件

$h=750$mm，$b=300$mm，$f_c=13.8$N/mm²，$f_y=300$N/mm²，$A_s=1963$mm²，$f_{ym}=1100$N/mm²，$A_{sw1}=116.1$mm²，$A_{sw2}=116.1\times2=232.2$mm²。

纵筋有效高度：$h_0=750-25=725$mm，

底部钢绞线有效高度：$h_{0w1}=750+2.4=752.4$mm，

两侧钢绞线有效高度：$h_{0w2}=750-120-15=615$mm，

钢绞线应力发挥综合系数 $\eta_1=0.8$，加固体与原梁共同工作系数 $\eta_2=0.8$。

1）受压区高度 x 计算

根据《混凝土规范》，取 $b_f=600$mm；

由公式：$f_{cd}(b'_f-b)h'_f+f_{cd}bx=f_{sd}A_s+\eta_1\eta_2 f_{sw}(A_{sw1}+A_{sw2})$ 得：

$$x=\frac{1963\times300+0.8\times0.8\times1100\times(116.1+232.2)-13.8\times(600-300)\times100}{13.8\times300}$$

$=101.47$mm$<\dfrac{b}{2}=375$mm，符合设计条件。

2）加固梁极限承载力计算

由公式：

$$M=f_{cd}(b'_f-b)h'_f\left(\frac{x}{2}-\frac{h'_f}{2}\right)+f_{sd}A_s\left(h_0-\frac{x}{2}\right)$$
$$+\eta_1\eta_2 f_{sw}A_{sw1}\left(h_{0w1}-\frac{x}{2}\right)+\eta_1\eta_2 f_{sw}A_{sw2}\left(h_{0w2}-\frac{x}{2}\right)$$

得：

$$M_u=13.8\times(600-300)\times100\times\left(\frac{134.81}{2}-\frac{100}{2}\right)+300\times1963\times\left(725-\frac{134.81}{2}\right)+0.8$$
$$\times0.8\times1100\times116.1\times\left(752.4-\frac{134.81}{2}\right)+0.8\times0.8\times1100\times232.2$$

$$\times\left(615-\frac{134.81}{2}\right)=567.97\text{kN}>M=443.8\text{kN}，加固后框架梁受弯承载力满足要求。$$

3）加固钢绞线界限用量验算

① 最小配筋率验算

由公式（4-31）、公式（4-35）得：

$$A'_s=A_s+\frac{E_{sw}}{E_s}A_{sw}=1963+\frac{1.26\times10^5}{2\times10^5}\times348.3=2182\text{mm}^2$$

$$\rho=\frac{A'_s}{bh_0}=\frac{2182}{300\times725}=0.99\%>\rho_{min}\cdot\frac{h}{h_0}=0.45\cdot\frac{f_t}{f_y}\cdot\frac{h}{h_0}=0.20\%$$

故加固钢绞线满足最小配筋率验算。

② 最大钢绞线用量验算

考虑钢绞线应力发挥综合系数对钢绞线极限应变进行调整，由公式（4-43）得：

$$A_{sw} = 348.3 \text{mm}^2 < A_{sw,max} = \frac{f_{cd}(b'_f - b)h'_f + \beta f_{cd} b \cdot \dfrac{\varepsilon_{cu} h_{sw1}}{\varepsilon_{wy} + \varepsilon_{cu}} - A_s E_s \varepsilon_y}{E_{sw} \cdot \varepsilon_{wy}}$$

$$= \frac{13.8 \times 300 \times 100 + 0.8 \times 13.8 \times 300 \times \dfrac{0.0033 \times 752.4}{0.0087 \times 0.8 + 0.0033} - 1963 \times 2 \times 10^5 \times 0.0015}{1.26 \times 10^5 \times 0.0087 \times 0.8}$$

$= 714.52 \text{mm}^2$，钢绞线用量满足最大用量验算。

7.1.2 抗剪加固设计流程及计算示例

7.1.2.1 抗剪加固设计流程

对钢筋混凝土梁进行高强钢绞线网-聚合物砂浆抗剪加固设计，应遵循以下两个步骤：

1. 抗剪承载力设计

首先根据加固目的进行荷载组合，得到所需承载力。然后根据第 5 章相关公式进行斜截面强度计算，在某些特定情况下需验算斜裂缝宽度，并考虑剪切变形对梁的挠度影响。

2. 剥离破坏验算

根据第 6 章相关公式进行抗剪加固剥离破坏的验算。由于本文的抗剪加固计算公式是基于剥离破坏的情况下提出的，在钢绞线达不到设计强度情况下可不进行剥离破坏强度的验算。

7.1.2.2 抗剪加固计算示例

抗剪加固工程同抗弯加固类似，因建筑使用荷载增加，剪力设计最不利荷载效应由 296.5kN 提高到 373.2kN，剪跨比 $\lambda = 1.53$，箍筋 $\phi 8@100$，屈服强度 $f_{yv} = 210$MPa，采用高强钢绞线网-聚合物砂浆加固，加固层厚度 20mm，材料参数同抗弯加固计算示例。

抗剪加固设计采用第 5 章相关设计计算公式。框架梁原设计与加固设计表见表 7-2。

框架梁抗剪设计计算比较表

表 7-2

	箍筋设置	支座边缘设计最不利剪力（kN）	设计极限承载力 V_u（kN）	加固极限承载力提高幅度
原设计梁	$\phi 8@200$	296.5	357.68	
加固梁	$\phi 4.8@100$	373.2	428.46	19.79%

（1）加固层与钢绞线抗剪承载力 V_{mw} 计算

加固聚合物砂浆的抗剪承载力 $V_m = 2\zeta_2 \dfrac{1.75}{\lambda + 1} f_{tm} t_m h_{sm}$

其中 $\zeta_2 = 0.8$，$h_{sm} = h_{sw} = h_0 = 725$mm，

$$V_m = 2\zeta_2 \frac{1.75}{\lambda + 1} f_{tm} t_m h_{sm}$$

$$= 2 \times 0.8 \times \frac{1.75}{1.53 + 1} \times 1.54 \times 20 \times 725 = 24.71 \text{(kN)}$$

加固高强钢绞线的抗剪承载力 $V_{sw} = \beta_1 \zeta_1 \zeta_2 f_{sw} A_{sw} \dfrac{h_{sw}}{s}$

其中 $\beta_1=1.0$，$\zeta_2=0.8$，

$$\zeta_1=(0.96-0.25\lambda)\cdot[0.677+0.009\exp(0.074f_{cu})]\cdot\left[\frac{1.29}{1+\exp(d-4.92)}-0.10\right]$$

$$=(0.96-0.25\times1.53)\times[0.677+0.009\times\exp(0.074\times13.8)]$$

$$\times\left[\frac{1.29}{1+\exp(4.8-4.92)}-0.10\right]$$

$$=0.311$$

$$V_{sw}=1\times0.8\times0.311\times1100\times\frac{2\times11.61\times725}{100}=46.07(\text{kN})$$

$$V_{mw}=V_m+V_{sw}=24.71+46.07=70.78(\text{kN})$$

（2）计算原梁钢筋抗剪承载力 V_{cs}

$$V_{cs}=\frac{1.75}{\lambda+1}f_tbh_0+f_{yv}\frac{A_{sv}}{s}h_0$$

$$=\frac{1.75}{1.53+1}\times1.36\times300\times725+210\times\frac{2\times50.27}{200}\times725=357.68(\text{kN})$$

$$V_u=V_{cs}+V_{mw}=357.68+70.78$$

$$=428.46\text{kN}>373.2\text{kN，加固后框架梁受剪承载力满足要求。}$$

（3）剥离验算

由公式（6-48）及公式（6-52）～（6-54）得：

$$P_{b,u}=5.8\times10^{-6}\times(0.35H+2.00)\left[1.57-5.52\exp\left(-\frac{5t}{3t_0}\right)\right]L_eh_0\cot\theta f_{cu,e}$$

$$=5.8\times10^{-6}\times(0.35\times0.2+2)\times\left[1.57-5.52\times\exp\left(\frac{-5\times14}{3\times14}\right)\right]\times140\times725$$

$$\times\cot37.5°\times13.8=44.95\text{kN}$$

$$\beta_1=1.0$$

$$\beta_2=(1.6-0.36\lambda)\left(1-\frac{L_e}{2h_0}\right)$$

$$=(1.6-0.36\times1.53)\times\left(1-\frac{140}{2\times725}\right)=0.95$$

$$\beta_3=1.166-5.56\exp(-1.1d)=1.166-5.56\times\exp(-1.1\times4.8)=1.14$$

$$P_{vb}=1.7\beta_1\beta_2\beta_3P_{b,u}=1.7\times1\times0.95\times1.14\times44.95=82.76\text{kN}$$

$$P_{vb}=82.76\text{kN}>V_{mv}=70.78\text{kN，所以剥离承载力满足要求。}$$

7.2 加固工程案例

7.2.1 某大桥基本情况

某大桥始建于 20 世纪 80 年代，如图 7-3 所示。设计荷载为汽车-20 级，挂车-100，桥中心桩号为 K20+495，该桥孔跨为 7-20m，桥面净宽 9+2×1.2m，与河道方向夹角为 90°，上部为装配式混凝土 T 形梁式结构，下部为双柱式墩，钻孔灌注摩擦桩基础，桥台为双柱式桥台。

图 7-3   某加固大桥

7.2.2   加固前检测

7.2.2.1   现场检测

加固施工前，为确切掌握该桥的性能，业主进行了桥梁加固前的静载检测。桥跨方向为东西向，T 梁按由南向北编号为 Ⅰ～Ⅶ 号梁。经现场检查 T 梁使用状况良好，大部分 T 梁出现裂缝，最大缝宽 0.18mm，裂缝大多分布于跨中部位。混凝土强度根据《钢筋混凝土工程施工及验收规范》，采用回弹法进行检测。检测结果见表 7-3。试验结果表明，检测的盖梁、T 梁混凝土强度较设计强度低一个等级。

T 梁混凝土强度检测结果   表 7-3

构件名称	测区数（n）	强度计算（MPa）				强度推定值（MPa）	设计值（MPa）
		R_n^-	S_n	R_{n1}	R_{n2}		
Ⅱ号 T 梁	40	19.7	1.24	17.6	17.9	17.9	25
Ⅲ号 T 梁	20	21.7	1.13	19.9	19.6	19.9	25
盖梁	20	25.6	4.03	19.0	20.2	20.2	25

注：1. R_n^- 为构件混凝土强度平均值，精确至 0.1MPa；
　　2. S_n 为构件混凝土强度标准差，精确至 0.1MPa；
　　3. R_{n1} 为构件混凝土强度推定值，第一条件值，精确至 0.1MPa；
　　4. R_{n2} 为该批每个构件中测区混凝土强度换算最小值的平均值，第二条件值，精确至 0.1MPa；
　　5. n 为被抽取构件测区数之和。

7.2.2.2   静力荷载试验

1. 试验项目

该桥为等跨的装配式简支 T 梁结构，每孔共有钢筋混凝土 T 梁 7 片，选择东起第 2 孔跨为试验跨，下部选择第 2 孔跨西桥墩为试验墩，考虑到原桥设计荷载为汽车-20 级，上部结构试验时，试验荷载按汽车-20 级加载，下部沉陷试验时按汽车-超 20 级加载。

静载试验项目有：

（1）T 梁跨中在试验荷载作用下的挠度。

（2）Ⅰ～Ⅳ号 T 梁在支点位置的竖直位移。

（3）跨中、西 1/4 跨中和支点位置在试验荷载作用下的混凝土沿梁高应力变化。

（4）桥墩桩柱在试验荷载作用下的竖向位移及回弹。

（5）桥跨结构裂缝的观察。

2. 应变片及位移计的布置

本试验共布置应变片 82 片（3×100mm）。Ⅰ～Ⅳ号梁跨中截面、西 1/4 跨截面由梁顶至南侧面、至梁底依次布置 8 片；Ⅰ、Ⅱ号梁西支点腹板南侧面各布置应变片 6 片；东第二孔西盖梁跨中布置应变片 6 片。

本试验共布置应变式位移传感器 22 个。每片 T 梁跨中梁底布置应变式位移传感器 1 个；Ⅰ～Ⅳ号梁西 1/4 跨中梁底各布置应变式位移传感器 1 个；Ⅰ～Ⅳ号梁西支点梁底各布置应变式位移传感器 1 个；西盖梁底柱顶布置应变式位移传感器 2 个；盖梁跨中布置应变式位移传感器 1 个；东支点由南向北 4 片梁每片梁底各布置应变式位移传感器 1 个。

3. 加载方案

采用 4 辆汽车-30t 车作为试验加载车，车型为解放自卸车。

载重材料为砂子，在地磅上称重，轴重见表 7-4。车辆加载时，慢速平稳行驶，并按加载程序停置于预定位置，如图 7-4 所示。

加固前静载试验车辆轴重表　　　　　　　　表 7-4

车辆编号	标准	总重（t）	后轴重（t）	前轴重（t）
38612	汽车-30t	32.10	27.98	4.12
38583	汽车-30t	31.42	27.58	3.84
38608	汽车-30t	30.34	26.14	4.20
38609	汽车-30t	30.70	27.00	3.70

图 7-4　加固前车辆加载图

试验考虑两种工况：

工况Ⅰ：两辆汽车-30t 偏载（跨中、1/4 跨中）。加载过程为：①桥跨结构布载前仪器初始读数；②两辆汽车-30t 车偏载停在跨中；③两辆汽车-30t 车偏载停在 1/4 跨中；④车辆驶出桥跨结构。

工况Ⅱ：四辆汽车-30t 偏载（支点、桥墩）。加载过程为：①桥跨结构布载前仪器初始读数；②四辆汽车-30t 车分两列偏载停在西桥墩相邻的两跨上，其中两辆汽车-30t 车停在西支点位置；③车辆驶出桥跨结构。

7.2.2.3　静载试验效率分析

静载试验效率 η_q 由下式确定：

$$\eta_q = S_i / S(1+u) \quad (0.8 < \eta_q < 1.05) \tag{7-1}$$

式中：S_i 为静载试验荷载作用下，控制截面内力计算值；S 为标准荷载作用下，控制截面最不利内力计算值；u 为按规范采用的冲击系数。

T 梁静载试验效率见表 7-5，桥墩静载试验效率见表 7-6。

加固前 T 梁静载试验效率 表 7-5

荷载等级	加载位置	试验荷载计算内力 S_i（静载）		标准荷载计算内力 S_j（计入冲击）		试验荷载效率 $\eta_q = S_i S_j$	
		M_i (kN·m)	Q_i (kN)	M_j (kN·m)	Q_j (kN)	M_i/M_j	Q_i/Q_j
汽车-20级	跨中	2653.40	—	3014.35	—	0.880	
	1/4 跨中	2056.80	—	2182.19	—	0.943	
	支点	—	568.76	—	657.69	—	0.865

注：冲击系数 $\mu = 0.191$。

加固前桥墩静载试验效率 表 7-6

荷载等级	加载位置	试验荷载计算内力 S_i（静载）	标准荷载计算内力 S_j（计冲击）	试验荷载效率 $\eta_q = S_i/S_j$
		$N_i/$ (kN)	$N_j/$ (kN)	N_i/N_j
汽车-超 20 级	桥墩	996.89	1155.76	0.863

由表 7-5 可知，T 梁按汽车-20 级荷载考虑时，试验荷载的静载试验效率 η_q 取值范围为 0.865～0.943，基本满足规范要求的 0.8～1.05 的范围。由表 7-6 可知，桥墩桩柱均按汽车-超 20 级荷载考虑时，试验荷载的静载试验效率 η_q 取值为 0.863，基本满足规范要求的 0.8～1.05 的范围。

7.2.2.4　静载试验结果分析评定

1. 挠度检验结果的分析评定

从表 7-7 挠度检验结果看，工况Ⅰ荷载作用下，T 梁最大挠度发生在Ⅲ号 T 梁的位置，挠度最大值为 6.98mm。从总的情况来看，试验荷载作用下梁的挠度值不大，远小于规范允许的 32.6mm 梁挠度校验系数 η_Δ 见表 7-7。由比较可知，梁的挠度校验系数基本符合规范常值 0.2～0.5 的要求，但部分残余变形较大，表明结构对试验荷载而言，虽有一定的安全储备，但潜力不大。桥梁横向分布影响线如图 7-5 所示，桥上荷载横向分布的规律与结构的横向联结刚度有着密切的联系，横向联结刚度愈大，荷载横向分布作用愈显著，各主梁负担的荷载也愈趋均匀。由图可见，加固前横向联结刚度较小，各主梁负担的荷载差距较大，需加强横向联结。

加固前 T 梁跨中挠度检测结果分析表 表 7-7

T 梁编号	荷载种类	工况	试验荷载跨中实测挠度 Δ_e(mm)	试验荷载跨中计算挠度 Δ_s(mm)	挠度校验系数 η_Δ
Ⅰ号	2-30t 偏载	工况Ⅰ	3.20	8.083	0.40
Ⅱ号	2-30t 偏载	工况Ⅰ	−0.34	18.860	—
Ⅲ号	2-30t 偏载	工况Ⅰ	6.98	17.176	0.41
Ⅳ号	2-30t 偏载	工况Ⅰ	3.29	16.941	0.19

续表

T梁编号	荷载种类	工况	试验荷载跨中实测挠度 Δ_e (mm)	试验荷载跨中计算挠度 Δ_s (mm)	挠度校验系数 η_Δ
V号	2-30t 偏载	工况 I	3.00	8.083	0.37
Ⅵ号	2-30t 偏载	工况 I	1.39	2.661	0.52
Ⅶ号	2-30t 偏载	工况 I	—	—	—

T梁跨中截面混凝土上缘应力   表 7-8a

荷载等级	加载位置	实测值（MPa）	计算值（MPa）	校验系数 η_s
工况 I	跨中	−0.54	−1.14	0.47

T梁跨中截面钢筋应力   表 7-8b

荷载等级	加载位置	实测值（MPa）	计算值（MPa）	校验系数 η_s
工况 I	跨中	62.03	106.79	0.58

西支点截面混凝土剪应力   表 7-8c

荷载等级	加载位置	实测值（MPa）	计算值（MPa）	校验系数 η_s
工况 Ⅱ	西支点	0.52	3.88	0.13

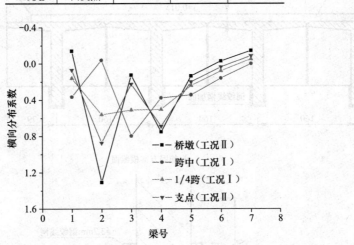

图 7-5 加固前桥梁横向分布影响线

2. 应力检验结果的分析评定

从应力检验结果看，钢筋应力检验系数为 0.58，符合规范常值（0.40～0.80），混凝土上缘应力检验系数 0.47，基本符合规范常值（0.40～0.80），应力检验系数 η_s 见表 7-8。

3. 墩柱沉降检测结果的分析评定

在试验荷载作用下，T梁桥墩桩柱沉降为 0.31mm，卸载后能够反弹，表明墩柱处于良好的弹性工作状态，能够满足汽车-超 20 级荷载作用下的变形和受力。

4. 桥梁自振频率检测结果的分析评定

在无活荷载作用的随机状态下，T梁的自振频率为 4.445Hz，其自振频率均大于该跨径桥梁自振频率的限值，表明桥梁刚度满足要求。

7.2.2.5 加固前荷载试验结论与建议

经荷载试验，汽车-20 级作用下，T梁最大挠度为 6.98mm，小于规范允许值。

梁挠度校验系数 $\eta_\triangle$ 最大值为 0.52，基本符合规范 0.2～0.5 的常值范围，但部分残余变形较大，虽有一定的安全储备，但潜力不大。静载试验效率 η_q 基本满足规范要求，桥梁承载能力达到汽车-20 级荷载标准，由于改建荷载标准为汽车-超 20 级，故利用旧桥还需进行加固以提高承载能力。

盖梁在汽车-超 20 级等代荷载作用下，应力呈线性变化，墩柱沉降量不大，卸载后能恢复，表明结构处于良好的弹性工作状态，能够满足汽车-超 20 级荷载作用。

7.2.3　加固设计方案

根据荷载试验以及加固后应达到的荷载等级，对 T 梁承载力进行设计，采用高强钢绞线网-聚合物砂浆加固技术，加固设计见图 7-6，加固施工见图 7-7。

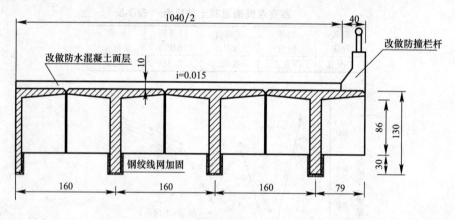

（a）加固方案横截面

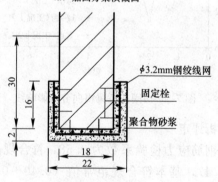

（b）梁底加固示意图

图 7-6　某大桥加固示意图（尺寸单位：cm）

7.2.4　加固后检测

业主于东关大桥加固完成后，就承载能力是否达到汽车-超 20 级荷载要求，进行了静载检测。桥跨方向为东西向，T 梁按由南向北编号为 Ⅰ～Ⅶ号梁。

7.2.4.1　现场检测

加固部分的聚合物砂浆与原梁结合良好，个别梁体垂直纵桥向有轻微干缩裂缝，裂缝

图 7-7   东关大桥施工现场

间距 0.5mm～1.0mm 不等。大部分梁体未见裂缝。

7.2.4.2   静力荷载试验

1. 试验项目

该桥为等跨的装配式简支 T 梁结构，每孔共有钢筋混凝土 T 梁 7 片，选择西起第 2 孔跨为试验跨，下部选择第 2 孔跨西桥墩为试验墩。上部结构试验及桩柱沉降试验均按汽车-超 20 级加载。

静载检测项目有：

(1) T 梁跨中在试验荷载作用下的挠度。

(2) Ⅰ～Ⅳ号 T 梁在支点位置的竖直位移。

(3) 跨中、西 1/4 跨中和支点位置在试验荷载作用下的混凝土沿梁高应力变化。

(4) 桥墩桩柱在试验荷载作用下的竖向位移及回弹。

(5) 桥跨结构裂缝的观察。

2. 应变片及位移计的布置

本试验共布置应变片 74 片（3×100mm）。Ⅰ号梁跨中截面、西 1/4 跨截面由护栏外侧至翼缘板底、至南侧面、至梁底依次布置 10 片；Ⅱ号梁跨中截面、西 1/4 跨截面由翼缘板底至南侧面、至梁底依次布置 8 片；Ⅲ号梁跨中截面、西 1/4 跨截面由南侧面至梁底依次布置 7 片；Ⅰ、Ⅱ号梁西支点腹板南侧面各布置应变片 6 片；西第二孔西盖梁跨中布置应变片 6 片，盖梁南支点布置应变片 6 片。

本试验共布置应变式位移传感器 22 个。每片 T 梁跨中梁底布置应变式位移传感器 1 个；Ⅰ～Ⅳ号梁西 1/4 跨中梁底各布置应变式位移传感器 1 个；Ⅰ～Ⅳ号梁西支点梁底各布置应变式位移传感器 1 个；西盖梁底柱顶布置应变式位移传感器 2 个；盖梁跨中布置应变式位移传感器 1 个；东支点由南向北 4 片梁每片梁底各布置应变式位移传感器 1 个。

3. 加载方案

采用 4 辆汽车-30t 车作为试验加载车，车型为解放自卸车。

载重材料为砂子，在地磅上称重，轴重见下表 7-9。车辆加载时，慢速平稳行驶，并按加载程序停置于预定位置，如图 7-8 所示。

加固后静载试验车辆轴重表　　　　　　　　　　表 7-9

车辆编号	标准	总重（t）	后轴重（t）	前轴重（t）
1 号	汽车-30t	30.44	25.92	4.26
2 号	汽车-30t	30.52	24.64	5.68
3 号	汽车-30t	29.62	25.88	3.54
4 号	汽车-30t	30.54	25.14	5.20

图 7-8　加固后车辆加载图

试验考虑四种工况：

工况Ⅰ：四辆汽车-30t 偏载（跨中）；加载过程为。①桥跨结构布载前仪器初始读数；②四辆汽车-30t 车分两列偏载停在跨中；③车辆驶出桥跨结构。

工况Ⅱ：四辆汽车-30t 偏载（1/4 跨中）。加载过程为①桥跨结构布载前仪器初始读数；②四辆汽车-30t 车分两列偏载停在 1/4 跨中；③车辆驶出桥跨结构。

工况Ⅲ：四辆汽车-30t 偏载（桥墩）。加载过程为：①桥跨结构布载前仪器初始读数；②四辆汽车-30t 车分两列偏载停在西桥墩相邻的两跨上；③车辆驶出桥跨结构。

工况Ⅳ：四辆汽车-30t 偏载（支点）。加载过程为：①桥跨结构布载前仪器初始读数；②四辆汽车-30t 车分两列偏载停在跨中，其中两辆汽车-30t 车停在西支点位置；③车辆驶出桥跨结构。

7.2.4.3　静载试验效率分析

静载试验效率 η_q 由式（7-1）确定。T 梁静载试验效率见表 7-10，桥墩试验效率见表 7-11。

加固后 T 梁静载试验效率　　　　　　　　　　表 7-10

荷载等级	加载位置	试验荷载计算内力 S_i（静载）		标准荷载计算内力 S_j（计入冲击）		试验荷载效率 $\eta_q = S_i/S_j$	
		M_i(kN·m)	Q_i(kN)	M_j(kN·m)	Q_j(kN)	M_i/M_j	Q_i/Q_j
汽车-20 级	跨中	3093.90	—	3634.60	—	0.851	—
	1/4 跨中	2597.50	—	3160.14	—	0.822	—
	支点	—	699.80	—	832.50	—	0.841

注：冲击系数 $\mu = 0.191$。

加固后桥墩静载试验效率 表 7-11

荷载等级	加载位置	试验荷载计算内力 S_i（静载）	标准荷载计算内力 S_j（计冲击）	试验荷载效率 $\eta_q = S_i/S_j$
		N_i（kN）	N_j（kN）	N_i/N_j
汽车-超 20 级	桥墩	903.6	1144.3	0.790

由表 7-10 可知，T 梁按汽车-20 级荷载考虑时，试验荷载的静载试验效率 η_q 取值范围为 0.822～0.851，基本满足规范要求的 0.8～1.05 的范围。

由表 7-11 可知，桥墩桩柱均按汽车-超 20 级荷载考虑时，试验荷载的静载试验效率 η_q 取值为 0.790，基本满足规范要求的 0.8～1.05 的范围。

7.2.4.4 静载试验结果分析评定

1. 挠度检验结果的分析评定

从挠度检验结果看，工况 Ⅱ 荷载作用下，T 梁最大挠度发生在 Ⅱ 号 T 梁的位置，挠度最大值为 7.37mm。从总的情况来看，试验荷载作用下梁的挠度值不大，远小于规范允许的 32.6mm，梁挠度校验系数 η_Δ 见表 7-12。

加固后 T 梁跨中挠度检测结果分析表 表 7-12

T 梁编号	荷载种类	工况	试验荷载跨中实测挠度 Δ_e（mm）	试验荷载跨中计算挠度 Δ_s（mm）	挠度校验系数 η_Δ
Ⅰ 号	4-30t 偏载	工况 Ⅱ	4.05	—	—
Ⅱ 号	4-30t 偏载	工况 Ⅱ	7.37	31.06	0.225
Ⅲ 号	4-30t 偏载	工况 Ⅱ	6.34	26.99	0.234
Ⅳ 号	4-30t 偏载	工况 Ⅱ	4.19	18.03	0.232
Ⅴ 号	4-30t 偏载	工况 Ⅱ	4.08	17.00	0.240
Ⅵ 号	4-30t 偏载	工况 Ⅱ	2.65	11.08	0.239
Ⅶ 号	4-30t 偏载	工况 Ⅱ	1.34	5.63	0.238

由比较可知，梁的挠度校验系数基本符合规范常值（0.2～0.5）的要求，能满足汽车-超 20 级荷载标准要求。

桥梁加固后横向分布影响线如图 7-9 所示。由图可见，加固后横向联结刚度增大，各主梁负担的荷载差距缩小，横向联结得到显著加强。

2. 应力检验结果的分析评定

从应力检验结果看，钢筋应力检验系数为 0.70，符合规范常值（0.40～0.80），混凝土上缘应力检验系数 0.84，基本符合规范常值（0.40～0.80），应力检验系数 η_s 见表 7-13。

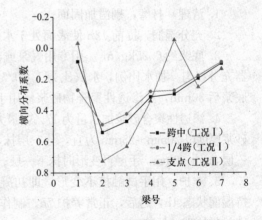

图 7-9 加固后桥梁横向分布影响线

T 梁跨中截面混凝土上缘应力 表 7-13a

荷载等级	加载位置	实测值（MPa）	计算值（MPa）	校验系数 η_s
工况 Ⅰ	跨中	−0.8	−0.95	0.84

T 梁跨中截面钢筋应力 表 7-13b

荷载等级	加载位置	实测值（MPa）	计算值（MPa）	校验系数 η_s
工况 Ⅰ	跨中	85.6	121.62	0.70

西支点截面混凝土剪应力   表 7-13c

荷载等级	加载位置	实测值（MPa）	计算值（MPa）	校验系数 η_s
工况 II	西支点	0.28	2.33	0.12

3. 墩柱沉降检测结果的分析评定

在试验荷载作用下，T 梁桥墩桩柱沉降为 0.10mm，卸载后能够反弹，表明墩柱处于良好的弹性工作状态，能够满足汽车-超 20 级荷载作用下的变形和受力。

4. 桥梁自振频率检测结果的分析评定

在无活荷载作用的随机状态下，T 梁的自振频率为 4.445Hz，其自振频率均大于该跨径桥梁自振频率的限值，表明桥梁刚度满足要求。

7.2.4.5   加固后荷载试验结论与建议

经荷载试验，汽车-超 20 级作用下，T 梁最大挠度为 7.37mm，远小于规范允许值。梁挠度校验系数 η_Δ 取值范围为 0.225～0.400，基本符合规范 0.2～0.5 的常值范围，对试验荷载而言有一定的安全储备，静载试验效率 η_q 基本满足规范要求，桥梁承载能力达到汽车-超 20 级荷载标准。

盖梁在汽车-超 20 级等代荷载作用下，应力呈线性变化，墩柱沉降量不大，卸载后能恢复，表明结构处于良好的弹性工作状态，能满足汽车-超 20 级荷载作用。

7.3   加固施工要点

7.3.1   施工顺序及要求

施工顺序主要分九步，各步及注意点如下：

1. 清理，打磨，剔凿加固面。

2. 充分湿润，提前 12h 使表面处于水饱和状，但喷底浆前表面不能有明水。

3. 底浆约 0.25kg/m²。用专用气泵或毛刷刷。拌和时间，随用随拌，用电钻制成拌合器充分拌匀。加水比例，水灰比为 1∶0.5～0.7，不能超过 0.7，否则结合效果不好，喷底浆后 30min，抹渗透性聚合物砂浆。用手指触摸，即将凝固，又似非凝固。

4. 渗透性聚合砂浆加水量为 17%，最大水量不超过 18%，稠度为 16.5%～17% 最适宜。砂浆厚度以 20mm～25mm 为宜，分三层抹，第一层 8mm～10mm，第二层 5mm～6mm，第三层 5mm～6mm，手触可变形时抹下一层。若上层灰浆已初凝，则需用木抹打毛处理。

5. 养护：用手试触摸不变形，即初凝时（温度 30℃ 左右，约 10min）开始养护。保持湿润状态 4h，之后，正常养护 7d。制作 70.7mm×70.7mm×70.7mm 砂浆试块，按特殊材料处理（标养）。

6. 砂浆拌和：机拌不少于 3min，第一次先倒入应加入量的 90%，人工拌合 6～7min，按实际控制。

7. 钢绞线：钢丝平直，手捏感到有强度。横向筋在内，纵向筋在外侧。钢绞线张紧过程中，需防止固定环脱落。

8. 抹灰：每工每天 15m²～20m²，凿毛，每工 2m²～3m²，要求凿深 2mm～3mm，间

距 10mm～15mm。

9. 卡子：端头，每股线均需设置，向内每 0.5m 左右，隔根设置锚钉。锚钉深度 38mm～40mm。

7.3.2 加固工具

加固施工需准备以下工具：

1. 电锤一把：配长 120mm×6.5mm 锤头。
2. 电锤一把：配长杆搅拌钻头。
3. 钢丝钳一把。
4. 电工钳一把。
5. 紧线器一个。
6. 夹具一套。
7. 喷壶一把。
8. 手锤两把。
9. 手提吹风机一台。
10. 小型空气压缩机一台（配空线接头）。

7.3.3 施工注意事项

砂浆类薄层加固技术最关键的一点是保证砂浆与混凝土之间的粘结效果，防止过早发生加固层剥离破坏，这一点与粘贴 FRP 材料加固和粘贴钢板加固是相通的。这就需要做好以下几个方面的工作。

1. 界面处理

界面处理包括四个方面：（1）粘结面的粗糙度；（2）粘结面的完好程度；（3）粘结面的洁净程度；（4）浇注前粘结面及其附近混凝土的湿润状况。粘结面处理的方法有多种[1]，其中较为实用又适合砂浆类薄层加固的有高压水射法和人工凿毛法。一般情况下，粗糙度越大，粘结强度越高。但是众多研究者[2-8]认为粗糙度并非越大越好，而是有一个最佳值。他们认为新老混凝土粘结面的最佳粗糙 H 为：高压水射法为 2.8mm，人工凿毛法为 4.7mm。

作为砂浆薄层类加固技术而言，抹灰层厚度在 15mm～25mm 之间，且加固体表面首先须覆盖钢绞线（网）、钢筋（网）等受力材料，粗糙度过大，一方面影响受力材料的固定，另一方面界面剂很难涂刷均匀。再者，过于粗糙的表面不易被砂浆完全填满，且大大增加抹灰施工的难度。如图 3-20 所示，在砂浆一侧破坏面上可以看见很多小孔，这些是由于抹灰施工中砂浆未填满混凝土粗糙表面而形成的缺陷，且随粗糙度增大，缺陷也越多，因而上文的最佳粗糙度并不适用于此类加固技术。本文试验表明，界面破坏较少发生，且都发生在粗糙度较低的情况下，在保证砂浆达到一定强度后，破坏基本发生在粘结界面与混凝土之间，即前文所述的复合破坏和混凝土破坏，最终破坏是由砂浆和混凝土的强度共同来决定的。由图 3-13 可知，界面粗糙度大于 0.4mm 后的测点抗拉强度差距不大。依据本次试验，认为砂浆薄层类加固采用人工凿毛法较为合适的粗糙度范围在 0.4mm～1.2mm 之间，实际施工中凿点深 3mm～4mm 之间、凿点间距 10mm～15mm 之间即可，如图 7-10 所示 h_2、h_3 区域。在抹灰施工前应把表面清洗干净，且保持湿润，表面无明水。

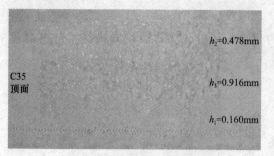

(a) 混凝土表面的不同粗糙度图像   (b) 粗糙表面灌砂后的图像

图 7-10   混凝土表面凿毛处理

2. 抹灰

砂浆加固层厚度控制在 20mm 左右，分二至三层抹灰。抹灰前须在处理好的表面涂刷界面剂，需涂刷均匀，厚度在 1mm～2mm 之间，必须在其凝固前进行抹灰施工。第一层砂浆不宜太厚，10mm 左右，以正好盖住钢绞线为标准，且用木抹打毛。第二、三层在上一层手触可变形时抹，尽量减少抹灰的层数，以减少对上一层砂浆的扰动，同时减少层间破坏的发生，但不能少于 2 层。图 7-11（a）即为砂浆前后抹灰层之间产生的分层和收缩裂缝。

(a) 抹灰层间开裂及表面收缩   (b) 早期养护不当产生收缩开裂   (c) 早期养护不当造成起皮脱落

图 7-11   施工不当造成的缺陷

3. 养护

试验表明，低龄期粘结强度较低，早期的养护至关重要。抹灰施工完毕应立即覆盖塑料薄膜等养护，防止砂浆层收缩开裂。图 7-11（b）即为抹灰完后没有即时覆盖养护而产生的收缩裂缝。初凝后应保持砂浆表面湿润 6～8h，然后正常养护 7～14d。表面湿润状态可以是覆盖草席等湿润物，或用喷雾器定时喷水，但不能使表面长时间浸润在水中，否则会产生表面起皮剥落现象（见图 7-11c），严重的砂浆层会脱落。同时应避免加固结构低龄期受荷，条件允许应养护 14d 以上，尽可能保证 7d 龄期前不受荷，或在加固前原有荷载的基础上不增加荷载。

参考文献

[1] 赵志方. 新老混凝土粘结机理和测试方法 [D]. 大连：大连理工大学，1998.

[2] Fiebrich M H. Influence of the surface roughness on adherence between concrete and guite mortar o-

verlays [R]. Adherence of Yong on Old Concrete, edited by Wittmann F H, 1994.

[3] Giurgiutiu V, Lyons J, Petrou M, Laub D, Whitley S. Fracture mechanics testing of the bond between composite overlays and a concrete substrate [J]. Journal of Adhesion Science and Technology, 2001, V15 (11): 1351-1371.

[4] Charles H Hoil, Scott A. O' Connor. Cleaning and preparing concrete before repair [J]. Concrete International, 1997, V19 (3): 60-63.

[5] Vaysburd A M, Sabnis G M, Emmons P H, McDonald J E. Interfacial bond and surface preparation in concrete repair [J]. Indian Concrete Journal, 2001, V75 (1): 27-39.

[6] 管大庆, 陈章洪, 石祖珠. 截面处理对新老混凝土粘结性能的影响 [J]. 混凝土, 1994, (5): 16-22+11.

[7] Adachi I, et al. Construction Joint of Concrete Structures Using Shot-blasting Technique [R]. Translation of the Japan Concrete Institute, 1983.

[8] 赵志方, 赵国藩, 黄承连. 新老混凝土粘结抗折性能研究 [J]. 土木工程学报, 2000, 33 (2): 68-72.

附录 正拉粘结强度测试值

正拉粘结强度测试值　　　　　　　　　　　　附表 1

试件编号		混凝土强度（MPa）	砂浆强度（MPa）	粗糙度 H（mm）	龄期（d）	修补方位	破坏方式	正拉强度 $f_{t,a}$（MPa）	
								实测值	均值
30-1-T	1			0.159	7	顶面抹灰	复合破坏Ⅰ	0.41	0.390
	2						复合破坏Ⅰ	0.37	
	3						—	—	
130-1-T2	1	44.713	45.053	0.453	7	顶面抹灰	界面破坏	0.47	0.507
	2						砂浆层破坏	0.55	
	3						复合破坏Ⅰ	0.50	
30-1-T3	1			0.881	7	顶面抹灰	复合破坏Ⅰ	0.54	0.637
	2						复合破坏Ⅰ	0.71	
	3						混凝土破坏	0.66	
30-1-F1	1			0.163	14	侧面抹灰	复合破坏Ⅰ	1.06	1.060
	2						—	—	
	3						—	—	
30-1-F2	1	44.713	49.377	0.391	14	侧面抹灰	复合破坏Ⅰ	1.36	1.235
	2						复合破坏Ⅰ	0.62（舍）	
	3						混凝土破坏	1.11	
30-1—F3	1			0.878	14	侧面抹灰	混凝土破坏	1.58	1.443
	2						复合破坏Ⅰ	1.35	
	3						混凝土破坏	1.40	
30-1-B1	1			0.159	28	底面抹灰	复合破坏Ⅰ	0.81	1.050
	2						复合破坏Ⅰ	1.26	
	3						复合破坏Ⅰ	1.08	
30-1-B2	1	44.713	68.287	0.472	28	底面抹灰	复合破坏Ⅰ	1.38	1.303
	2						复合破坏Ⅰ	1.26	
	3						复合破坏Ⅰ	1.27	
30—1—B3	1			1.200	28	底面抹灰	复合破坏Ⅰ	1.53	1.515
	2						复合破坏Ⅰ	1.50	
	3						复合破坏Ⅰ	0.37（舍）	
30-2-T1	1			0.163	28	顶面抹灰	复合破坏Ⅰ	1.33	1.410
	2						复合破坏Ⅰ	1.56	
	3						复合破坏Ⅰ	1.34	
30-2-T2	1	44.713	68.287	0.463	28	顶面抹灰	复合破坏Ⅰ	1.38	1.436
	2						混凝土破坏	1.45	
	3						复合破坏Ⅰ	1.48	
30-2-T3	1			0.916	28	顶面抹灰	混凝土破坏	1.58	1.667
	2						复合破坏Ⅰ	1.76	
	3						混凝土破坏	1.66	

试件编号		混凝土强度（MPa）	砂浆强度（MPa）	粗糙度 H（mm）	龄期（d）	修补方位	破坏方式	正拉强度 $f_{t,a}$（MPa）	
								实测值	均值
30-2-F1	1			0.217	7	侧面抹灰	复合破坏Ⅰ	0.42	0.367
	2						混凝土破坏	0.32	
	3						复合破坏Ⅰ	0.36	
30-2-F2	1	44.713	45.053	0.484	7	侧面抹灰	复合破坏Ⅰ	0.56	0.513
	2						复合破坏Ⅰ	0.52	
	3						复合破坏Ⅰ	0.46	
30-2-F3	1			0.966	7	侧面抹灰	混凝土破坏	0.59	0.550
	2						复合破坏Ⅰ	0.48	
	3						复合破坏Ⅰ	0.58	
30-2-B1	1			0.178	14	底面抹灰	复合破坏Ⅰ	1.01	0.933
	2						复合破坏Ⅰ	0.83	
	3						复合破坏Ⅰ	0.96	
30-2-B2	1	44.713	49.377	0.441	14	底面抹灰	复合破坏Ⅰ	1.06	1.130
	2						复合破坏Ⅰ	1.14	
	3						复合破坏Ⅰ	1.19	
30-2-B3	1			0.950	14	底面抹灰	复合破坏Ⅰ	0.02（舍）	1.335
	2						复合破坏Ⅰ	1.39	
	3						复合破坏Ⅰ	1.28	
30-3-T1	1			0.181	14	顶面抹灰	复合破坏Ⅰ	1.19	1.190
	2						混凝土破坏	1.11	
	3						复合破坏Ⅰ	1.27	
30-3-T2	1	44.713	49.377	0.463	14	顶面抹灰	复合破坏Ⅰ	1.11	1.255
	2						混凝土破坏	1.40	
	3						复合破坏Ⅰ	0.44（舍）	
30-3-T3	1			1.044	14	顶面抹灰	混凝土破坏	1.55	1.467
	2						复合破坏Ⅰ	1.47	
	3						混凝土破坏	1.38	
30-3-F1	1			0.169	28	侧面抹灰	复合破坏Ⅰ	1.32	1.417
	2						复合破坏Ⅰ	1.47	
	3						复合破坏Ⅰ	1.46	
30-3-F2	1	44.713	68.287	0.391	28	侧面抹灰	复合破坏Ⅰ	1.38	1.483
	2						复合破坏Ⅰ	1.55	
	3						复合破坏Ⅰ	1.52	
30-3-F3	1			0.847	28	侧面抹灰	复合破坏Ⅰ	1.58	1.600
	2						混凝土破坏	1.54	
	3						复合破坏Ⅰ	1.68	
30-3-B1	1			0.163	7	底面抹灰	复合破坏Ⅰ	0.80（舍）	0.335
	2						复合破坏Ⅰ	0.37	
	3						复合破坏Ⅰ	0.30	
30-3-B2	1	44.713	45.053	0.571	7	底面抹灰	复合破坏Ⅰ	0.41	0.440
	2						复合破坏Ⅰ	0.42	
	3						复合破坏Ⅰ	0.49	
30-3-B3	1			0.881	7	底面抹灰	复合破坏Ⅰ	0.51	0.537
	2						复合破坏Ⅰ	0.63	
	3						复合破坏Ⅰ	0.47	

试件编号		混凝土强度（MPa）	砂浆强度（MPa）	粗糙度 H（mm）	龄期（d）	修补方位	破坏方式	正拉强度 $f_{t,a}$（MPa）	
								实测值	均值
35-1-T1	1			0.169	7	顶面抹灰	复合破坏Ⅱ	0.34	0.407
	2						复合破坏Ⅱ	0.39	
	3						复合破坏Ⅱ	0.49	
35-1-T2	1	48.450	45.053	0.506	7	顶面抹灰	复合破坏Ⅱ	0.50	0.530
	2						复合破坏Ⅱ	0.59	
	3						复合破坏Ⅱ	0.50	
35-1-T3	1			0.850	7	顶面抹灰	复合破坏Ⅱ	0.55	0.613
	2						复合破坏Ⅱ	0.69	
	3						复合破坏Ⅱ	0.60	
35-1-F1	1			0.159	14	侧面抹灰	复合破坏Ⅱ	1.36	1.347
	2						混凝土破坏	1.22	
	3						复合破坏Ⅰ	1.46	
35-1-F2	1	48.450	49.377	0.386	14	侧面抹灰	复合破坏Ⅱ	1.34	1.380
	2						复合破坏Ⅰ	1.39	
	3						复合破坏Ⅰ	1.41	
35-1-F3	1			0.891	14	侧面抹灰	混凝土破坏	1.48	1.563
	2						复合破坏Ⅰ	1.66	
	3						混凝土破坏	1.55	
35-1-B1	1			0.169	28	底面抹灰	复合破坏Ⅰ	1.42	1.385
	2						复合破坏Ⅰ	1.35	
	3						复合破坏Ⅰ	0.68（舍）	
35-1-B2	1	48.450	68.287	0.410	28	底面抹灰	复合破坏Ⅰ	1.66	1.560
	2						复合破坏Ⅰ	1.47	
	3						复合破坏Ⅰ	1.55	
35-1-B3	1			0.881	28	底面抹灰	复合破坏Ⅰ	1.69	1.633
	2						复合破坏Ⅰ	1.62	
	3						复合破坏Ⅰ	1.59	
35-2-T1	1			0.157	28	顶面抹灰	复合破坏Ⅰ	1.56	1.496
	2						复合破坏Ⅰ	1.49	
	3						复合破坏Ⅰ	1.44	
35-2-T2	1	48.450	68.287	0.528	28	顶面抹灰	复合破坏Ⅰ	1.55	1.545
	2						复合破坏Ⅰ	1.54	
	3						复合破坏Ⅰ	0.04（舍）	
35-2-T3	1			0.884	28	顶面抹灰	复合破坏Ⅰ	1.78	1.767
	2						混凝土破坏	1.66	
	3						混凝土破坏	1.86	
35-2-F1	1			0.160	7	侧面抹灰	复合破坏Ⅱ	0.30	0.377
	2						复合破坏Ⅱ	0.45	
	3						复合破坏Ⅱ	0.38	
35-2-F2	1	48.450	45.053	0.394	7	侧面抹灰	复合破坏Ⅱ	0.11（舍）	0.540
	2						复合破坏Ⅱ	0.53	
	3						复合破坏Ⅱ	0.55	
35-2-F3	1			0.872	7	侧面抹灰	复合破坏Ⅰ	0.46	0.573
	2						复合破坏Ⅰ	0.59	
	3						复合破坏Ⅱ	0.67	

续表

试件编号		混凝土强度（MPa）	砂浆强度（MPa）	粗糙度 H（mm）	龄期（d）	修补方位	破坏方式	正拉强度 $f_{t,a}$（MPa）	
								实测值	均值
35-2-B1	1			0.204	14	底面抹灰	复合破坏Ⅰ	1.30	1.360
	2						复合破坏Ⅰ	1.42	
	3						砂浆层破坏	2.16（舍）	
35-2-B2	1	48.450	49.377	0.416	14	底面抹灰	混凝土破坏	1.51	1.495
	2						混凝土破坏	2.24（舍）	
	3						复合破坏Ⅰ	1.48	
35-2-B3	1			0.844	14	底面抹灰	复合破坏Ⅰ	1.67	1.583
	2						复合破坏Ⅰ	1.58	
	3						混凝土破坏	1.50	
35-3-T1	1			0.160	14	顶面抹灰	复合破坏Ⅱ	0.74（舍）	1.260
	2						复合破坏Ⅱ	1.32	
	3						复合破坏Ⅱ	1.20	
35-3-T2	1	48.450	49.377	0.478	14	顶面抹灰	复合破坏Ⅱ	1.41	1.367
	2						复合破坏Ⅱ	1.50	
	3						复合破坏Ⅱ	1.19	
35-3-T3	1			0.916	14	顶面抹灰	复合破坏Ⅱ	1.58	1.553
	2						复合破坏Ⅱ	1.67	
	3						复合破坏Ⅱ	1.41	
35-3-F1	1			0.188	28	侧面抹灰	界面破坏	1.54	1.483
	2						复合破坏Ⅰ	1.54	
	3						复合破坏Ⅰ	1.37	
35-3-F2	1	48.450	68.287	0.394	28	侧面抹灰	复合破坏Ⅰ	1.55	1.567
	2						复合破坏Ⅰ	1.50	
	3						混凝土破坏	1.65	
35-3-F3	1			0.849	28	侧面抹灰	复合破坏Ⅰ	1.60	1.633
	2						复合破坏Ⅰ	1.69	
	3						混凝土破坏	1.61	
35-3-B1	1			0.231	7	底面抹灰	复合破坏Ⅱ	0.40	0.353
	2						复合破坏Ⅱ	0.30	
	3						砂浆层破坏	0.36	
35-3-B2	1	48.450	45.053	0.606	7	底面抹灰	复合破坏Ⅱ	0.54	0.497
	2						复合破坏Ⅱ	0.45	
	3						复合破坏Ⅱ	0.50	
35-3-B3	1			0.969	7	底面抹灰	复合破坏Ⅱ	0.46	0.547
	2						复合破坏Ⅱ	0.57	
	3						砂浆层破坏	0.61	
40-1-T1	1			0.213	7	顶面抹灰	砂浆层破坏	0.44	0.413
	2						砂浆层破坏	0.34	
	3						复合破坏Ⅱ	0.46	
40-1-T2	1	52.472	45.053	0.519	7	顶面抹灰	复合破坏Ⅱ	0.57	0.556
	2						砂浆层破坏	0.50	
	3						复合破坏Ⅱ	0.60	
40-1-T3	1			1.088	7	顶面抹灰	复合破坏Ⅱ	0.74	0.676
	2						复合破坏Ⅱ	0.61	
	3						复合破坏Ⅱ	0.68	

试件编号		混凝土强度 (MPa)	砂浆强度 (MPa)	粗糙度 H (mm)	龄期 (d)	修补方位	破坏方式	正拉强度 $f_{t,a}$ (MPa)	
								实测值	均值
40-1-F1	1			0.159	14	侧面抹灰	复合破坏Ⅱ	1.48	1.410
	2						砂浆层破坏	1.40	
	3						复合破坏Ⅱ	1.35	
40-1-F2	1	52.472	49.377	0.463	14	侧面抹灰	砂浆层破坏	1.56	1.535
	2						砂浆层破坏	1.51	
	3						复合破坏Ⅱ	2.42（舍）	
40-1-F3	1			0.875	14	侧面抹灰	复合破坏Ⅰ	1.56	1.654
	2						复合破坏Ⅱ	1.66	
	3						砂浆层破坏	1.74	
40-1-B1	1			0.163	28	底面抹灰	复合破坏Ⅰ	1.42	1.450
	2						复合破坏Ⅰ	1.40	
	3						复合破坏Ⅰ	1.53	
40-1-B2	1	52.472	68.287	0.444	28	底面抹灰	复合破坏Ⅰ	1.51	1.540
	2						复合破坏Ⅰ	1.57	
	3						复合破坏Ⅰ	0.51（舍）	
40-1-B3	1			0.844	28	底面抹灰	复合破坏Ⅰ	0.32（舍）	1.675
	2						复合破坏Ⅰ	1.74	
	3						混凝土破坏	1.61	
40-2-T1	1			0.169	28	顶面抹灰	复合破坏Ⅰ	1.60	1.635
	2						复合破坏Ⅰ	1.80	
	3						复合破坏Ⅰ	1.51	
40-2-T2	1	52.472	68.287	0.475	28	顶面抹灰	复合破坏Ⅰ	1.82	1.720
	2						混凝土破坏	1.65	
	3						复合破坏Ⅰ	1.69	
40-2-T3	1			0.881	28	顶面抹灰	复合破坏Ⅰ	1.83	1.857
	2						复合破坏Ⅰ	1.80	
	3						混凝土破坏	1.94	
40-2-F1	1			0.163	7	侧面抹灰	复合破坏Ⅰ	0.44	0.407
	2						复合破坏Ⅰ	0.40	
	3						混凝土破坏	0.38	
40-2-F2	1	52.472	45.053	0.469	7	侧面抹灰	复合破坏Ⅰ	0.67	0.603
	2						复合破坏Ⅰ	0.60	
	3						混凝土破坏	0.54	
40-2-F3	1			0.857	7	侧面抹灰	混凝土破坏	1.17（舍）	0.615
	2						复合破坏Ⅰ	0.69	
	3						复合破坏Ⅰ	0.54	
40-2-B1	1			0.163	14	底面抹灰	复合破坏Ⅰ	1.48	1.353
	2						复合破坏Ⅰ	1.25	
	3						复合破坏Ⅰ	1.33	
40-2-B2	1	52.472	49.377	0.431	14	底面抹灰	复合破坏Ⅰ	1.45	1.487
	2						复合破坏Ⅰ	1.43	
	3						复合破坏Ⅰ	1.58	
40-2-B3	1			0.856	14	底面抹灰	复合破坏Ⅰ	1.50	1.560
	2						复合破坏Ⅰ	1.65	
	3						复合破坏Ⅰ	1.53	

续表

试件编号		混凝土强度（MPa）	砂浆强度（MPa）	粗糙度 H（mm）	龄期（d）	修补方位	破坏方式	正拉强度 $f_{t,a}$（MPa）	
								实测值	均值
40-3-T1	1			0.159	14	顶面抹灰	复合破坏Ⅰ	1.49	1.460
	2						复合破坏Ⅰ	1.43	
	3						复合破坏Ⅰ	1.46	
40-3-T2	1	52.472	49.377	0.431	14	顶面抹灰	混凝土破坏	1.57	1.543
	2						复合破坏Ⅰ	1.62	
	3						复合破坏Ⅰ	1.44	
40-3-T3	1			0.884	14	顶面抹灰	混凝土破坏	1.71	1.667
	2						复合破坏Ⅰ	1.79	
	3						复合破坏Ⅰ	1.50	
40-3-F1	1			0.172	28	侧面抹灰	复合破坏Ⅰ	1.47	1.505
	2						复合破坏Ⅰ	1.35	
	3						复合破坏Ⅰ	1.70	
40-3-F2	1	52.472	68.287	0.466	28	侧面抹灰	复合破坏Ⅰ	1.68	1.635
	2						复合破坏Ⅰ	1.59	
	3						复合破坏Ⅰ	0.22（舍）	
40-3-F3	1			1.037	28	侧面抹灰	复合破坏Ⅰ	1.71	1.787
	2						混凝土破坏	1.76	
	3						复合破坏Ⅰ	1.89	
40-3-B1	1			0.153	7	底面抹灰	砂浆层破坏	0.36	0.393
	2						复合破坏Ⅰ	0.46	
	3						复合破坏Ⅰ	0.36	
40-3-B2	1	52.472	45.053	0.425	7	底面抹灰	复合破坏Ⅰ	0.42	0.480
	2						复合破坏Ⅰ	0.55	
	3						混凝土破坏	0.47	
40-3-B3	1			0.840	7	底面抹灰	复合破坏Ⅰ	0.57	0.577
	2						复合破坏Ⅰ	0.51	
	3						复合破坏Ⅰ	0.65	

注：表中混凝土和砂浆抗拉强度按 $f_t = 0.26 f_{cu}^{2/3}$ 计算而来。